絵で見てわかる

SQLS

の仕組み

平山 理＝著

はじめに

はじめまして。日本マイクロソフトでデータベース関連の技術サポートを提供するチームに所属する、平山 理（ひらやま おさむ）と申します。

1994年にサイベース社のテクニカルサポートチームへ所属したことから始まったSQL Serverとの付き合いは、はや26年目を迎えました。その期間の多くの部分を（途中、マイクロソフトに移籍してからも）テクニカルサポートのエンジニアとして過ごし、様々な種類のトラブルシューティングを経験してきました。

その中で、（特にミッションクリティカルなエリアで発生する）一見不可解、かつ重大な障害を解決するためには、SQL Serverの基本的動作の十分な理解がとても重要であるということを、何度も痛感させられてきました。しかしその一方で、SQL Serverの関連書籍は数が少なく、あったとしても一般的な入門書やユーザーとしての使用方法に主眼を置くものが多く、なかなかSQL Serverの基本的な動作を十分に理解できる書籍に巡り合うことができませんでした。

そのため筆者は、本書を通じて**SQL Serverの基本的なアーキテクチャを体系的に紹介していきたい**と考えています。**SQL Serverを構成する様々な内部機能の特性**や、それぞれが**どのような振る舞いをするか**について、できるだけシンプルに、そしてわかりやすい説明で紹介していくつもりです。

さて、一見そのような情報は、いま現在、読者の皆さまが抱えている現実世界の問題、たとえば「日次バッチ処理を1時間以内で完了させたい」といった要望への直接的な対処にはならないように感じるかもしれません。確かに本書でも、クエリの具体的なコーディング例などのように「すぐにそのまま役立つ」ような種類の情報の登場回数は少ないと言えます。

しかし、根本的な動作を1つ1つ理解して知識として蓄積しておくことは、複雑なトラブルシューティングやパフォーマンスチューニングに向き合わなくてはならなくなったときに、解決策を導き出すためのとても大切な材料になるはずです。パターン化された表層的な対処ではどうにもならないトラブルを解決するには、**SQL Serverがなぜそのような振る舞いをするのかを推測すること**が重要です。振る舞いを推測するためには、**基本的な内部機能の動作に関する知識**が必要です。さらに、複数機能の動作を組み合わせた場合についても考慮することが求められます。

本書では、**SQL Server内のいくつかの重要な内部機能の動作に関する情報を伝える**ことにより、読者の皆さんが**いろいろな局面でSQL Serverの動作を推測する際の材料を提供すること**をゴールにしています。とはいえ、当然のことながら、むやみに敷居を高くすることは本意ではありません。紙面の許す限り、なじみの薄そうな用語には脚注を書き加えています。また、SQL Serverの動作がイメージしにくいと思われるところについては、解説する際に図表を多用して理解しやすくなるようにつとめました。

本書がSQL Serverの動作に興味がある、あるいはSQL Serverの動作をより深く知りたい、と考えるすべての方々にとって、日々活用していただける一冊になればとてもうれしく思います。

本書について

本書は、ロングセラー『絵で見てわかるSQL Serverの内部構造』（2009年3月2日刊行）をベースに、現在のSQL Serverアーキテクチャに追従すべく、解説や図の全体的な見直し／書き直しを行ったほか、列ストア／インメモリ型オブジェクトなど新しい解説も追加しています。

「はじめに」でも触れましたが、本書ではSQL Serverの便利な使い方（たとえば、すぐに使えるクエリサンプルなど）は紹介しません。その代わりに、（少しややこしく感じられるかもしれない）SQL Serverを構成する主要な内部コンポーネント[※]をひとつひとつ紹介することに多くのページを費やします。

そのまま使えるスクリプトやツールの操作方法の解説から得られる情報と比べると、そのような知識を習得していくことは遠回りな作業に感じるかもしれません。

しかし、それらのコンポーネントの動作を理解することによって、SQL Serverで発生する様々な障害の背景で何が起こっているかを知ることができます。障害の本質を理解することができれば、表層的な症状に惑わされることなく、的確な対処をとることができるようになります。つまり一見遠回りに思えても、面倒くさがらずに内部の動作を理解することは、問題点の本質的な理解への近道なのです。

本書には、SQL Serverで発生する事象に確信を持って対峙し、より適切な環境でSQL Serverを管理／運用できるようになるために必要な情報をできる限り詰め込んでいます。

本書の構成

本書で解説することの全体像をテーマごとに紹介します。大別すると、次のように5つのテーマで構成されています。

内部コンポーネントの理解　Part 1

第1章から第3章までを使用して、SQL Serverが処理を実行するためにどのようにコンピュータのリソース（プロセッサ、ディスクI/Oおよびメモリ）を効率的に管理しているかを解説します。

様々なデータ構造

第4章から第7章までの各章では、SQL Serverが管理する様々なオブジェクト（デ

※本書では、SQL Serverを構成する個々の内部機能を指す言葉として使用します。

ータベースやテーブル、インデックスなど）の詳細な構造を紹介します。それらに対する理解は、適切なデータベースデザインやオブジェクトの配置といった論理設計や物理設計の際の重要な指針となります。

内部コンポーネントの理解　Part 2

第8章では、これまでに理解したSQL Serverの動作とオブジェクト構造をもとに、SQL Serverがどのようにデータを取り扱うかを解説します。**第9章**では、クライアントとのコミュニケーションに不可欠なネットワーク関連の特性を紹介します。

運用の安定化

第10章では、ビジネスの継続性に必要不可欠なデータベースのバックアップと復元を解説します。さらに**第11章**では、典型的なトラブルに対する対処方法や、パフォーマンスチューニングを支援するためのツールを紹介します。

今後の展望

第12章では、「今後の展望」としてマルチプラットフォーム展開やクラウド上でのデータベースを紹介します。

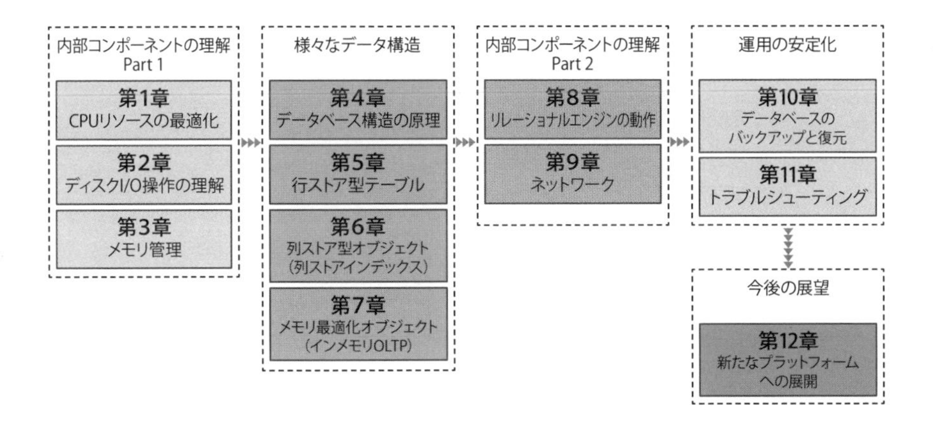

本書で扱う5つのテーマ

このように様々な角度からSQL Serverの動作や構造を紹介します。多岐にわたるトピックを、（中には多少ややこしいものもありますが）最後まで楽しんで読んでもらえればさいわいです。

CONTENTS

【第2章】　ディスクI/O操作の理解　29

【第10章】 データベースのバックアップと復元 243

【第11章】　トラブルシューティング　261

【第12章】 新たなプラットフォームへの展開 291

Column

第1章

CPUリソースの最適化

この章では、SQL Serverが**CPUリソース**（コンピュータに搭載されたSQL Serverが利用可能なプロセッサ群）を効率的に使用するために、どのような工夫をしているかを紹介します。さらに、実際のCPUリソースの割り振りに関する具体的な動作について見ていきます。

皆さんは、SQL Serverが内部的にOSのような機能を持っているという話を聞いたことがありますか？　いくつかの書籍やWebサイトで語られているように、SQL Serverには「OSのような機能群」が内包されています。その機能群の中から、まずCPUリソースの使用方法という切り口で、歴史的な背景、具体的な動作、そして監視方法（モニタリング）までを紹介します。

1.1 マルチスレッドプログラミング

プログラム内の処理の実行単位、あるいはCPUの利用単位を表す言葉として**スレッド**があります。一連の処理を単一スレッドのみでシリアルに処理するプログラミング手法を**シングルスレッドプログラミング**と呼びます。これに対して、同一アドレス空間のメモリを共有しながら、ある処理を並列で実行する手法は**マルチスレッドプログラミング**と呼ばれます。複数のCPUを搭載するコンピュータでそれぞれの手法を採用したプログラムを実行すると、一般的にはマルチスレッドのほうが恩恵を受けやすくなります（図1.1）。

図1.1　シングルスレッドとマルチスレッド

もともとSQL Serverはサイベース社の製品「Sybase SQL Server」として開発されましたが、かつてデータベース製品を持っていなかったマイクロソフトが、自社オペレーティングシステムでの独占使用権を獲得したところから協業が始まりました（図1.2）。当時マイクロソフトは自社のサーバー用OSとして、現在のWindows Serverのもととなったwindows NTのごく初期のバージョンを開発・販売していました。最初のWindows NT版SQL Serverが「Microsoft SQL Server」としてリリースされた頃（1990年代初頭）、商用環境で使用されるOSの主流の1つであったUNIXオペレーティングシステム[※1]にはマルチタスク処理には対応しているものの、マルチスレッド処理には対応していないものが数多く存在していました。

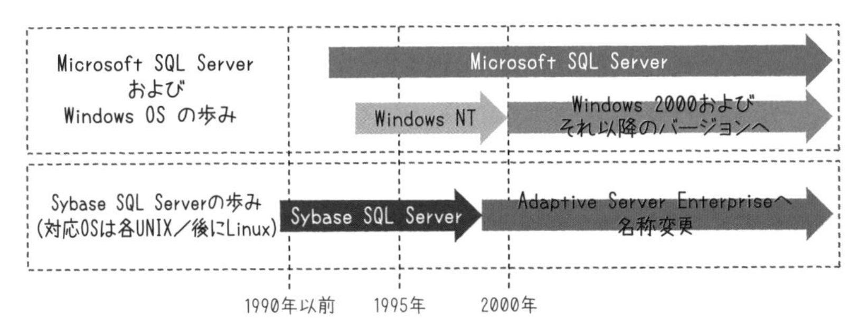

図1.2　Sybase SQL ServerとSQL Serverの関連年表

マルチタスク処理とは、異なるアプリケーション（あるいはプロセス）の処理を異なるCPUに割り当てることによって、複数のアプリケーションの処理を効率的に進めることができる仕組みです。

マルチスレッド処理とは、さらに並列処理の効率化を進めるために、1つのアプリケーション内の操作を複数のスレッドに分割し、それぞれのスレッドに対して異なるCPUを割り当て、各スレッドを並列で処理することによって処理効率を高める仕組みです。UNIX上でのSybase SQL Serverは純粋な意味でのマルチスレッドで動作することはできませんでした。

しかしWindows NTでは、マルチスレッドのスケジュール管理機能が実装されていました。Microsoft SQL Serverはその機能を活用し、マルチスレッドで動作するように設計されていて、これは当時としては画期的な手法でした。それ以降、SQL Serverが小中規模システム向けのデータベースとして利用されていた期間は、何の問題もなく機能していました。しかし、SQL Server 6.5がリリースされて、徐々に大規模なシステムでの採用が進み始めた頃から、スケーラビリティの面での不安が指摘されるようになりました[※2]。その理由を、Windows OSのスケジューラの動作を含めて考えてみましょう。

※1　現在広く利用されているLinuxはUNIXの派生の1つと言えます。
※2　この時点でSQL Serverに求められたスケーラビリティとは、従来よりも大きなサイズのデータベースを問題なく管理する能力や、より多くのクライアントからのリクエストを効率的に処理する能力でした。

1.1.1 コンテキストスイッチ

先述のようにWindows Server系のOSは、開発当初からマルチスレッド処理に対応するようにデザインされています。そのため何らかの原因で（例：I/O待ちなど）、あるスレッドがCPUの使用を停止した場合には、その間を別の処理にCPU使用権を割り当てることができるため、コンピュータ全体の**スループット**[※3]は向上します。

では、まったく待ち状態にならずに、自らが終了するまでCPUを使用し続けるスレッドが発生した場合はどのようになるでしょうか（図1.3）。そのような場合に備えて、一般的なマルチスレッド対応OSには、あるスレッドがCPUを一定時間使用すると、強制的に別のスレッドにCPUの使用権をゆずる仕組みが実装されています。

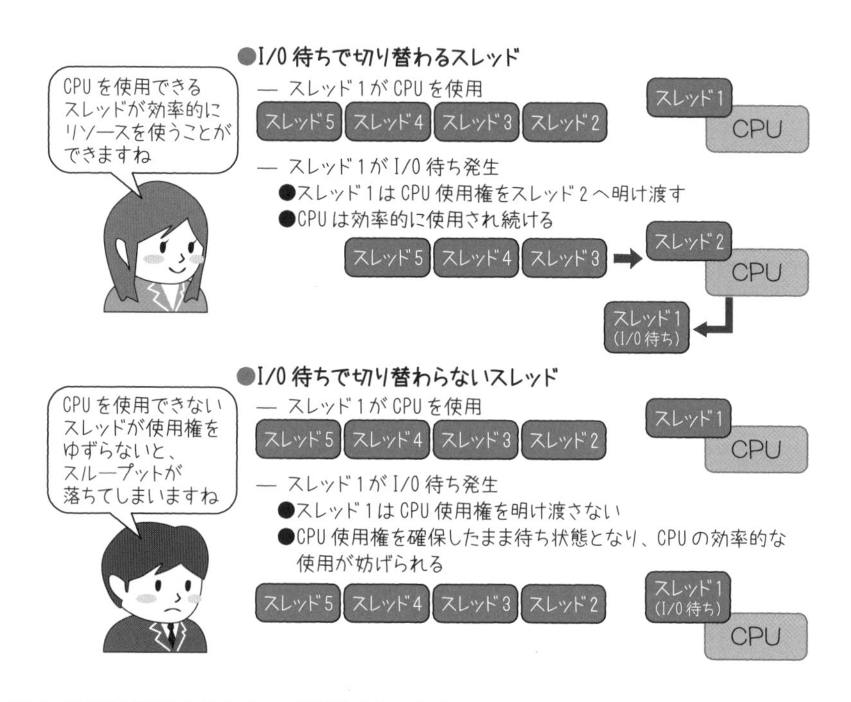

図1.3　I/O待ちで切り替わるプロセスと切り替わらないプロセス

CPU使用時間の計測にはハードウェアのタイマー（電子回路基板に設置されたカウンタ機能）が使用されます。また、スレッドに対して1回に割り当てられるCPUの使用可能な時間の単位を**タイムスライス**と呼びます（図1.4）。

※3　コンピュータ内で一定時間内に実行される処理の数を意味します。

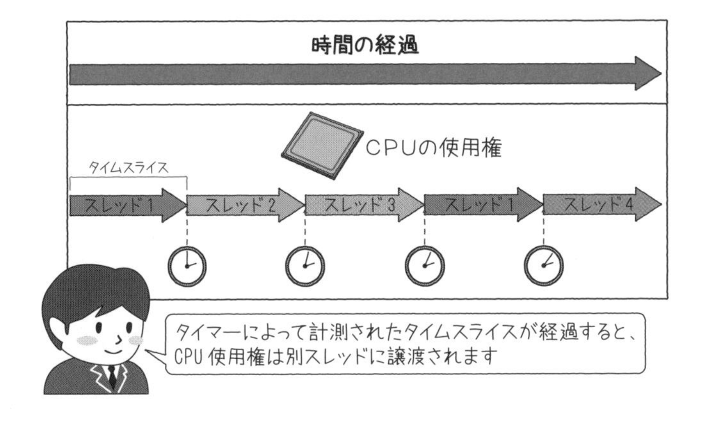

図1.4　タイムスライス

このようにマルチスレッドOSの配下で、CPU上で実行されている処理が待機状態になるか、タイムスライスの上限として設定されているしきい値に達することによってCPUの使用権をゆずり、別の処理がCPUで実行されることを**コンテキストスイッチ**と呼びます（図1.5）。コンテキストスイッチが発生すると、それまでCPUを使用していた処理の情報を（次にCPU使用権を得た場合に備えて）、いったんレジスタ[※4]などに保存する必要があります。

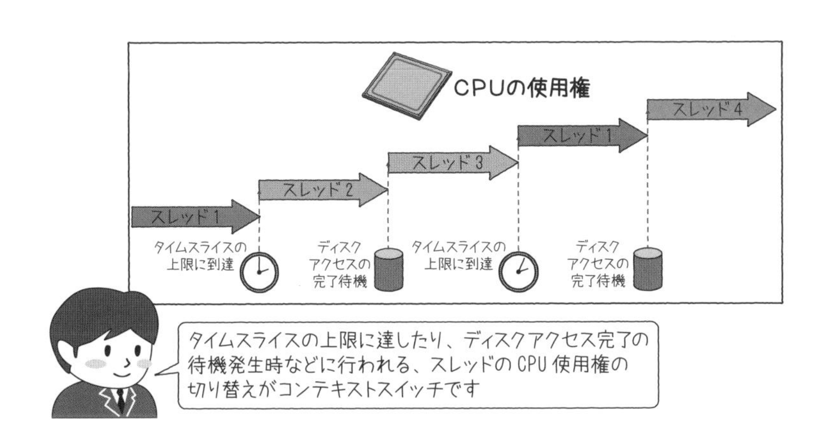

図1.5　コンテキストスイッチ

また、CPU使用権を得た際には、保存された前回使用時の情報をロードする必要があります。そのような、本来実行すべき処理以外の作業が必要になるため、コンテキストスイッチは負荷のかかる動作と言えます（図1.6）。Windowsで、これらの一連の

※4　CPU内に複数個存在し、演算の実行、あるいは実行状態の保存など、いくつかの用途に使用される記憶媒体です。

CPUリソース管理を担当しているコンポーネントが**Windowsスケジューラ**です。

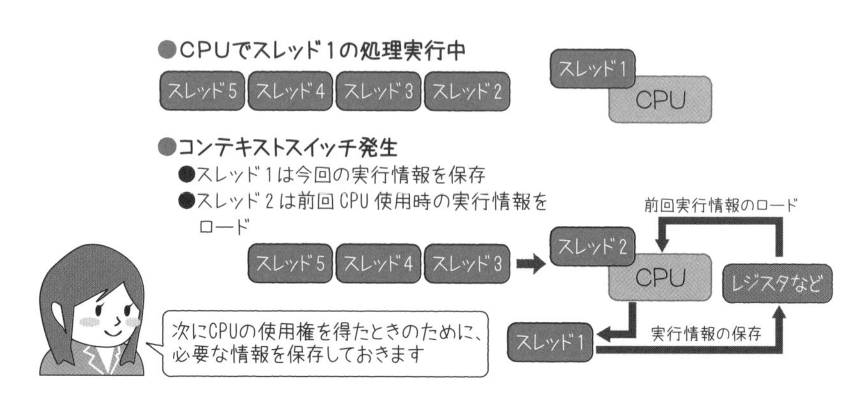

図1.6　コンテキストスイッチのオーバーヘッド

1.2 Windowsスケジューラと SQL Server

それでは、WindowsスケジューラとSQL Serverの動作の関連を考えてみましょう。すでに説明したようにSQL Serverはマルチスレッドで動作するアプリケーションです。SQL Serverが起動されると、1つの**インスタンス**[※5]ごとに1つのプロセスがWindows上に生成されます。生成された**SQL Serverプロセス**は、様々な作業（例：クエリの実行やバックグラウンド処理）を行うために、内部的に実に多くのスレッドを作成します（図1.7）。

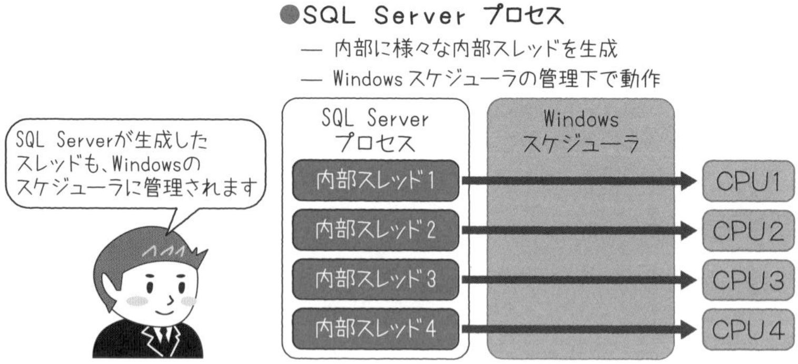

図1.7　SQL Serverプロセスとスレッド

※5　インスタンスとはSQL Serverサービス自体を意味します。1つのコンピュータに複数のSQL Serverインスタンスをインストールすることができ、それぞれが独自のデータベースを管理することができます。

SQL Serverプロセスによって内部的に作成されたすべてのスレッドは、Windowsスケジューラによって CPUリソースの使用状況が管理されます。それはSQL Server以外のプロセス、たとえばあなたのプログラムが生成したプロセスによって作成されたスレッドと同じような扱いを受けることを意味します。CPUを使用していたSQL Serverプロセスのあるスレッドが、タイムスライスを超えた場合には、別のスレッドに使用権をゆずります。また、CPUを使用していたSQL Serverプロセスのスレッドが何らかの待機状態に入った場合も、同様に使用権をゆずります。

ここで、SQL Serverが作成した各スレッドのコンテキストスイッチの発生タイミングの妥当性を考えてみましょう。

まず、タイムスライスの場合です。使用可能な時間を区切ってCPUリソースを効率良く各スレッド間で共有するルールは、SQL Serverプロセス内のスレッドの処理内容に何ら悪影響を与えませんし、当然適用されるべきものです。

それでは待機時間によるコンテキストスイッチに関してはどうでしょう。SQL Serverプロセス内のスレッドがWindowsスケジューラの判断可能な待機状態（I/O待ちなど）になった結果、コンテキストスイッチが発生する点はまったく問題ありません。懸念すべき点は、SQL Serverプロセス内のスレッドがWindowsスケジューラには判断できない待ち状態になっている場合です。

では、Windowsスケジューラに判断できない待ち状態として、どのような状況が考えられるかを見ていきます。

1.2.1 Windowsスケジューラには認識できない待ち状態

SQL Serverやその他のデータベース管理システムでは、格納したデータの一貫性を保つために**ロック**機能を持っています。あるクエリがデータを更新するためには、まず目的となるデータに排他的にアクセスするためのロックを獲得する必要があります。すでにほかのクエリが同じデータにロックを獲得していた場合には、それが解放されるまで待つ必要があります（図1.8）。

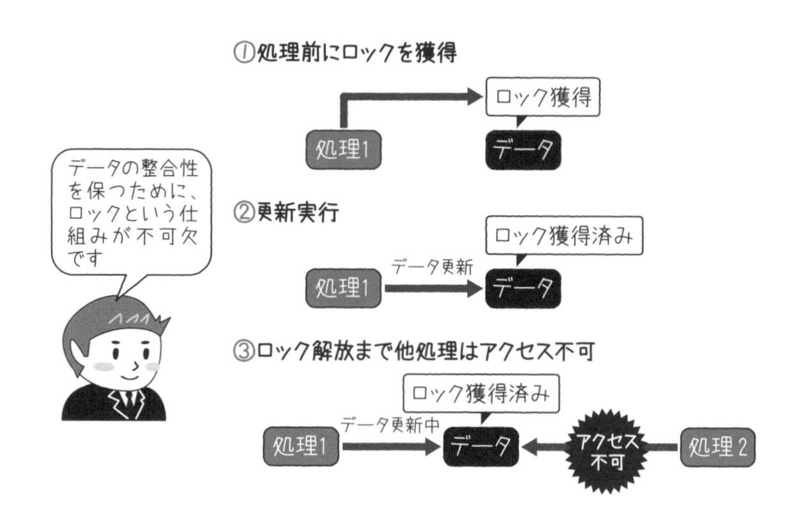

図1.8　簡単なロックの概念図

クエリが実行される際には、スレッドが作成されて必要な処理が行われます。そのため、クエリがロックの解放を待っているということは、あるスレッドがほかのスレッドがすでに獲得しているロックの解放待ちであることを意味します。

一方、Windowsスケジューラにロックの解放待ち状態にあるスレッドの状態を判断することができるでしょうか。データベース内のオブジェクトに対するロックという概念は、あくまでSQL Server内に限定されたものです。そのため、Windowsスケジューラからは、ロック獲得待ち状態のスレッドも、ロック獲得済みのスレッドも、同じ状態であると判断されます。よって、Windowsスケジューラにすべてのスレッド管理を任せると、ロック獲得待ちのスレッドが、ロック獲得済みのスレッドより先にCPUリソースの使用権を割り当てられてしまうことがあります。ロック獲得待ちのスレッドがCPUリソースを割り当てられても、何も処理をすることはできません。その結果としてCPUリソースが無駄に割り当てられ、システム全体としての観点から効率的な処理を妨げることになってしまいます（図1.9）。

●ロック獲得待ちスレッドがCPUリソースを割り当てられたら

●スレッド1はCPUリソースを占有したままロック解放待ち状態となる

●本来CPUリソースを必要としているほかのスレッドは、割り当て待ち状態

●CPUリソースが無駄に消費され、システムのスループットは低下

CPU割り当て待ち

スレッド5 スレッド4 スレッド3 スレッド2

スレッド1（ロック獲得待ち）

CPU

図1.9　SQL Server内のロック獲得待ちスレッドがCPUを割り当てられる場合がある

Windowsスケジューラが判断できない待ち状態の代表的な例をもう1点挙げてみましょう。複数のCPUもしくはコアが搭載されているコンピュータでは、SQL Serverは**並列処理**を行う場合があります。並列処理のメリットは、1つのクエリが複数スレッドに分割されて実行されることによって、パフォーマンスの向上が期待できることです。並列処理が行われる場合、クエリの様々な段階で必要に応じて親スレッドが処理に必要な数の子スレッドを起動します。それぞれの子スレッドには、クエリの結果セットの一部分を取得するための作業が割り当てられます。すべての子スレッドの処理が完了した段階で、親スレッドはそれぞれの結果セットをマージしてクライアントへ返します。ほとんどの場合、それぞれの子スレッドが処理に必要とする時間はまったく同じではありません。そのため親スレッドは、最も速く処理が完了する子スレッドから応答があっても処理を先に進めることはできません。さらに、最も処理が遅い子スレッドの処理が完了するまでの期間を待つ必要があるのです。このような待機時間中のスレッドがCPUリソースを割り当てられたとしても、やはりリソースの浪費です。また、このような待機状態もSQL Server内部で発生していることなので、Windowsスケジューラには判断できません（図1.10）。

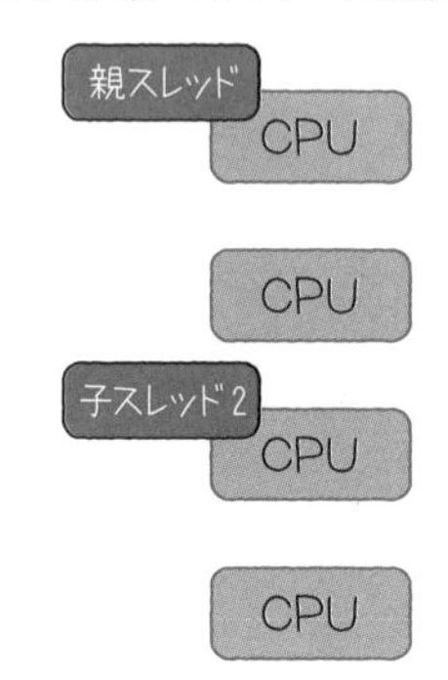

図1.10　並列処理の待ち状態

1.3 SQL Server内のスケジューラ

このほかにも、SQL Server内で発生する待機状態は数多く存在します。SQL Serverが比較的小さな規模で使用されている場合は、それぞれの待機時間は短く、それほど問題になるものではありませんでした。しかし、SQL Serverがより大きなサイズのデータベースを管理し、より多くのクライアントからのリクエストを効率的に処理するためには、すべてのスレッドのスケジュール管理をWindowsスケジューラだけに任せるのではなく、独自のコンポーネントを用意したほうが良いとの決断が下されました。そして、サイベース社のSQL ServerをオリジナルとするSQL Server 6.5までのソースコードを90%以上書き換えたSQL Server 7.0から、このコンポーネントは導入されました。CPUリソースを効率的に管理するこのコンポーネントは、SQL Server 7.0とSQL Server 2000では**UMS**（User Mode Scheduler）と呼ばれていましたが、SQL Server 2005では**SQLOSスケジューラ**に改称されました。

それでは、SQL Server内のスケジューラであるSQLOSスケジューラの動作について、詳しく見ていきましょう。

1.3.1 SQLOSスケジューラとは？

SQLOSスケジューラの詳細な説明に入る前に、1つ明確にしておく必要がある点があります。SQLOSスケジューラは、あくまでもSQL Serverというアプリケーション内のコンポーネントであるということです。SQL ServerはWindowsの下で動作するアプリケーションなので、依然としてWindowsスケジューラの支配下にあります。Windowsスケジューラの支配下にありながら、効率的にCPUリソースを使用させるための仕組みがSQLOSスケジューラなのです（図1.11）。

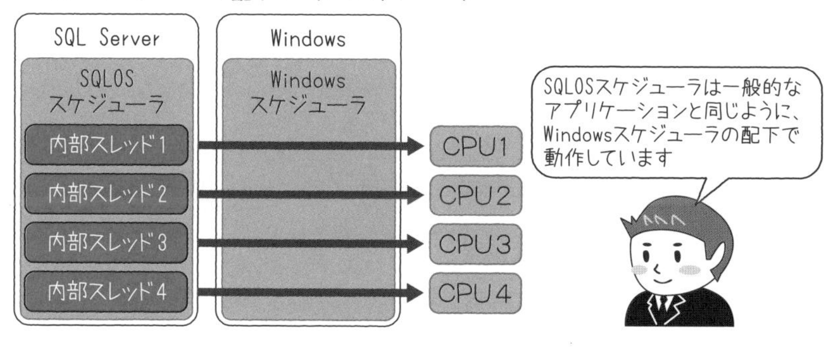

図1.11　SQLOSスケジューラとWindowsスケジューラの関係

1.3.2 SQLOSスケジューラを構成するコンポーネント

SQLOSスケジューラの動作を理解するためには、SQLOSスケジューラを構成する各コンポーネントを理解しておくことが大切です。そのため、重要なコンポーネントの特徴や動作を紹介します。

スケジューラ

SQL Serverの起動時に、CPU数もしくはコア数と等しい数の**スケジューラ**が作成されます。ただし、SQL Serverのエディションや**Affinity Mask**[※6]の設定によっては、コンピュータに搭載されているCPU数もしくはコア数よりも少ない場合があります。

※6　Affinity Maskとは、SQL Serverインスタンスが使用するCPU数を制御するための設定です。たとえば、8個のCPUが搭載されているコンピュータで、2個のSQL Serverインスタンスを稼働させる場合、それぞれのワークロードの負荷によって、インスタンスAには2個のCPUを割り当て、インスタンスBには6個のCPUを割り当てるということができます。詳細な設定方法は次のMicrosoft Docsサイトを参照してください。

▼affinity mask サーバー構成オプション
https://docs.microsoft.com/ja-jp/sql/database-engine/configure-windows/affinity-mask-server-configuration-option

スケジューラはワーカーの管理を行います。実際には様々な作業を行うための「隠し」スケジューラが存在しますが、SQLOSスケジューラの基本的な動作を理解する際の妨げになるかもしれないため、ここでは説明を省くことにします。また、スケジューラは一度に1つのワーカーだけをCPUリソースの割り当てが可能な状態にします。

ワーカー

ワーカーは、SQL Serverでタスクが実行されるために必ず必要となるコンポーネントです。クライアントからのクエリは様々な段階を経た後、最終的には1つ以上のワーカーに関連付けられて処理されます。ワーカーはSQL Server内のオブジェクトですが、Windowsの管理オブジェクトであるスレッドと関連付けられています。1つのワーカーに対して、必ずWindowsスレッドが1つ存在します。

Column

SQLOSスケジューラはノンプリエンプティブ？

マルチスレッド環境でのCPUリソースの管理手法には、**ノンプリエンプティブ**、**プリエンプティブ**の2種類があります。

ノンプリエンプティブでは、OSはCPUリソースの使用権を管理しません。CPUの使用権は、各アプリケーションがほかのアプリケーションへ自発的にゆずる必要があります。

プリエンプティブは、タイムスライスなどのルールに基づいて、OSが各アプリケーションのCPUリソースの使用を管理します（一定時間が経過するとほかのアプリケーションへ使用権をゆずります）。

ノンプリエンプティブはOSがCPUリソース管理を行わない分、そのコストは軽微で済みます。ただ、いつまでもCPUリソースを占有し続けるアプリケーションが存在すると、ほかのアプリケーションは動作できず、システム全体に悪影響を与えてしまいます。

一方、プリエンプティブでは、アプリケーションの動作に依存せずにOSがCPUリソースの使用権を管理するため、すべてのアプリケーションに安定してCPUリソースを割り振ることができます。その分、OSの実装が複雑になりそのコストも高くなります。かつては問題と考えられていたOSがCPUへ与える負荷も、昨今のCPU性能の向上によってほとんど無視できるレベルになっています。そのため、主要なOSはすべてプリエンプティブ方式を採用しています。

しかし、SQLOSスケジューラに目を向けてみると、ノンプリエンプティブ方式が取り入れられています。いったんSQLOSスケジューラ上で実行状態になったスレッドは、自らがゆずり渡すまでスケジューラの使用権を取り上げられることはありません（詳細は後述しますが、スケジューラの使用権を保持することはCPU使用権を持つことと同じ意味となります）。これは処理に必要となるすべてのリソースを獲得済みのスレッドに対して、可能な限りCPUを割り当てて、CPU稼働率の最大化を図ろうという設計思想に起因しています。とはいえ、1つのスレッドが使用権を保持し続けると、当然、SQL Server全体でのスループットは低下します。そのため、長くても各スレッドは数ミリ秒の期間スケジューラを占有した後には、ほかのスレッドに使用権をゆずるようにコーディングされています。数ミリ秒という期間は日々の暮らしの中では非常に短く、何かを行うには十分な長さではありません。しかしCPUの利用時間という観点からは、あるまとまった単位の作業を完了させることができます。この作業単位ごとにスレッド間でCPUの使用権を融通しあうことによって、CPUを無駄に待機させる機会を減少させて、システムのスループット向上につなげるという設計思想に基づいています。

もう1点忘れてはならないのが、SQLOSスケジューラの管理範囲内でノンプリエンプティブといっても、SQL Server自体がWindowsの下で動作するアプリケーションであるということです。つまりWindowsスケジューラの観点から見た場合は、SQLOSスケジューラ配下のすべてのスレッドはプリエンプティブで動作していることを意味します（図1.A）。

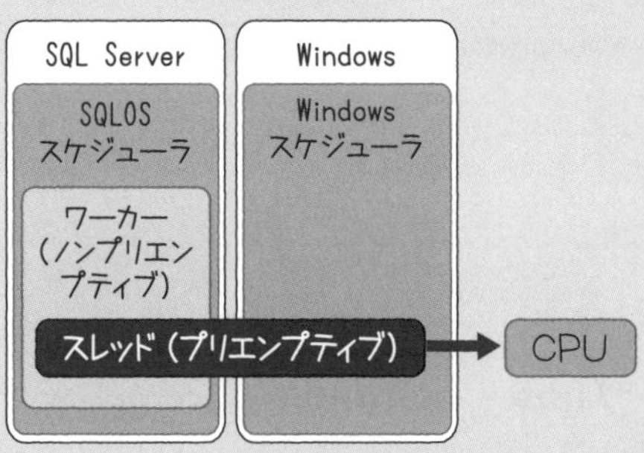

図1.A　SQLOSスケジューラとWindowsスレッドの関係

ワーカースレッドプール

ワーカースレッドプールは、各スケジューラで使用可能なワーカーの数を管理します。ワーカーの最大数は**max worker threads**の設定値に依存します[※7]。デフォルト値は255です。コンピュータに2個以上のCPUもしくはコアが搭載されている場合、各スケジューラが使用できるワーカー数はmax worker threadsの設定値をスケジューラ数で割った値になります（図1.12）。

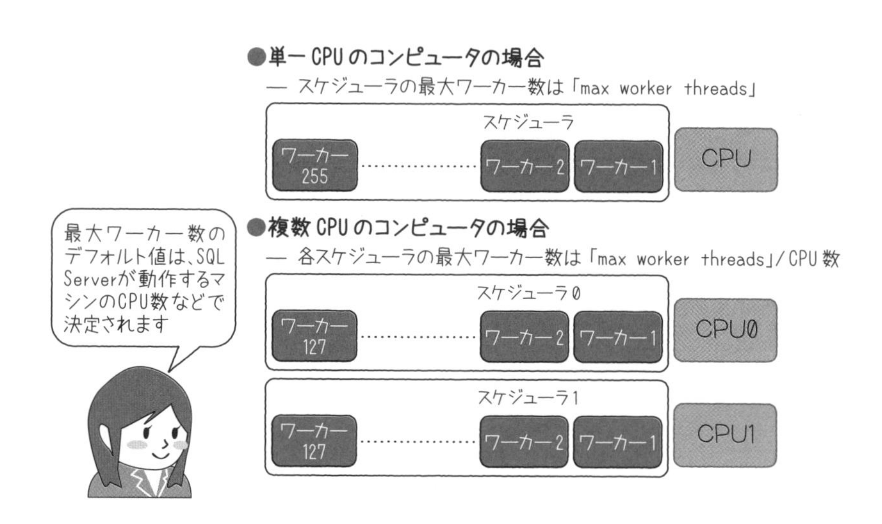

図1.12　単一CPUと複数CPUのワーカー数

もしもワーカースレッドプールに使用可能なワーカーが存在しないときに、ワーカーの使用要求があると、最大数に達していない場合は新たにワーカーが作成されます。すでに最大数に達している場合は、使用要求をしたクライアントは、後述のワークリクエストキューに追加され待機状態になります。

ランナブルキュー（Runnable Queue）

各スケジューラは、1つの**ランナブルキュー**を持っています。先述のようにスケジューラは1つのワーカーだけをアクティブにします。もし2個以上のワーカーが実行可能だった場合は、ランナブルキューにリストされ、スケジューラが使用可能になるのを待ちます。

※7　max worker threadsの設定値は、Microsoft SQL Server Management Studioからも確認することができます。［SQL Serverのプロパティ］ウィンドウの［プロセッサ］タブを選択すると［ワーカースレッド最大数］として表示されています。

ワークリクエストキュー（Work Request Queue）

各スケジューラは、作業を実行するためのワーカーをワーカースレッドプールに保持しています。しかし、多くの処理リクエストが発生すると、まれにワーカーの数が不足することがあります。ワーカーが不足したために処理が実行できないタスクは、**ワークリクエストキュー**にリストされ、ワーカーが使用可能になるのを待ちます。ワーカー不足の一般的な要因は、ブロッキングや過度な並列処理です。

I/Oリクエストリスト（I/O Request List）

I/Oリクエストを発行したワーカーは、要求したI/Oが完了するまでの期間、**I/Oリクエストリスト**に追加されます。「I/Oの完了」はWindowsから見た場合のI/Oの完了に加えて、SQL Serverが必要とするI/Oの後処理（たとえばI/O処理に使用した内部リソースの解放など）までを含みます。それらがすべて終了した時点でI/Oリクエストが完了したと見なされます。

ウェイターリスト（Waiter List）

ワーカーの処理実行時に、必要となるSQL Server内のリソース（ロックや**ラッチ**[※8]など）を獲得できない場合に、ワーカーは**ウェイターリスト**に追加されます。ウェイターリストはほかのキューやリストとは違い、スケジューラが直接管理するものではありません。ウェイターリストは、SQL Server内のオブジェクトごとに存在します。たとえば、テーブルAのある行に対して、複数のワーカーがアクセスしてロックの競合が発生した場合のウェイターリストは図1.13のようになります。ロックを保持していたワーカーは、ロックが不要になった時点でロックを解放するとともに、ウェイターリストの先頭にいるワーカーへロックの獲得権をゆずります。

※8　ラッチとは、データベースのリソースを保護することを目的としたとても負荷の軽い仕組みです。ロックの対象がテーブルや行といった比較的大きなサイズの論理的なまとまりであるのに対して、ラッチの対象はデータベース内の各種管理情報など、サイズの小さなものです。また、ロックはトランザクション内の論理的な整合性を保護するために長期間保持されることがありますが、ラッチはSQL Serverが必要とする期間（ページの読み込みや書き込みを行う期間など）が終了するとすぐに解放されます。

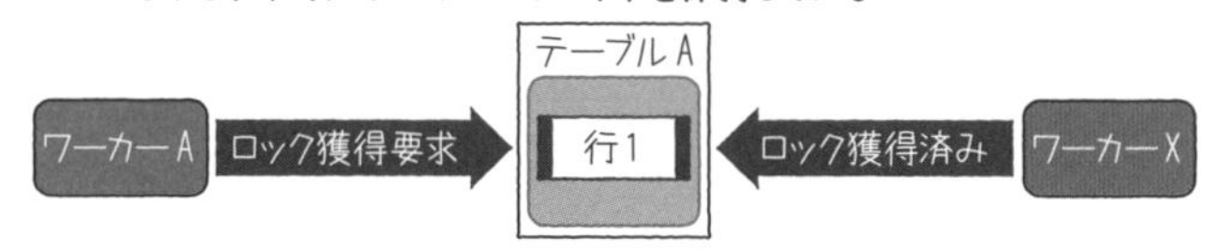

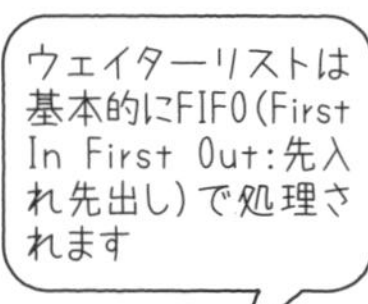

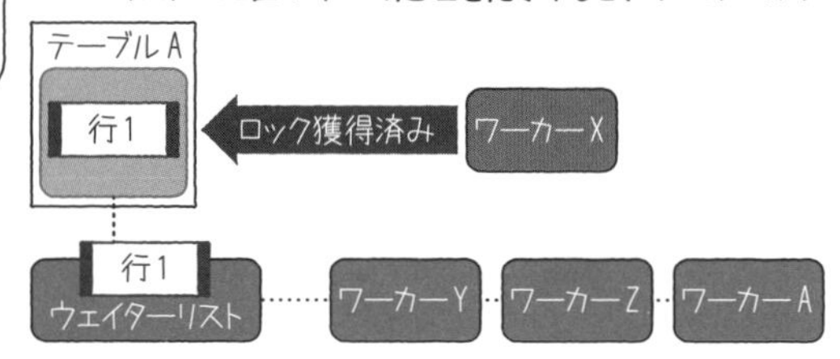

図1.13　ウェイターリストの概念図

1.3.3 スケジューラの動作

それでは、クライアントから受け取ったクエリを処理する際にスケジューラとワーカーがどのように動作するかを、順を追って確認していきましょう[※9]。

①クライアントがSQL Serverに接続するといずれかのスケジューラと関連付けられる（図1.14）

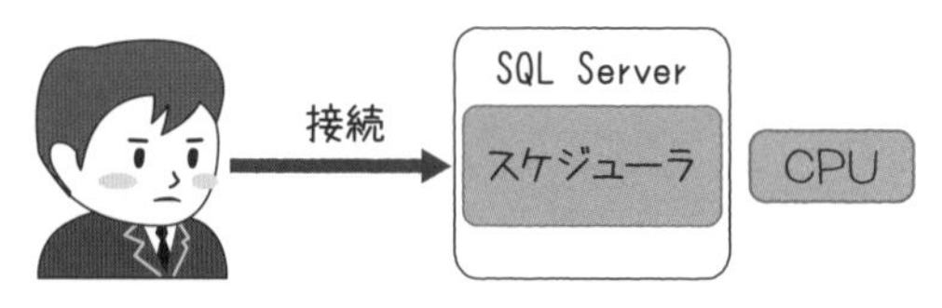

図1.14　①の状態

②クライアントは処理を実行するためにワーカーが必要。ワーカースレッドプールに使用可能なワーカーが存在するかを確認する（ここでは、プール内に使用可能

※9　ここではスケジューラやワーカーの動作自体の理解を優先するので、必要に応じてオブジェクトなどの表記や説明を簡略化します。その理由は、動作に関連するすべての情報を厳密に1つ1つ説明していくと、全体の流れをスムーズにとらえることの妨げになると考えたからです。簡略化している事象に関しては、これ以降の章でそれぞれ詳細に触れていきます。

なものが存在していることにする)。使用可能なワーカーをこれ以降の説明でわかりやすくするため、便宜的に「ワーカーA」とする(図1.15)

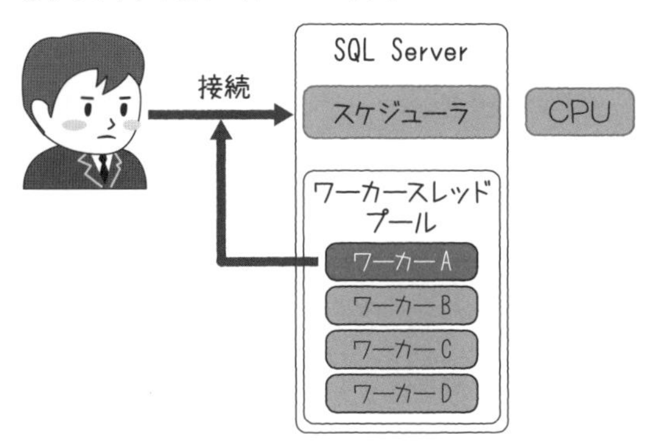

図1.15 ②の状態

③処理実行のためには、CPUリソースを割り当ててもらう必要があるため、ワーカーAはランナブルキューに追加される(図1.16)

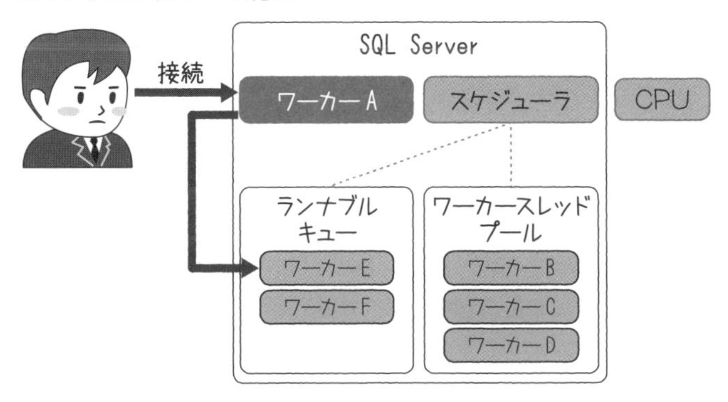

図1.16 ③の状態

④ランナブルキューの上位にあったすべてのワーカーが処理された後、ワーカーAは実行状態になり、実行中であるとの情報がスケジューラに保持される(図1.17)

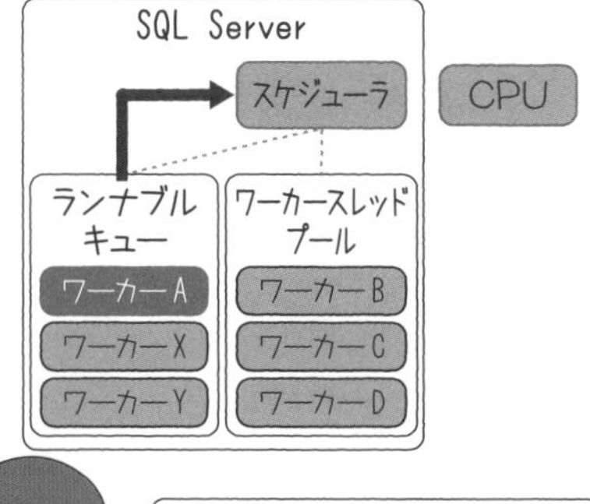

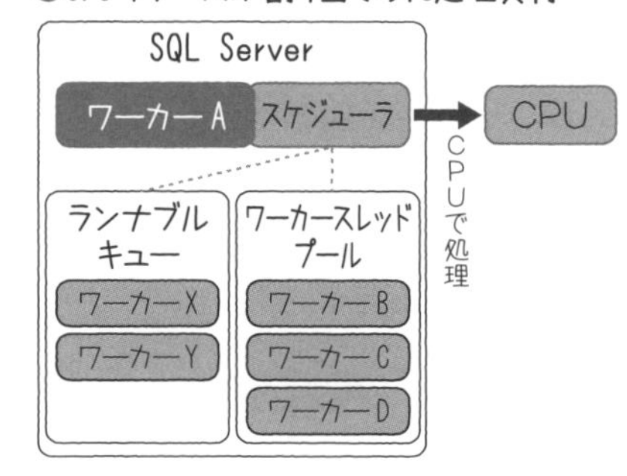

図1.17　④の状態

⑤ワーカーAが処理を進めると、テーブルX全体への排他ロックが必要となったが、すでにほかのワーカーがテーブルXに対するロックを獲得している。そのため、テーブルXに対するロックリソースのウェイターリストに追加される。さらに、スケジューラの使用権をランナブルキューの先頭のワーカーへゆずり、自分は待機状態になる（図1.18）

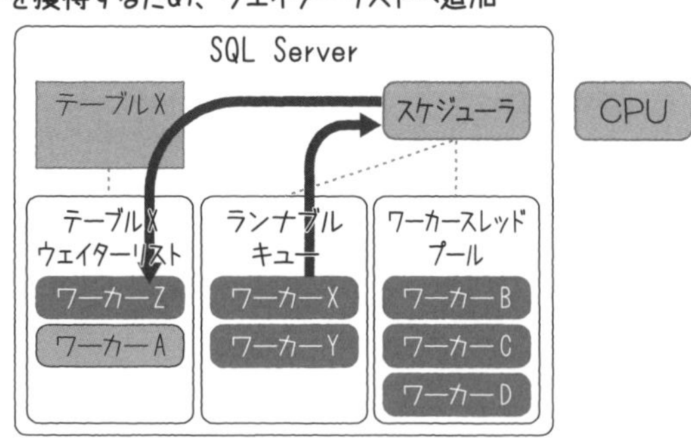

図1.18　⑤の状態

⑥一定時間の経過後、テーブルXへの排他ロックが獲得できたワーカーAは再びランナブルキューに追加される

⑦上位にあったワーカーの処理が完了した後に、ワーカーAは実行状態になる（図1.19）

●テーブルXのロックが獲得できたのでランナブルキューに移動

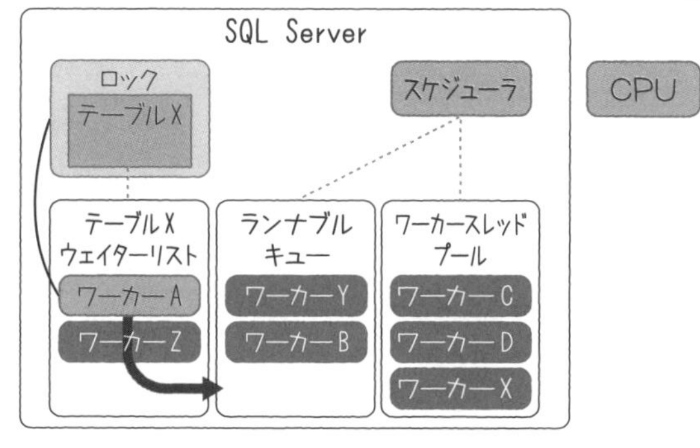

●ランナブルキューから実行状態へ

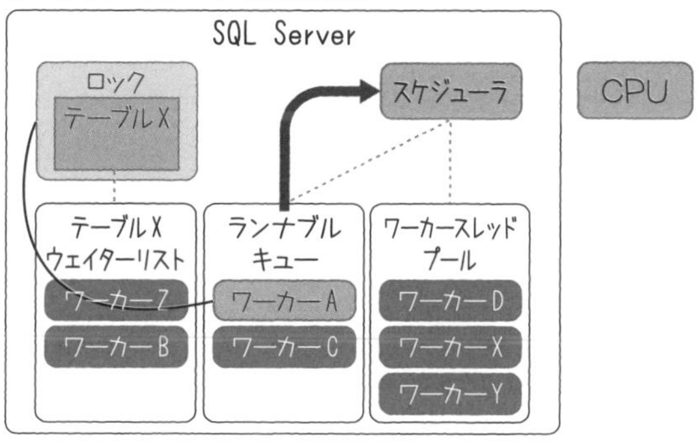

図1.19　⑦の状態

⑧次に、ワーカーAはデータ取得のためにディスクへのI/Oが必要となる。そのため、I/Oリクエストを行った後にI/Oリクエストリストに登録される。さらに、スケジューラ使用権をランナブルキューの先頭のワーカーにゆずり、自分は待機状態になる（図1.20）

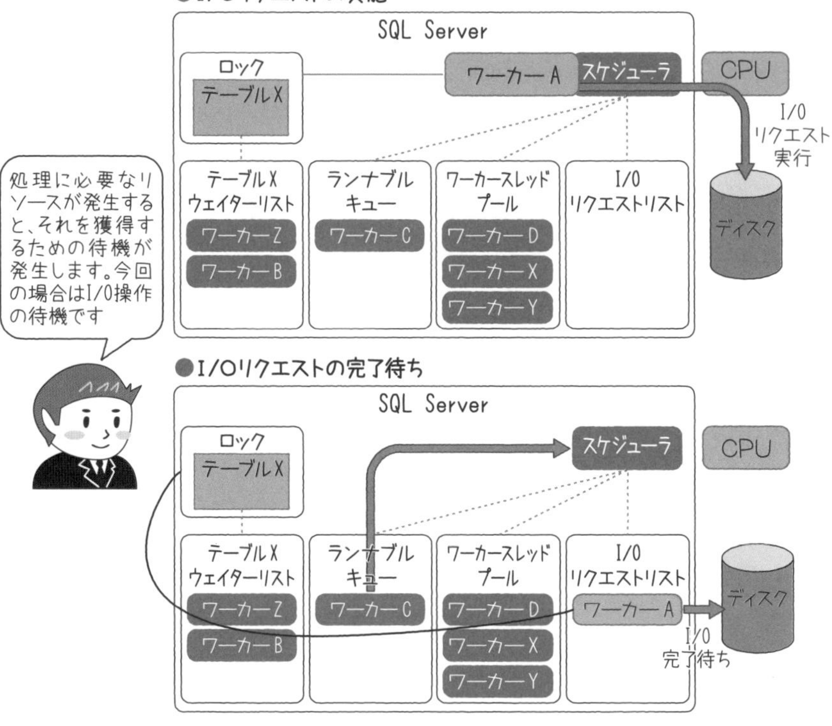

図1.20　⑧の状態

⑨一定時間の経過後、I/Oリクエストが完了すると、ワーカーAは処理の継続のためにランナブルキューへ移動する（図1.21）

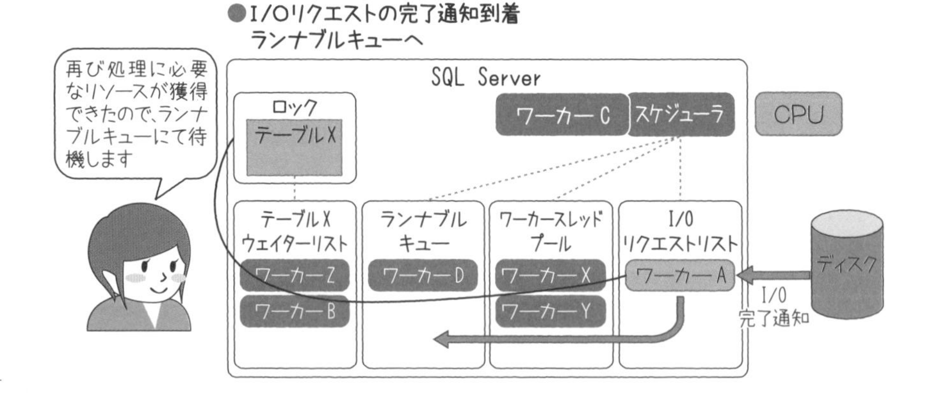

図1.21　⑨の状態

⑩ランナブルキューでの待機時間を経て、ワーカーAは実行状態になり、必要な処理を継続する（図1.22）

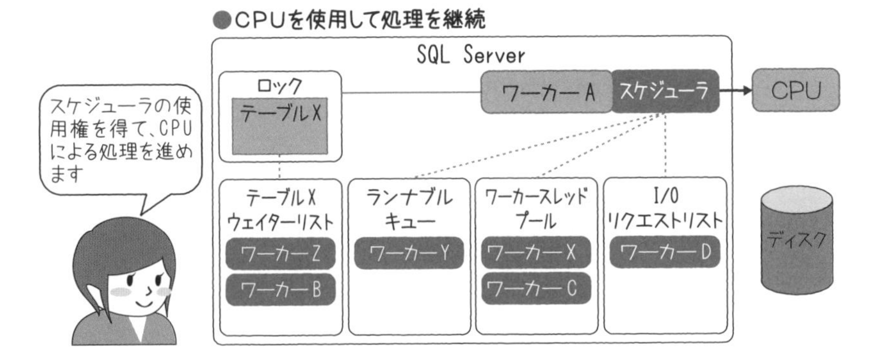

図1.22　⑩の状態

⑪ワーカーAは獲得していたテーブルXのロックを解放し、ウェイターリストの 先頭のワーカーに獲得権をゆずる（図1.23）

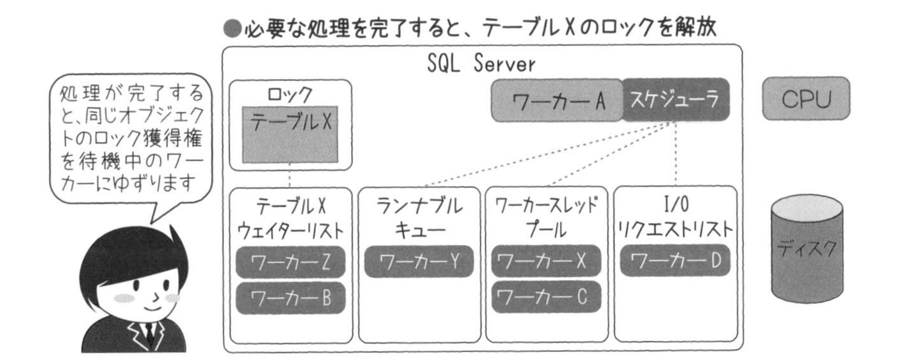

図1.23　⑪の状態

⑫ワーカーAは処理の結果をクライアントに返す（図1.24）

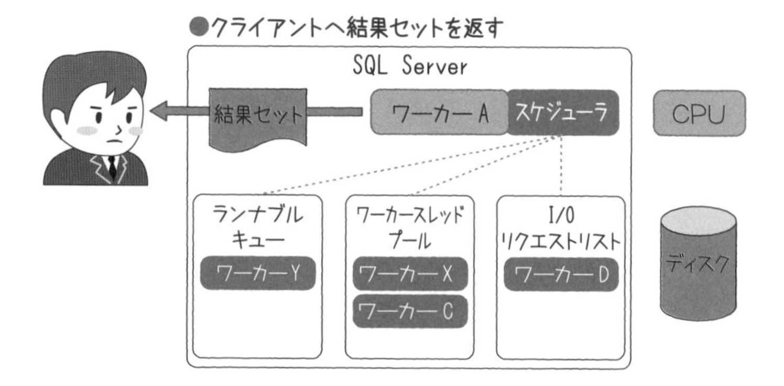

図1.24　⑫の状態

⑬すべての作業を完了したワーカーAは、ワーカースレッドプールに自らを登録して次に使用される機会を待つ（図1.25）

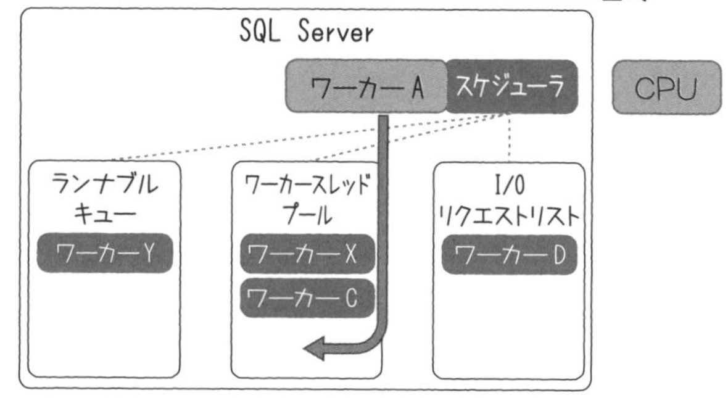

図1.25　⑬の状態

大幅に簡略化した内容ですが、ワーカー（OSからの視点ではスレッド）、スケジューラの動作の流れの概要はこのようなものです。実際には、クライアントからのリクエストを完了するまでに、ワーカーはもっと多くの回数のリソースの待ち状態と実行状態の間を行き来します。この一連の動作のポイントは、何らかのリソース待ち状態になると、すぐにCPUの使用権を他者にゆずり、自らはリソースが獲得できるまで待機状態になる点です。

実際にCPUを使用できる処理だけが効率的に実行される仕組みを、SQL Serverが実装していることを確認できたでしょうか。

1.3.4 SQLOSスケジューラが使うワザ

これまでの説明から、「なぜランナブルキューやほかの待機リストに登録されているワーカーはWindowsスケジューラから実行状態にされないのだろう？」という疑問を持った方は、かなり鋭い人です。SQLOSスケジューラが管理するワーカーは、Windowsスケジューラから見ると単なるスレッドです。単なるスレッドなので、通常であれば、SQLOSスケジューラがどのような種類の待機リストに追加していたとしても、Windowsスケジューラは自らのルールに従って実行状態にしたり、あるいは待ち状態にしたりするはずです。

ここで、SQLOSスケジューラはちょっとしたワザを使っています。待機リストに登録されているワーカーはWaitForSingleObjectEx関数を使って待ち状態になっています。通常、WaitForSingleObjectEx関数を使用する際には、タイムアウト時間を設定します。そのタイムアウト時間に**INFINITE**という値を設定すると、スレッドは無限の待ち状態であることを示します。設定された「INFINITE」という値が別のものへ変更されるまで、Windowsスケジューラはそのスレッドに対して一切CPUリソースを割り当てません（つまりスレッドは実行状態になりません）。

SQLOSスケジューラは、各スケジューラに「実行状態」であると登録されたスレッド（ワーカー）以外、つまりいずれかの待機リストに登録されたスレッドすべてに対して、タイムアウト時間として「INFINITE」を設定しているのです。これによってSQLOSスケジューラは、Windowsスケジューラから不適切なタイミングで、スレッドにCPUリソースを割り当てられることを防ぎます。また、同様に自らが必要とするスレッドのみに効率的にCPUリソースを割り当てることが可能になっています（図1.26）。

●ランナブルキューでの例
—SQLOSスケジューラはワーカーAを実行状態にしたいので、タイムアウト時間に0を設定
—それ以外のワーカーのタイムアウト時間はINFINITEのまま
—WindowsスケジューラはワーカーAにCPUリソースを割り当てる

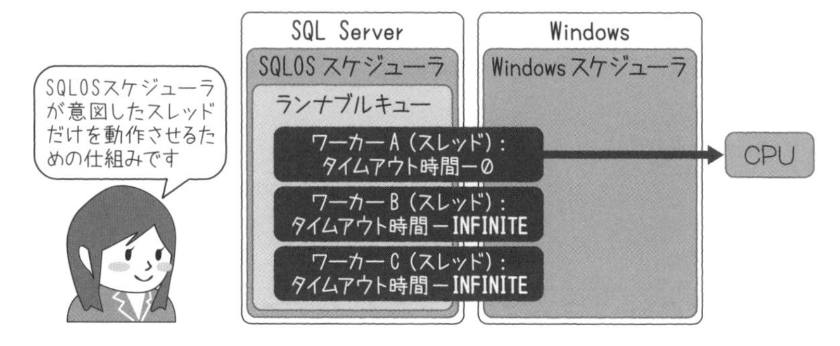

図1.26　待機リストのスレッド

1.4 SQLOSスケジューラをモニタリングする

SQLOSスケジューラの動作状況は**動的管理ビュー**[※10]**sys.dm_os_schedulers**を参照することで確認できます。参照結果として得られた情報をもとに、SQL Serverが内部的にどのような状況にあったかを知ることができます。また、潜在的な問題に関しても早期のうちに発見できることがあります。

1.4.1 動的管理ビューの参照

動的管理ビューsys.dm_os_schedulersを参照するには、クエリツール（sqlcmd、SQL Server Management Studio など）でSQL Serverのインスタンスにログインして以下のクエリを実行します。

```
SELECT * FROM sys.dm_os_schedulers
```

※10　動的管理ビュー（DMV：Dynamic Management View）は、SQL Serverの様々な情報を確認するために用意されたシステムビューです。SQLOSスケジューラだけでなく、メモリの使用状況や、データベースファイルへのアクセス情報など多岐にわたる情報を得ることができます。次のMicrosoft Docsサイトで詳細が確認できるので、ぜひ効率的なシステム運用に活用してみてください。
▼システム動的管理ビュー
https://docs.microsoft.com/ja-jp/sql/relational-databases/system-dynamic-management-views/system-dynamic-management-views

このクエリの結果として得られる情報の中から、代表的なものを紹介します。

runnable_tasks_count

ランナブルキューにリストされているワーカーの数を意味します。この値が常に高い場合は、CPUリソースを待っているワーカーが常に存在することになります。そのため、要求されている作業量（実行されているクエリの数など）に対して、CPUの処理能力が追いついていないことが推測できます。

current_workers_count

コマンドを実行した時点でスケジューラが保持しているワーカーの数です。SQLOSスケジューラは、必要に応じてワーカーを作成していくため、必ずしもスケジューラが管理可能な最大数のワーカーを常に保持しているわけではありません。

work_queue_count

ワークリクエストキューにリストされている処理の数です。ここに示される数だけの処理が、その実行に必要となるワーカーの空きを待っていることを意味します。この値が常に高い場合は、実際にワーカーの数が不足していることもありますが、ほとんどの場合は別の潜在的な問題が存在することを示しています。たとえば、多くのワーカーが長時間ロック獲得待ちになっていたり、過剰な数の並列処理が行われていたり、といったケースが考えられます。

動的管理ビューが出力する情報の詳細は、次のMicrosoft Docsサイトを参照してください。

▼dm_os_schedulers（スケジューラ、ランナブルキュー、ワークリクエストキュー、I/Oリクエストリストなどに関する情報）
https://docs.microsoft.com/ja-jp/sql/relational-databases/system-dynamic-management-views/sys-dm-os-schedulers-transact-sql

▼dm_os_workers（ワーカーに関する情報）
https://docs.microsoft.com/ja-jp/sql/relational-databases/system-dynamic-management-views/sys-dm-os-workers-transact-sql

▼sys.dm_os_threads（ワーカーに関連付けられたWindowsが管理するスレッドに関する情報）
https://docs.microsoft.com/en-us/sql/relational-databases/system-dynamic-management-views/sys-dm-os-threads-transact-sql

1.5 第1章のまとめ

次の質問の答えを考えてみてください。

Q なぜSQL Serverは独自のスケジュール管理機能を実装する必要があったのでしょうか？

とてもシンプルですが、その答えは、SQL ServerがCPUを効果的に使用するための考え方の基礎であり、この章で最も理解してもらいたいポイントになります。どうでしょうか。筆者の説明がうまくいっていれば理解してもらえたと思いますが、答えは次のような内容になります。

A SQL Server内のワーカー（スレッド）には、Windows OSが持っているスケジューラには理解できない待ち状態が数多く存在します。そのため、すべてのスケジュール管理をWindowsスケジューラに任せてしまうと、貴重なCPUリソースを無駄に使用してしまうことがあるからです。

すべてはCPUをより効率的に使用して、大きなサイズのデータベースを円滑に管理し、より多くのクライアントからの要求により迅速に対処するためです。SQLOSスケジューラを実装することによって、それまでは小中規模サイトでの使用が主流だったSQL Serverは、エンタープライズの領域でも使用可能なスケーラビリティを示すことができました。

事実、はじめて独自のスケジューラを実装したSQL Server 7.0では、SQL Server 6.5ではほとんど皆無だった大規模なユーザーへと浸透が始まり、SQL Server 2005以降は数多くのエンタープライズカスタマーに採用されています。

この章では、スケジューラの必要性、スケジューラの基本的動作、スケジューラの状況確認方法について紹介しました。一見、読者の方が直面している具体的な問題（パフォーマンスが悪い！など）からはほど遠い内容に感じるかもしれません。しかし、すべてのクエリは最終的には、ワーカーとしてスケジューラ管理の下に処理されます。

この事実を念頭にSQL Serverの動作をひも解いていくと、これまではお手上げだった問題を解決するための新しいアプローチの1つになるのではないかと考えています。そのような場面でヒントになることがあればとてもうれしく思います。

次章では、SQL Serverとデータベースへの読み取り／書き込み操作の関係について紹介します。物理ディスクへのアクセスパターンや、I/Oに使用しているAPIといった"濃いめ"の内容をお届けしましょう。

Column

SQLOSスケジューラの進化

CPU リソースを効率的に活用するために様々な実装が行われているSQLOSスケジューラですが、常に機能の向上のための改善が行われています（それは不具合に対する修正であったり、ハードウェア性能の向上などに伴う機能のアップデートだったりします）。

SQL Server 2019ではSQLOSスケジューラに大きな改善が施されました。SQL Server 2019より前のバージョンのSQL Serverは、スケジューラにアサインされているワーカー数を監視して、その数が最も少ないスケジューラに新たなワーカーを割り当てることで、スケジューラ間の負荷の均衡を保とうとしていました。ただしスケジューラの負荷は、単純にワーカー数だけで判断することが難しいことも事実です。

同じ数が割り当てられたとしても、短時間で終了するタスクを持つワーカーが多ければ、長時間を要するタスクを持つワーカーが数多く割り当てられたスケジューラよりも、すべてのタスクが完了する時間は短くて済みます。一方、長時間を要するタスクが割り当てられたスケジューラには複数の処理すべきタスクが残っているということになります。

システム全体の視点からこの状況を見てみると、処理負荷の高いスケジューラが存在する一方で、アイドル状態（処理すべきタスクがない）のスケジューラも存在していて、効率的にCPUリソースが使用されているとは言えません（**図1.B**）。

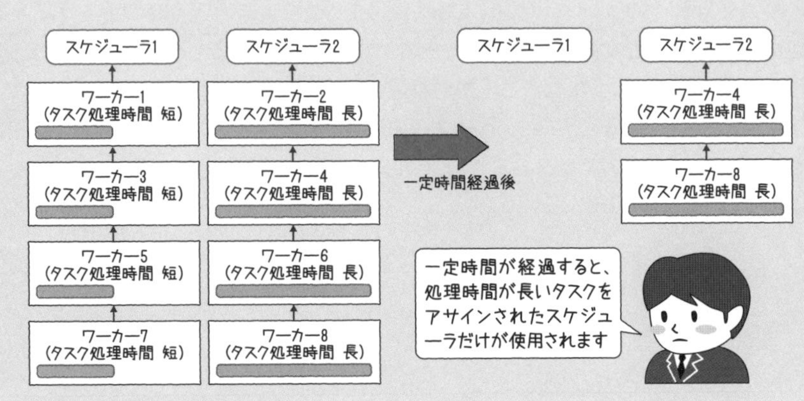

図1.B　タスクの処理時間によってスケジューラの負荷は異なる

これは一度ワーカーがスケジューラに割り当てられると、終了するまで同じスケジューラ上で管理されるという仕様に起因していました。SQL Server 2019からは、同じNUMAノード（第3章で解説します）にアイドル状態のスケジューラが存在している場合、ほかのスケジューラのランナブルキューのワーカーを移動させて、すぐに実行できるように仕様が変更されました（図1.C）。これによって従来よりもCPUリソースが、より効率的に使用されるようになります。

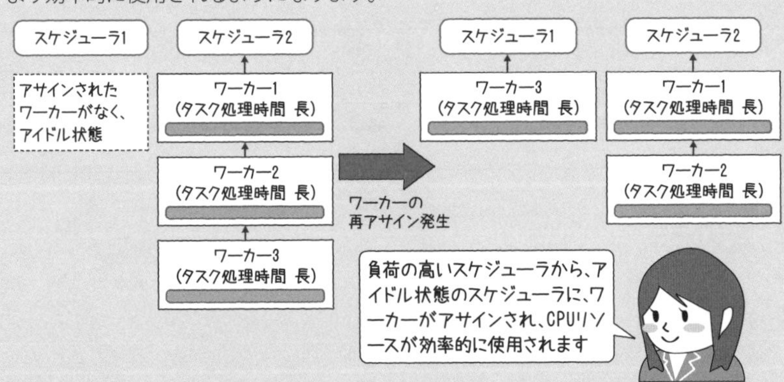

図1.C　ワーカーの再アサイン

このように、SQLOSは日々進化を遂げていますので、Microsoftの最新情報をチェックしてみてください。

第2章

ディスクI/O操作の理解

前章ではSQL ServerがCPUを効率的に使用するために内部に保持しているSQLOSスケジューラについて紹介しました。この章ではSQLOSスケジューラに管理される側の動作の1つであるデータファイルやトランザクションログファイルといった物理ファイルへのディスクI/O（入出力）操作について詳しく見ていきます。SQL Serverが管理するデータベースと物理ファイルの関連から始めて、I/Oを行う内部コンポーネント、アクセスに使用しているAPI、さらにモニタリング（監視）方法まで紹介します。SQL Serverが実行するI/O操作を、前章と同様に論理的かつ物理的な視点からとらえます。

2.1 SQL Serverが管理するデータベースの実体

ユーザーアプリケーションが比較的大きな量のデータを長期的に保持する必要がある場合には、どのような手段をとるのが現実的でしょうか。おそらくほとんどの場合は、ファイルを作成して保存する必要があるデータを、ディスクなどの記憶メディアに書き出すという手段が選ばれるように思います。SQL Serverも例外ではありません。SQL Serverは長期的に膨大なデータを保存管理するデータベース管理システムです。またSQL Serverは、Windowsというオペレーティングシステムの観点から見た場合、ほとんどすべての点において一般的なユーザーアプリケーションと変わりありません。

それでは、データベースの実体とはいったいどのようなものでしょうか。それは、Windowsが管理するフォルダに作成されたファイルです（エクスプローラーにも、ごく普通のファイルとして表示されます）。データベースは、**データファイル**と**トランザクションログファイル**という2種類の物理ファイルで構成されています（本書では、この2つのファイルを総称して**データベースファイル**と言います）。データベースを配置したフォルダにはデータファイル（拡張子が .mdfや .ndf）とトランザクションログファイル（拡張子が .ldf）が格納されます（図2.1）。ここからは、それぞれのファイルについて少し詳しく見ていきましょう。

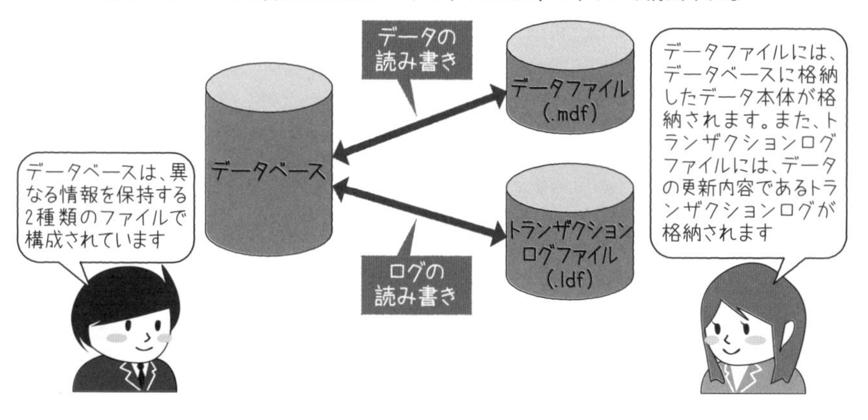

図2.1　データベースと物理ファイル

2.1.1 データファイル（拡張子 .mdf、.ndf）

ユーザーが参照／挿入／更新／削除を行うデータ本体が格納されています。SQL Serverはデータファイルの中を8KBのブロックに分割して使用しています。

分割した8KBのブロックは、**ページ**という論理的な単位として管理されます。またページは、SQL Serverが物理ディスクから読み込んだデータを処理する際に、あるいは物理ディスクへデータを書き込む際の最小の論理的な単位でもあります（図2.2）。

図2.2　データベースと8KBブロック

1つのデータベースに対して、1つのデータファイルを指定することも、複数のデータファイルを割り当てることもできます。一般的に複数の**スピンドル**[※1]を持つディスク装置にデータベースを配置する場合は、データファイルを複数に分割したほうが物理アクセスの速度が向上します（図2.3）。

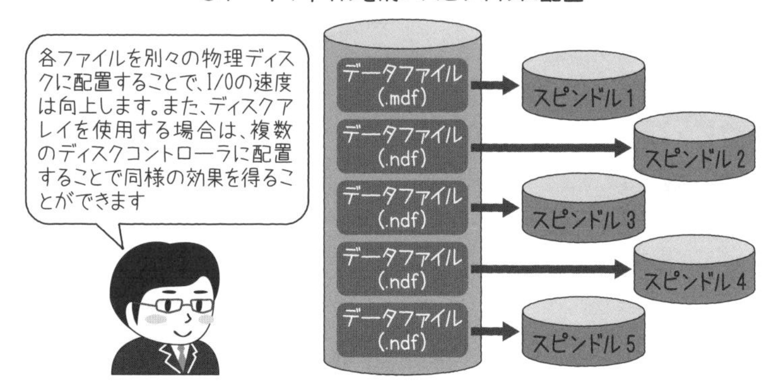

図2.3　複数データファイルと複数スピンドル

2.1.2 トランザクションログファイル（拡張子 .ldf）

SQL Serverが管理するデータに対して実行した更新内容を記録しています。SQL Serverが管理するデータに対して何らかの変更が行われると、まずデータ自体を更新する前に、変更内容の履歴をすべて物理ディスクに存在するトランザクションログファイルに書き込みます。変更に関するトランザクションログがすべて正しく書き込まれると、データ変更の処理が行われます。この動作は**先行書き込みログ（Write Ahead Logging）**と呼ばれ、SQL Serverが**トランザクション**[※2]とデータの関係を維持するために、とても重要な意味を持っています。先行書き込みログ動作のおかげで、トランザクション処理の途中で電源断などが発生した場合でも、データの状態が確実に把握できるというわけです（図2.4）。

※1　ここでのスピンドルとは、回転軸を保持するディスク装置を意味します。ディスクが複数のスピンドルを保持する場合、それぞれが独自にアクセスを行うことができます。そのため、単一のスピンドルしか保持しないディスクと比較すると、一般的にI/O速度が速くなります。
※2　密接に関連した一連の操作を示し、それらの一連の操作がすべて実行されることによって論理的な作業単位としての意味を持ちます。

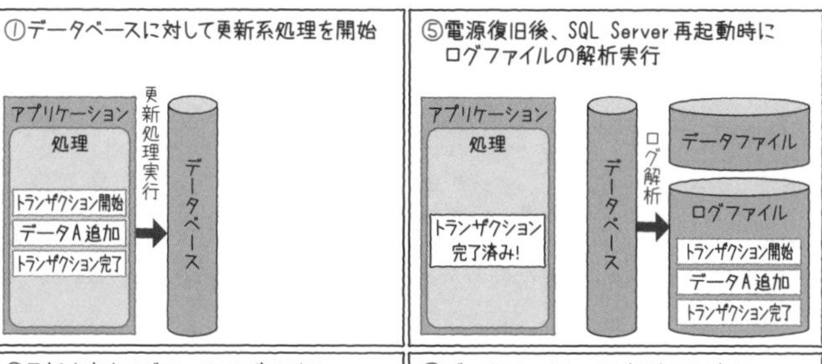

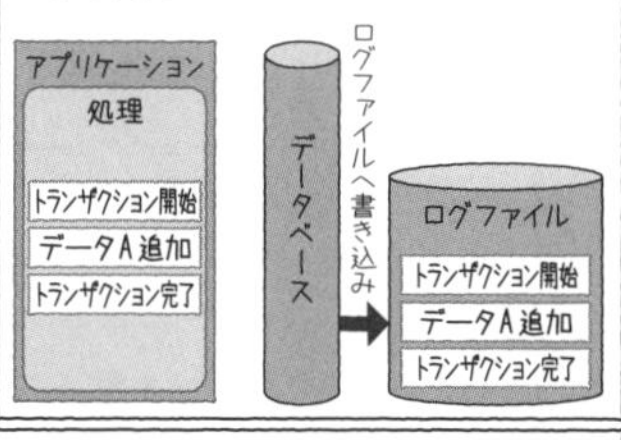

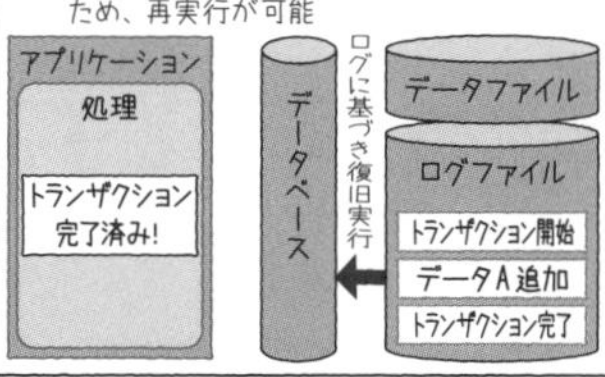

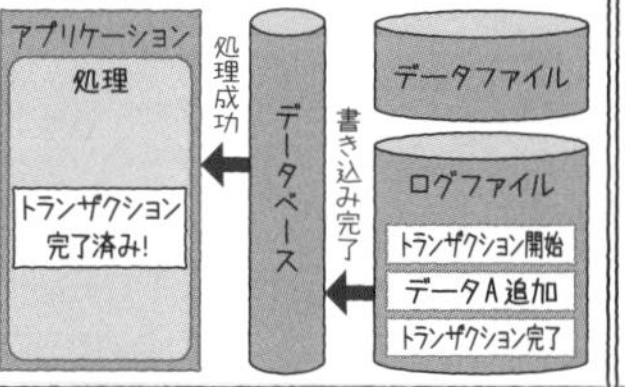

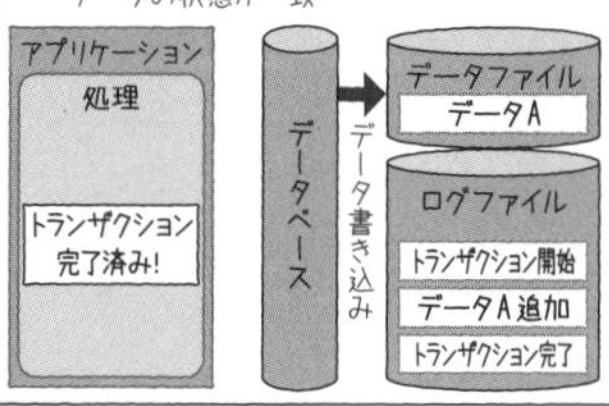

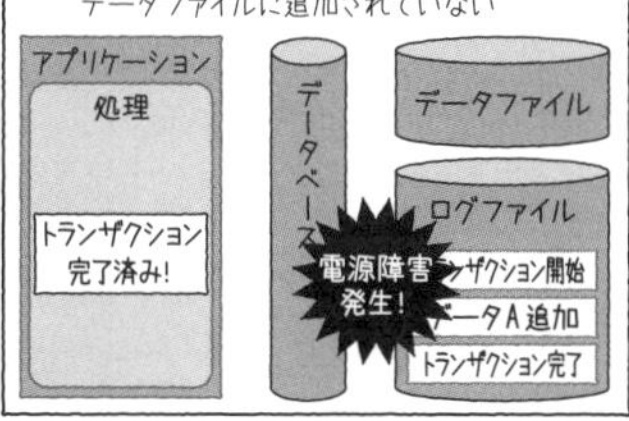

図2.4　電源断と先行書き込みログ

2.2 データベースファイルへのアクセスパターン

SQL Serverがデータベースを構成する物理ファイルへアクセスする際には、いくつかの特徴的なパターンが存在します。代表的なシナリオと関連付けながら、どのような種類のアクセスがSQL Serverのデータベースファイルに対して発生するかを考えてみましょう。

2.2.1 データファイル

オンライントランザクション処理（OLTP）システムの場合

OLTP[※3]システムでは、数多くのクライアントが、それぞれごく小さな範囲のデータを参照、あるいは更新します。また、各クライアントが必要とするデータの種類や分布範囲はまちまちであることから、データファイルに格納されたデータがファイル内の様々な場所に点在している可能性が高くなります。その結果として、データファイルへのアクセスはファイル全体にランダムに発生する傾向が高くなります（図2.5）。

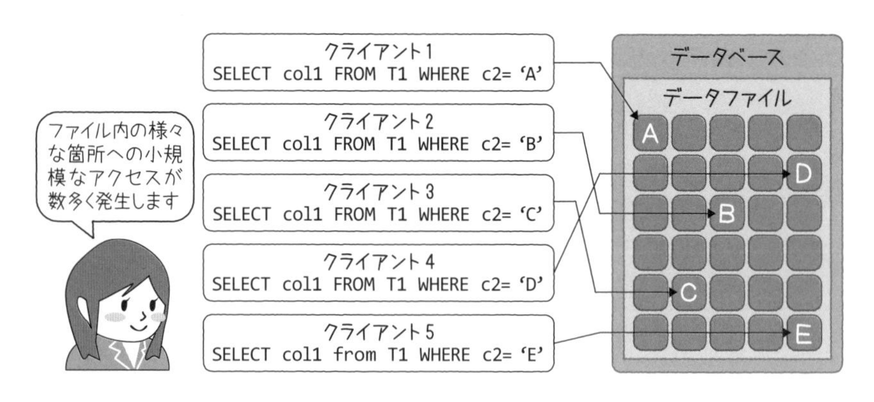

図2.5　ランダムアクセス

※3　OLTPでは、多数のクライアントがアクセスを行い、それぞれが必要とする小規模データの操作を行います。そのためOLTPの特徴は、類似する小規模なトランザクションが多数発生する点にあります。

データウェアハウス（DWH）の場合

その用途が蓄積したデータの分析であることが多いデータウェアハウス（DWH）[※4]の場合は、少数のクライアントが大規模な読み込みを行います。クライアントが必要とするデータは、「明細情報の過去10年分」といった一定の連続性を持ったデータである場合が多くなります。テーブルのデザインにも左右されますが、多くの場合はデータファイルへ順次アクセスが行われる傾向が強いと言えます（図2.6）。

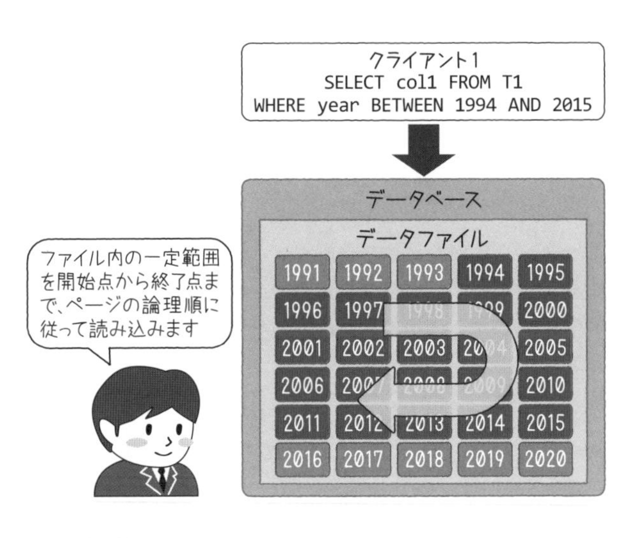

図2.6　順次アクセス

2.2.2 トランザクションログファイル

先行書き込みログの動作に関しては前節で紹介しました。その際のログファイルへの更新内容の書き込みは、必ず時系列順に行われます。複数の更新処理がデータベースで実行されている場合であっても、それぞれの変更内容が行われた順序どおりにディスク上のトランザクションログファイルに書き込まれていきます。つまりディスクへの書き込みを行うポイントは常に1箇所です。そのため、ディスク装置に複数のスピンドルが存在しても、その恩恵を受けることはできません（図2.7）。

※4　DWHではデータベースに蓄積された膨大なデータを、経営戦略の意思決定などのために様々な観点からの分析に使用します。

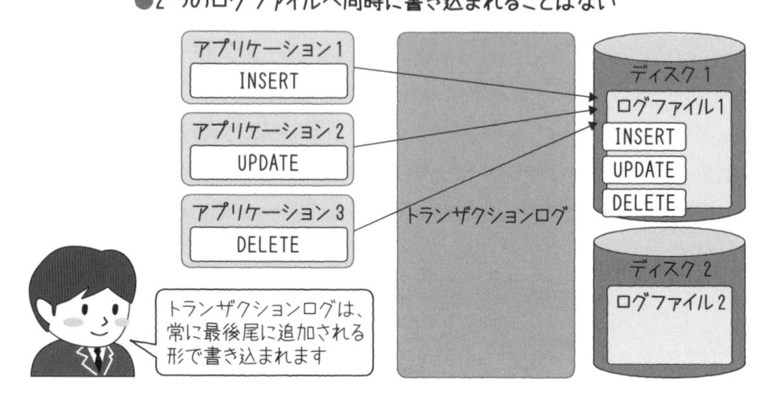

図2.7　ログファイルの更新ポイント

また、常に前回ディスクへの書き込みが終了した地点から、次の書き込みを始めます。そのため、それぞれのデータベースにログファイル専用のスピンドルを用意すれば、ヘッドが書き込み開始ポイントまで移動する時間を毎回節約することができます（図2.8）。

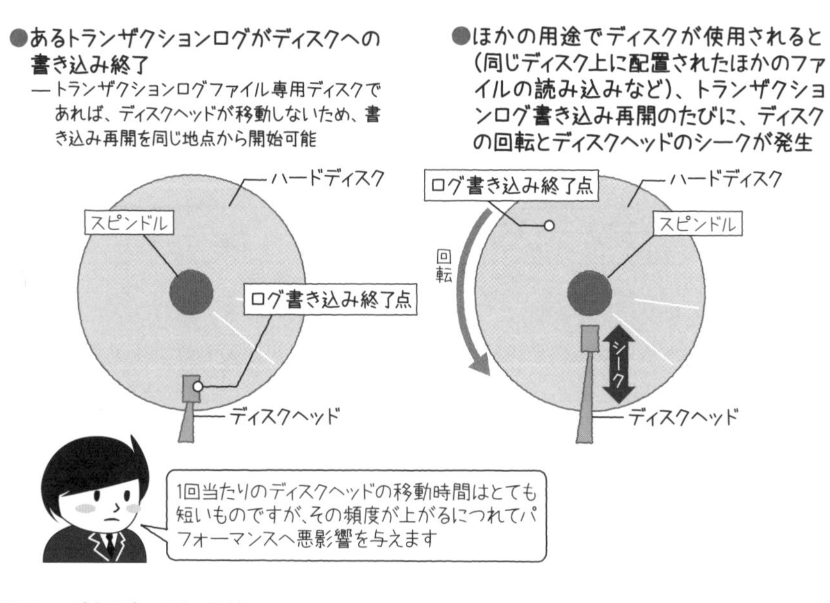

図2.8　ログ専用ディスクとの比較

2.3 SQL Serverが行うI/Oの特徴的な動作

ここでは、SQL ServerがI/Oを効率的に行うために取り入れている主要な動作を紹介します。いずれの動作も、ほかのコンポーネントの動作（メモリ管理やデータベースの設定など）と何らかの関連性があるため、それらに関してもごく簡単な解説を添えておきます。また、深く理解しておいたほうが良いと思われるコンポーネントに関しては、以降の章の中で再度詳しく取り上げます。

2.3.1 先行読み取り（Read-Ahead）

基本的にはデータファイルからの読み込みは、クエリが必要とするだけのデータを取得するたびに行われます。それに加えて、SQL Serverは将来的に必要になると予測されるデータに関しては、実際の読み込み要求が発生する前に、あらかじめ物理上のディスクに存在するデータファイルからメモリへデータを読み込むことがあります（SQL Serverがデータを読み込むためのメモリ領域を**バッファキャッシュ**と呼びます）。

この操作は**先行読み取り**（**Read-Ahead**）と呼ばれ、実際に読み込み要求が発生した際のI/Oのオーバーヘッドを緩和するようになっています（図2.9）。一度に行われる先行読み取り操作の量は、SQL Serverのエディションによって差があります。Standard Editionの場合の最大数は128ページですが、Enterprise Editionでは1024ページまで読み込み可能となっています。

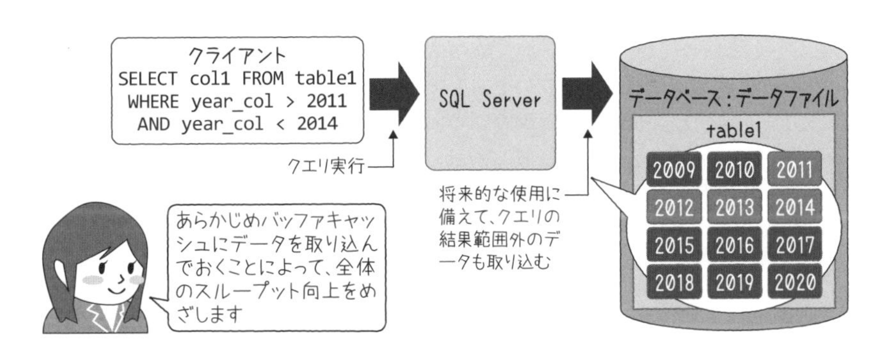

図2.9　先行読み取り

2.3.2 チェックポイント（checkpoint）

SQL Serverが管理するデータが変更されると、まず先述の先行書き込みログ操作が行われます。続いてバッファキャッシュ上のデータが更新されます。この時点での更新操作は**論理書き込み**と呼ばれます（まだ物理ディスク上のデータは更新されていません）。

バッファキャッシュ上の更新されたデータは、任意のタイミングで物理ディスクに書き込まれます（書き込まれる手段にはいくつかの種類があります）。その書き込み操作は、先ほどの論理書き込みに対して**物理書き込み**と呼ばれます（図2.10）。

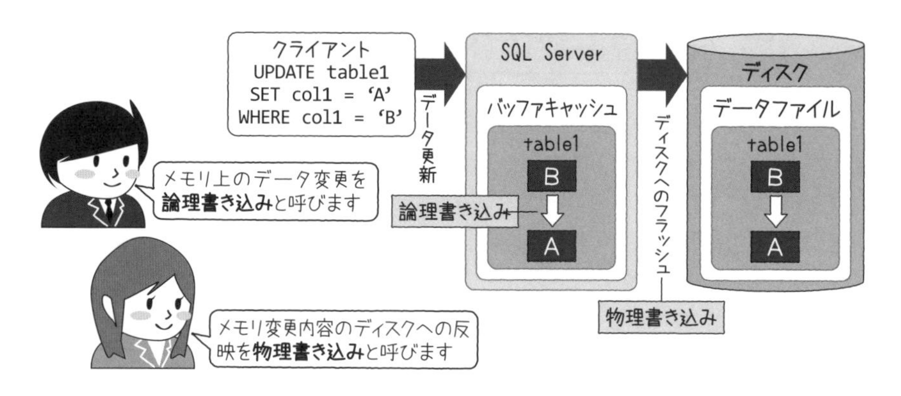

図2.10　論理書き込みと物理書き込み

また、論理書き込みがすでに行われていて、まだ物理書き込みが行われていないバッファキャッシュ上のデータは**ダーティページ**と呼ばれます。

ダーティページに対する物理書き込み手段の1つが**チェックポイント**です。SQL Server内には**チェックポイントプロセス**と呼ばれる内部コンポーネントが存在し、バッファキャッシュに読み込まれた各データベースのデータを定期的にスキャンしています。スキャンを行った際にダーティページが見つかると、チェックポイントプロセスは各ダーティページに対して物理書き込みを行います。チェックポイントプロセスは一度に16個までのダーティページの物理書き込み要求を行い、基本的にダーティページがなくなるまで非同期で物理書き込み要求を繰り返します（図2.11）。

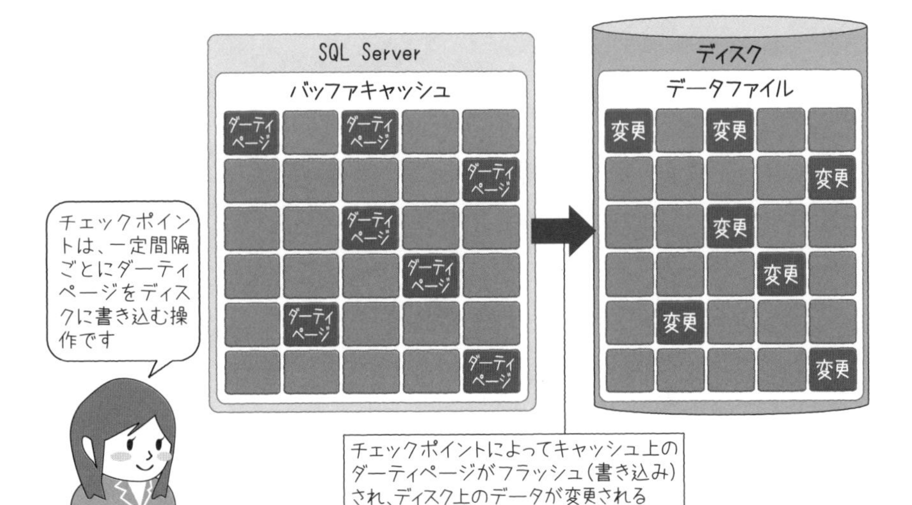

図2.11　チェックポイント

2.3.3 集中書き込み（Eager Write）

集中書き込み動作も、ダーティページの物理書き込み手段の1つです。通常の場合、先行書き込みログの動作で説明したように、データの更新に関わる動作はすべてログファイルに書き込まれます。データの保全性やトランザクションの一貫性を高めるためにはとても有効な動作ですが、一方でパフォーマンスに好ましくない影響を与える場合もあります。

たとえば、ほかのデータソース（メインフレーム上のデータベースなど）からテキストファイルとして出力された大量のデータを、SQL Server上のデータベースに取り込む場合を考えてみましょう。

取り込まなくてはならないすべてのデータに対して先行書き込みログを行うと、大量のトランザクションログの書き込みが発生します。トランザクションログファイルへの書き込みがボトルネックとなりスループットを著しく低下させ、ログファイルのサイズを肥大化させる危険性があります。

そのような場合に備えて、**一括操作**と呼ばれる選択肢が用意されています。大量データの取り込みを一括操作として取り扱うことによって、個別のデータの更新ログは書き込まれなくなり、最小限の情報だけがログファイルに記録されます（図2.12）。

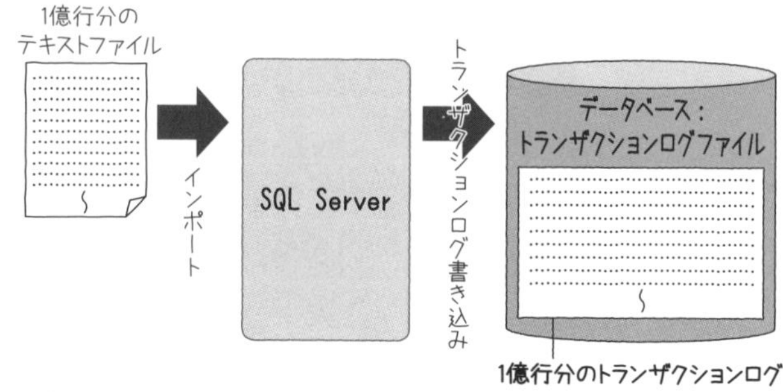

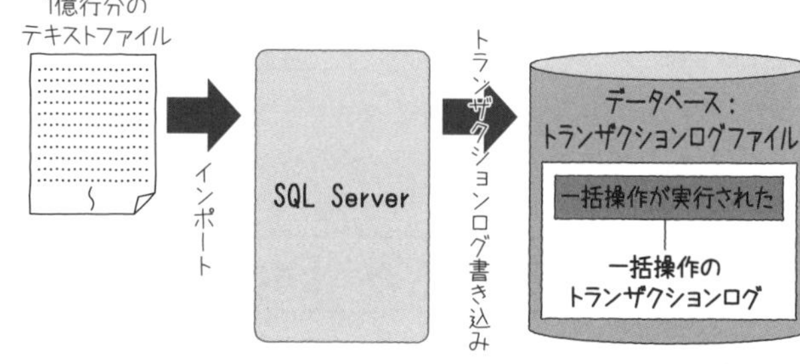

図2.12　ログと一括操作

一括操作を実行すると、大量のダーティページがバッファキャッシュ上に発生します。集中書き込みは、そのデータを物理書き込みするために用意された動作です。大量のデータをデータファイルに効率良く書き込むためには、新たなデータを格納するうえで必要となるページを物理ディスク上のデータファイルに作成する動作と、バッファキャッシュ上のダーティページに応じて物理書き込みを行う動作を並列に実行します。

2.3.4 レイジー書き込み（Lazy Write）

ダーティページの物理書き込みを行う3番目の動作は、**レイジー書き込み**です。レイジー書き込みを行うために、SQL Serverは**レイジーライタ**と呼ばれる内部コンポーネントを用意しています。

レイジーライタの最も重要な使命は、バッファキャッシュに常に一定量の空きページを用意しておくことです。ディスクから読み込んだデータは、必ずバッファキャッシュ上に保持されます。データが新たにディスクから読み込まれると、格納するための空きページがバッファキャッシュ上に必要になります。しかし、ディスクからの読み込みが行われるたびに、データの格納先となる空きページを探して毎回バッファキャッシュをスキャンするのは、非効率的なうえパフォーマンスにも悪影響が出ます。

そのため、あらかじめ使用可能な空きページを**フリーリスト**と呼ばれるリンクリストに登録しておきます。このように準備しておくことによって、ディスクからデータが読み込まれると、フリーリストに登録されている空きページに格納するだけで済むというわけです（図2.13）。

●未使用ページがフリーリストに登録される

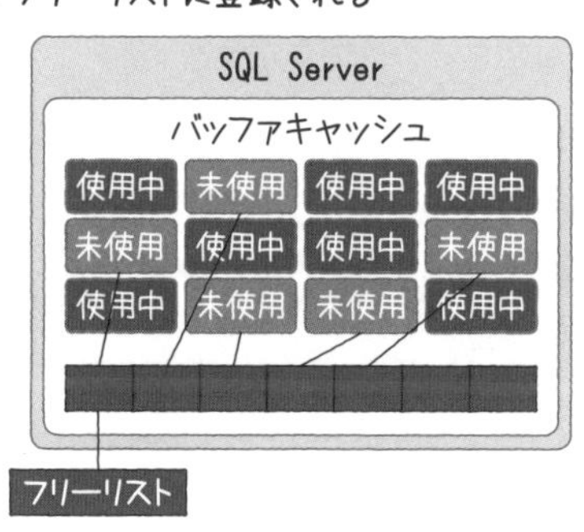

図2.13　フリーリスト

フリーリストに登録されている空きページの数がしきい値[※5]を下回ると、将来的なデータの読み込みに備える目的でレイジーライタは参照頻度が低いバッファキャッシュ上のページを初期化して、フリーリストに追加します。

もしもそのページがダーティページだった場合は、初期化する前に物理ディスクに内容が書き込まれます。この動作が**レイジー書き込み**と呼ばれます。レイジーライタの動作の詳細は、第3章でメモリ管理について取り上げる際に紹介します。

※5　バッファキャッシュのサイズによって決まります。

2.4 SQL Serverが使用するI/O用のAPI

これまでに何度か紹介しましたが、SQL ServerはWindowsオペレーティングシステムの管理下で動作するアプリケーションです。そのためI/Oを実行する際には、（開発者の方にはなじみ深い）**Win32 API**［※6］を使用しています。Win32 APIは、MicrosoftのWebサイトにあるマニュアルから詳細な動作を確認できますし、当然のことながら皆さんが作成するアプリケーションでも使用可能です。

ここではSQL Serverが様々なI/O操作ごとに、どのような種類のAPIを使い分けているかを紹介します。さらにそれぞれのAPIがどのような理由で使用されているか、といった背景などもあわせて説明します。

2.4.1 データファイルおよびトランザクションログファイルのオープン

アプリケーションがファイルを使用するには、まず目的のファイルをオープンする必要があります。ここからは、SQL Serverがデータベースを構成するファイルをオープンする際の動作を紹介します。

CreateFile関数

SQL Serverは、管理しているデータベースのデータファイル（拡張子が .mdfや .ndf）とトランザクションログファイル（拡張子が .ldf）をオープンするときにCreateFile関数を使用します。データベースに「自動終了」のオプションが設定されていない場合は、SQL Serverは起動時にデータベースファイルをオープンします。

また、CreateFile関数を実行するときのオプションとして必ず、FILE_FLAG_WRITETHROUGHおよびFILE_FLAG_NO_BUFFERINGスイッチを指定します。それらのスイッチが指定される理由はとても重要なため、コラム「ライトスルー操作」で詳しく説明します。

※6 Windowsオペレーティングシステムと、その配下で動作するアプリケーションの橋渡しを行う機能群です。たとえば、Windowsオペレーティングシステム内のフォルダに格納されたファイルをアプリケーションから読み込みたい場合には、Win32 APIの1つであるReadFile関数を呼び出すことによって可能になります。

Column

ライトスルー操作

本文で説明したように、SQL Serverは、管理しているデータベースのデータファイル（拡張子が.mdfや.ndf）とトランザクションログファイル（拡張子が.ldf）をオープンするときに、Win32 APIであるCreateFile関数を使用しています。

CreateFile関数は、SQL Serverが必要とするファイル操作のためにFILE_FLAG_WRITETHROUGHフラグとFILE_FLAG_NO_BUFFERINGフラグとともに使用されています。この2個のフラグが指定されると、ファイルへの書き込み動作の際に、物理ディスクまでの間に存在する書き込み速度を向上させるためのキャッシュを使用しません。この動作は**フォースユニットアクセス（Force Unit Access：FUA）**と呼ばれています。通常、OSやディスクコントローラはI/O要求へのレスポンスを高めるために、個別にキャッシュを持っている場合がほとんどです。一般的なアプリケーションの場合、書き込み動作の完了とは、そのようなキャッシュへの書き込み完了を意味することが少なくありません（この操作は**ライトバック**と呼ばれています）。確かに、物理ディスクへの書き込み完了まで待機するよりも、その手前にあるキャッシュで処理を済ませたほうがパフォーマンスはより速くなります。では、なぜSQL Serverはわざわざ物理ディスクへの書き込みまで待機するのでしょうか。

その理由をキャッシュ書き込みのリスクから考えてみます。たとえば、SQL Serverがチェックポイントの実行により、バッファキャッシュのデータをディスクキャッシュに書き込もうとしたとします。その後、ディスクキャッシュから物理ディスクにデータを書き込む際に障害が発生するとどうなるでしょうか。再起動などでディスクは復旧したとしても、ディスクキャッシュ上に存在したデータはすでに消失しています。さらに、物理ディスク上には古いままのデータが存在します。その後、データが再度バッファキャッシュに読み込まれた際、SQL Serverは書き込みが完了したと認識しているにもかかわらず古い状態のデータを読み込むため、データの不整合が発生してしまいます（**図2.A**）。

データベース管理システムであるSQL Serverは、データが不確実な状態になることを最大限回避する必要があります。そのためすべての書き込み操作は、キャッシュではなく物理ディスクまでデータが書き込まれた時点で完了と見なされます。これは一般的にはライトスルーと呼ばれる動作です。またライトスルー操作はSQL Serverのデータ更新系の処理の基本となっている、先行書き込みログ操作を確実に行うためにとても重要です。

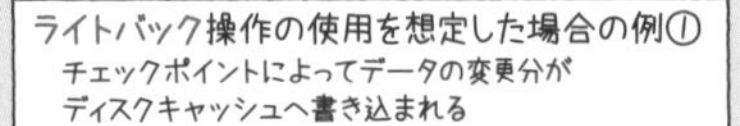

チェックポイントによってデータの変更分が
ディスクキャッシュへ書き込まれる

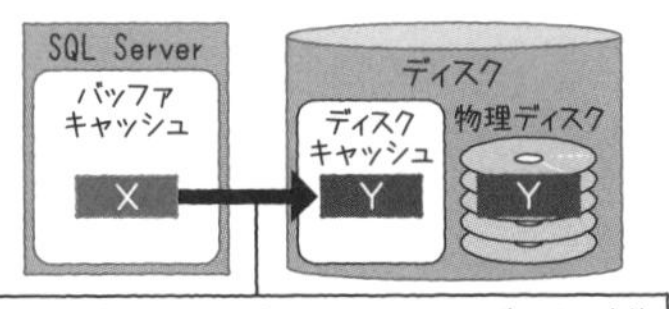

ライトバック操作の使用を想定した場合の例②
ディスクキャッシュへの書き込みが正常に終了

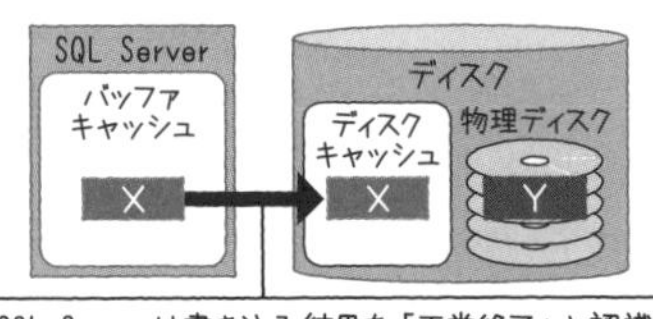

ライトバック操作の使用を想定した場合の例③
ディスクキャッシュから物理ディスクへの
書き込み時に障害発生

ライトバック操作の使用を想定した場合の例④
ディスクの再起動などによって復旧しても、
キャッシュのデータは消失してディスクの
データは古いままの状態

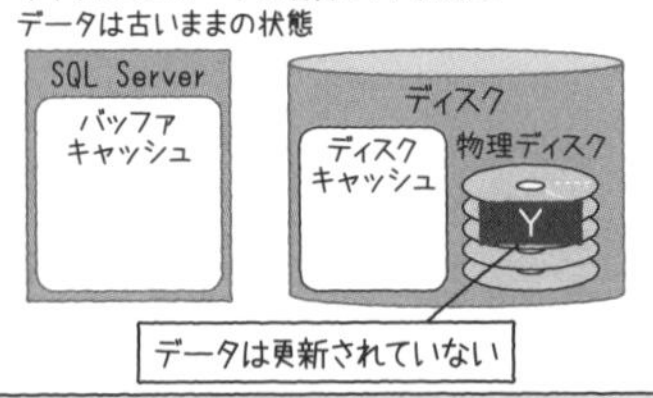

ライトバック操作の使用を想定した場合の例⑤
再度読み込みが発生すると、古いままの
データが読み込まれ、不整合が発生する

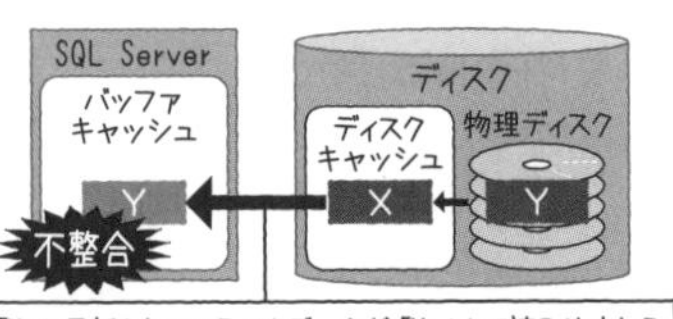

ライトスルー操作の場合の例①
チェックポイントによってデータの変更分が
物理ディスクへと直接書き込まれる

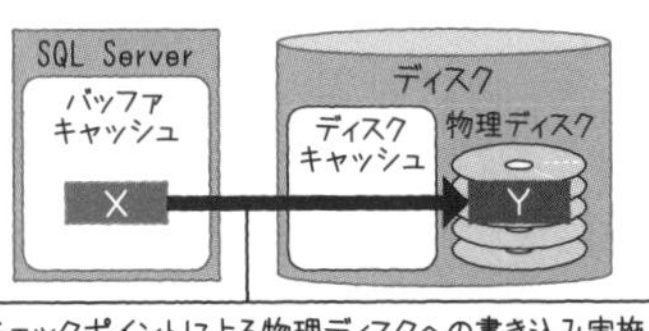

ライトスルー操作の場合の例②
物理ディスクへの書き込みが完了した時点で
正常終了と見なすため、SQL Serverの認識と
ディスク上のデータは一致

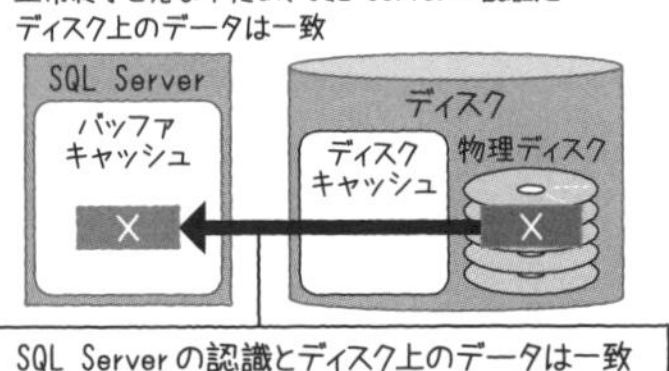

SQL Serverは、書き込み
操作のパフォーマンスよりも、
確実性を優先します

図2.A ディスクキャッシュ使用と障害時のリスク

2.4.2 データファイルおよびトランザクションログファイルからの読み込み

ファイルからの読み込みには2種類のAPIが使われています。使用されているAPIの種類と用途はSQL Serverのバージョンによって異なります。

ReadFileScatter関数

SQL Server 7.0以降のバージョンでは、データベースに格納されているデータをディスク上のファイルからバッファキャッシュへ読み込む際にReadFileScatter関数を使用しています。一方、SQL Server 6.5以前のバージョンでは、ReadFile関数が使われていました。ReadFileScatter関数の優れた点は、ファイルから読み込んだデータを連続していない複数のメモリブロックへ割り当てることができる点です。SQL Serverが実際に動作する中で、ファイルから読み込んだ一連のデータを連続したままの状態ではバッファキャッシュに配置できないことが多々あります。つまり、複数の小さなサイズのバッファキャッシュ上のページに対して、ファイルから読み込んだ一連のデータを分割して配置する必要があるということです。

そのような場合、ReadFile関数を使用すると、ファイルから転送されたデータに関してSQL Server自身が並べ替えや分配などの処理を行う必要があります。それに対して、ReadFileScatter関数では、分配先のメモリ領域となるメモリブロックを複数指定するだけで済むため、SQL Serverが実行する処理を簡略化できます（図2.14）。

●SQL Serverがディスク上のデータを
読み込み実施

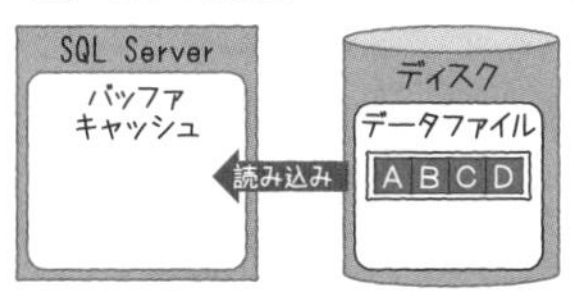

ReadFileScatter関数
を使用すると、SQL Serv
erの作業を軽減するこ
とができます

●ReadFileの場合

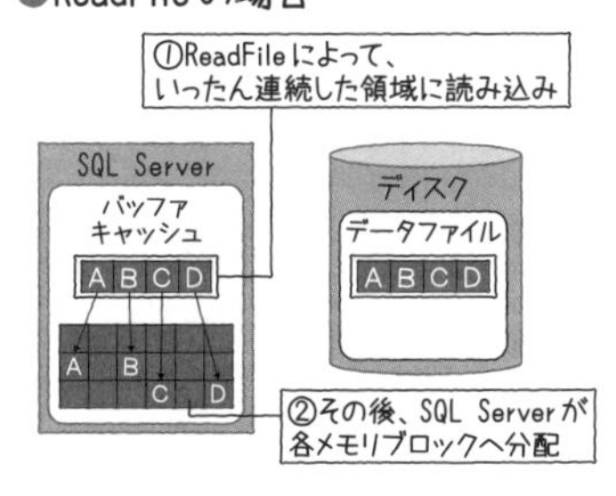

●ReadFileScatterの場合

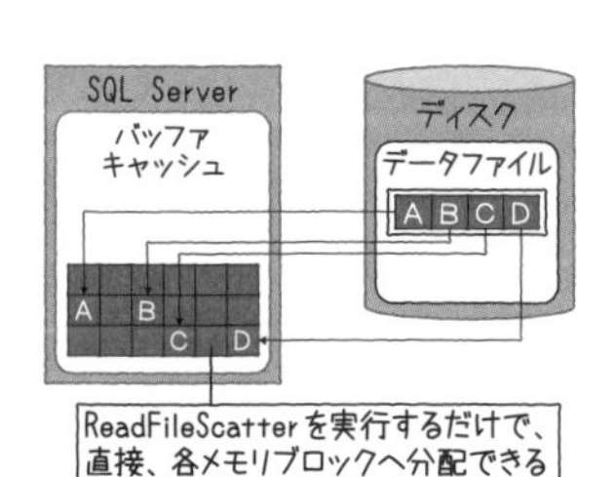

図2.14　複数メモリブロックへの配置

バージョンによってReadFileScatter関数の使用の有無があるのは、SQL Serverが開発された時期に関わりがあります。残念ながらReadFileScatter関数は、Windows NT 4.0 SP2以降で提供されたAPIなので、そのリリースよりも前に開発されたSQL Server 6.5では使用されていません。

ReadFile関数

SQL Server 6.5以前のバージョンでは、ファイルからのデータ読み込み処理全般に使用されていました。SQL Server 7.0以降では、主としてバックアップ関連の処理を実行するときに使用されています。

2.4.3 データファイルおよびトランザクションログファイルへの書き込み

データファイルおよびトランザクションログファイルへの書き込みにも2種類のAPIが使われています。また、読み込みと同様に使用されているAPIの種類と用途はSQL Serverのバージョンによって異なります。

WriteFileGather関数

SQL Server 7.0以降では、SQL Serverのバッファキャッシュに存在しているデータをファイルに書き込む際にWriteFileGather関数が使用されています。WriteFileGather関数の優れた点は、連続していない複数のメモリブロックを一度の命令実行でディスクへ書き込むことができるところです。その利点をチェックポイントの動作を例に考えてみましょう。

チェックポイントが行われると、最大16個のダーティページが物理ディスク上のファイルに書き込まれることは先述のとおりです。その際に16個のページがバッファキャッシュ上の連続した領域に存在していれば、書き込みの際に1個のメモリブロックとして操作できます。しかし、小さい場合でも数十MB、大きな場合は数十GBにもなるバッファキャッシュ上で8KBサイズの16個のダーティページが連続して配置されている可能性はとても低いでしょう。

バッファキャッシュ上の様々な場所に点在している16個のページをディスクに書き込もうとしたときに、WriteFileGather関数が使用できない場合、個々のページ分、つまり16回にわたってWriteFile関数を実行するか、事前に16個のページをメモリ上で連続した状態に配置してからWriteFile関数を実行する必要があります。あえて言うまでもないことですが、それらの処理はとても大きなオーバーヘッドとなってしまいます。

そこでWriteFileGather関数を使用することにより、非効率的な処理から解放されます（図2.15）。ただし、残念ながらWriteFileGather関数もReadFileScatter関数と同様に、Windows NT 4.0 SP2以降で提供されたAPIなので、そのリリースよりも前に開発されたSQL Server 6.5では使用されていません。

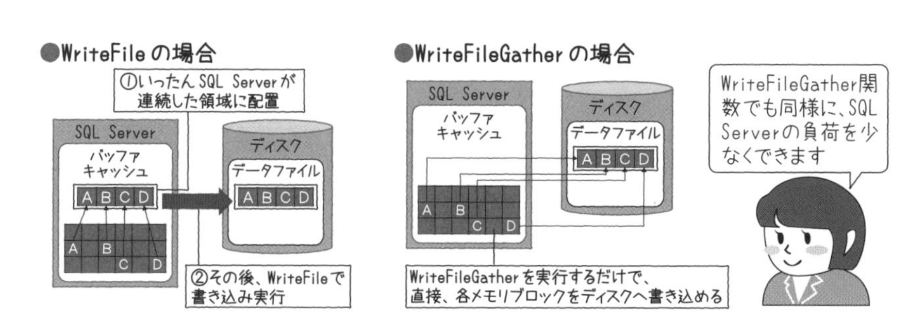

図2.15　複数メモリブロックからの書き込み

WriteFile関数

SQL Server 6.5以前のバージョンでは、ディスクへの書き込み処理全般で使用されていました。SQL Server 7.0以降では、主として先行書き込みログの実行や、バックアップ関連の動作を実行するときに使用されています。

2.5 ディスク構成

ここでは、データベースファイルの配置先として一般的なRAID[※7]システムについて、それぞれの利点や欠点について考えていきたいと思います（表2.1）。

表2.1　RAIDの種類と特性

RAIDレベル	RAID 0	RAID 1	RAID 5	RAID 10
信頼性	低	高	中	高
ディスク有効性	100%	50%以下	ドライブ数−1	50%以下
ランダム読み込み	優	可	優	優
ランダム書き込み	優	可	可	良
順次読み込み	優	可	良	優
順次書き込み	優	可	可	良
コスト	低	中	中	高

※7　RAID（Redundant Arrays of Inexpensive Disks）は、複数のハードディスクを組み合わせて、仮想的な大規模ハードディスクとして管理／運用する技術です。

2.5.1 RAID 0

シンプルなストライピング[※8]であるRAID 0は、低価格で構成でき、かつ高速なアクセスが可能です（図2.16）。しかしデータのコピーを保持するなどの冗長性担保の仕組みを持っていません。その結果としてハードウェア障害が発生した場合、ディスクシステム自体でのデータ復旧が不可能であるため、重要なデータを配置する際の構成としては不向きです。

図2.16　RAID 0

2.5.2 RAID 1

1個以上のコピー（ミラー）を作成するRAID 1は、確実な冗長性を確保できます（図2.17）。しかし、データ格納のために使用できるサイズは、実際のディスクサイズの50%以下となります。

図2.17　RAID 1

※8　複数台のハードディスクを仮想的に1台のハードディスクとして管理することにより、データの分散配置を可能にする技術です。これによりデータの読み書きを高速化することができます。

2.5.3 RAID 5

誤りを補正するための仕組みであるパリティを使用したブロックレベルのストライピングを使用して、可用性[※9]を確保したRAID 5は、最も一般的に使用されているRAIDレベルと言えます（図2.18）。しかし、パリティ操作がオーバーヘッドとなり、すべての書き込み操作のパフォーマンスに悪影響が出ます[※10]。また、複数ディスクで障害が発生すると復旧が困難になります。

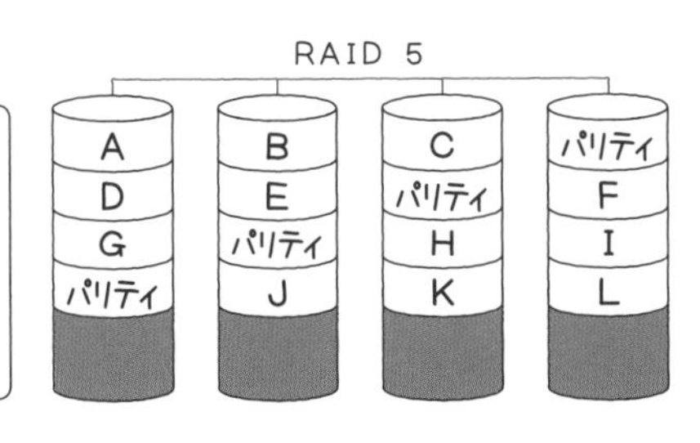

図2.18　RAID 5

2.5.4 RAID 10

ミラーされたディスクをストライピングして使用するRAID 10は、パフォーマンスと高可用性を両立可能です（図2.19）。しかし、ストレージとして使用可能なサイズが、実際のディスクサイズの50%以下であるため、コストがかさむことが欠点となります。

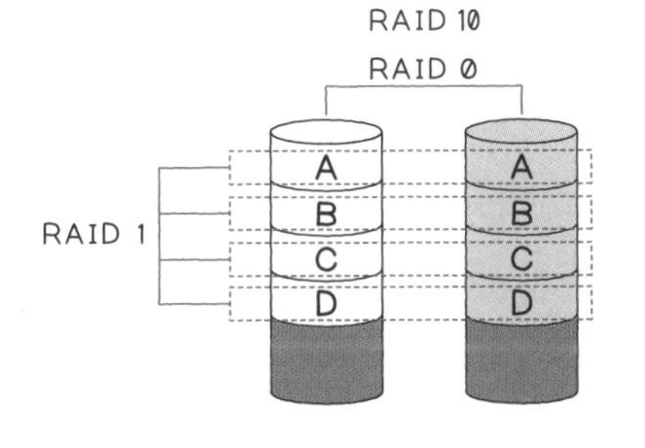

図2.19　RAID 10

※9　可用性あるいは高可用性とは、アプリケーションやコンピュータ（ディスクなどの周辺機器も含む）の稼働率もしくは耐障害性を表します。可用性が高いとは、耐障害性や稼働率が高いことを示しています。

※10　RAID 5のディスクに書き込みを行う場合には、パリティの再作成が行われます。パリティの再作成には、ディスクからのパリティデータの読み込み、パリティ演算の実施、パリティのディスクへの書き込みが必要となります。実際のデータの書き込み以外に行われる、このような一連の操作がオーバーヘッドになります。

パフォーマンスと信頼性の点を考慮すると、データベースファイルを配置するのに最も適した構成はRAID 10であると言えます。もしもデータベースを読み込み専用にして、書き込みのパフォーマンスに対する要求があまり高くないような場合には、RAID 5も選択肢の1つになると言えます。

2.6 モニタリング

SQL Serverのデータベースファイルを配置しているディスクが問題なく動作しているか、ボトルネックとなっていないかを確認するための方法をいくつか紹介します。

2.6.1 パフォーマンスモニター

SQL Serverのデータベースファイルを配置している物理ディスクのPhysicalDiskオブジェクトを監視してください。

Avg.Disk sec/Readカウンタ

1回の読み込みにかかる時間の平均値を示しています。20ms以上の値を示しているようであれば、ディスクのアクセス速度に問題があると考えられます。

Avg.Disk sec/Writeカウンタ

1回の書き込みにかかる時間の平均値を示しています。20ms以上の値を示しているようであれば、ディスクのアクセス速度に問題があると考えられます。

2.6.2 動的管理ビューの参照

クエリツール（sqlcmd、SQL Server Management Studio）から、以下のステートメントを実行してください。

```
SELECT * FROM sys.dm_os_wait_stats ORDER BY wait_time_ms DESC
```

wait_time_ms列の上位の行として出力されるデータの、wait_type列の値がASYNC_IO_COMPLETION、IO_COMPLETION、LOGMGR、WRITELOG、PAGEIOLATCH_SH、PAGEIOLATCH_UP、PAGEIOLATCH_EX、PAGEIOLATCH_DT、PAGEIOLA

TCH_NL、PAGEIOLATCH_KPのいずれかであれば、ディスクのアクセス速度に問題がある可能性があります。

2.7 第2章のまとめ

この章では、あえて普段あまり語られることのないI/Oの物理的な動作に重点を置いて解説しました。あまり事前に多くのことを考えずにインストールしただけの状態でも、SQL Serverは相応のパフォーマンスを発揮します。しかし基本的な構造を理解したうえで適切な環境を整えることによって、SQL Serverはもっと良いパフォーマンスを発揮するようになります。それに加えて、より大きなサイズのデータベースの管理もスムーズに行えるようになります。

SQL Serverの性能をうまく引き出すためには、このような基礎的なアーキテクチャの理解が大切です。この章で紹介した、SQL Serverとディスクやファイルとの関係の説明が、データベースの設計を行う際や、パフォーマンスに関するトラブルシュートの際のアイデアの源泉になればうれしく思います。

次の章では、SQL Serverのメモリ使用方法について紹介します。

第 3 章

メモリ管理

多くのアプリケーションと同様にSQL Serverも、より良いパフォーマンスを得るために様々な目的でメモリを使用します。その用途はディスクI/Oのオーバーヘッドを軽減するためのバッファであったり、結果セットの並べ替えを行うための作業領域であったり、コンパイル済みの**クエリ実行プラン**[※1]を再利用するための格納領域であったりと実に多岐にわたります。この章ではSQL Serverのメモリ使用方法と、管理方法について解説します。

3.1 SQL Serverと仮想アドレス空間

一昔前に比べるとメモリの価格は低下したとはいえ、一般的にはコンピュータに搭載されるメモリの容量は、そのディスクサイズよりも小さいことがほとんどです。またSQL Serverが使用できるメモリサイズはプラットフォームアーキテクチャ（X86、X64またはIA64など[※2]）の制限を受ける場合もあります。そのような限られたリソースであるメモリを効率的に使用することは、より良いパフォーマンスを得るためにとても重要なテーマとなっています。本章では、まずWindowsオペレーティングシステムとSQL Serverの関わり、SQL Serverのメモリの獲得方法といった、やや物理的な視点からSQL Serverの動作を紹介します。さらにSQL Serverのメモリ使用方法の詳細、メモリに関連した内部コンポーネント、メモリ使用状況のモニタリング方法についても紹介します。

まず初めに数あるアプリケーションの1つとしてSQL Serverが、どのような形でWindowsオペレーティングシステムやメモリと関わりを持っているのかを確認しましょう。

Windowsオペレーティングシステムの管理下で動作するプロセス（アプリケーション）は、それぞれが**仮想アドレス空間**を保持しています。ほとんどの場合はコンピュータに搭載されているメモリのサイズ的な制約のために、全プロセスの仮想アドレス空間をそのまま物理メモリ上に展開することは困難です。そのため、Windowsオペレーティングシステムが各プロセスの仮想アドレス空間を管理して、必要に応じて物理メモリに展開したり、あるいは**ページファイル**[※3]に書き込んだりします。

※1　クエリを効率的に実行するための処理手順。
※2　いずれもマイクロプロセッサのアーキテクチャを表します。X86は32ビット命令セットを使用し、標準では4GBの仮想アドレス空間を使用することができます。一方、X64およびIA64は64ビット命令セットを使用し、より広大なサイズの仮想アドレス空間を使用することができます。IA64版SQL Serverは、SQL Server 2016以降はリリースされていません。
※3　使用されていないメモリ領域をハードディスクに一時的に保管しておくためのファイルです。

各プロセスは仮想アドレス空間として、X86版Windowsの場合は最大4GB、X64版とIA64版の場合は最大16TBまでのサイズを保持できます。実際にはそれぞれ、半分のサイズをシステム（カーネル）が占有するため、アプリケーションが自由に使用できるサイズは通常、X86版の場合で最大2GB[※4]、X64版は最大8TB、IA64版では最大7TBになります（図3.1）。

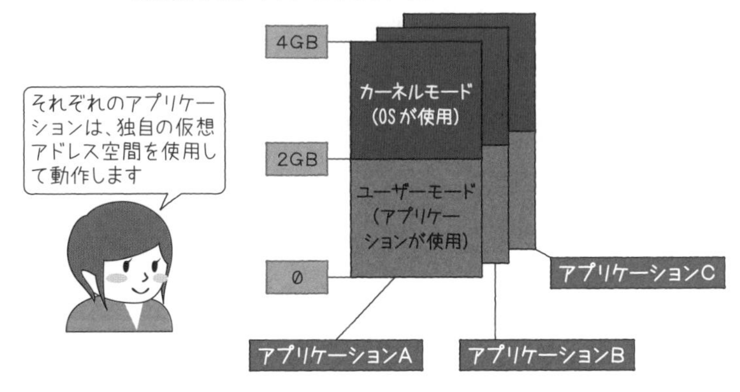

図3.1　仮想アドレス空間

3.2 SQL Serverと仮想アドレス空間の管理

SQL Serverが効率的にメモリを使用するためにどのような操作を実施するのかを、メモリ操作に使用するAPIなどと関連付けて紹介します。

3.2.1 仮想アドレス空間の管理

プロセスに割り当てられた仮想アドレス空間のすべての領域は、次のうちのいずれかの状態にあります。それぞれの状態をSQL Serverの使用状況に当てはめて確認してみましょう。

※4　Windowsやアプリケーションの設定方法によっては最大3GBまで使用可能です。

Committed

仮想アドレス空間内で実際に使用されている領域です。この領域に対してはWindowsオペレーティングシステムが物理メモリ（もしくはページファイル）の領域を割り当てています（図3.2）。

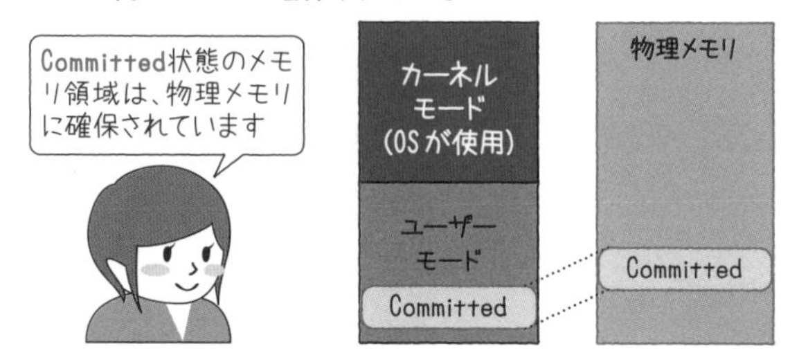

図3.2　仮想アドレス空間と物理メモリ

Reserved

後の使用に備えて、仮想アドレス空間の領域が予約済みとなっている状態です。この状態では物理メモリは一切割り当てられていません。

ところで、SQL Serverのメモリサイズとして設定した値よりも、タスクマネージャなどで確認した際のSQL Serverのメモリ使用量が少なく見えた経験はありませんか。その一因は、SQL Serverが起動時に必要最小限の領域だけをCommittedにして、残りの部分をReservedにしているからです。メモリ割り当ての動作で、Committedの状態にするには、より多くの時間が必要です。そのため、まず必要最小限のサイズのみをCommittedに設定し、残りの部分は必要になったときに適宜ReservedからCommittedに変更するという手段が採用されています（図3.3）。

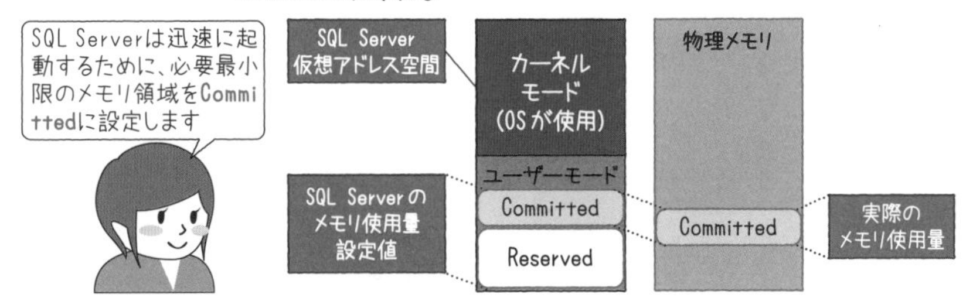

図3.3　SQL Server起動時のメモリの状態

Free

Freeな状態にある領域には、文字通り自由なメモリ割り当てが可能です。プロセスは自分自身に必要な用途でこの領域を使用できます。ただし原則として、SQL Serverはコンピュータに搭載されているサイズより大きなサイズの仮想アドレス空間を使用しません。そのため、2GB使用可能であっても物理メモリのサイズによっては、実際は多くの領域がFreeのまま残されることもあります（図3.4）。

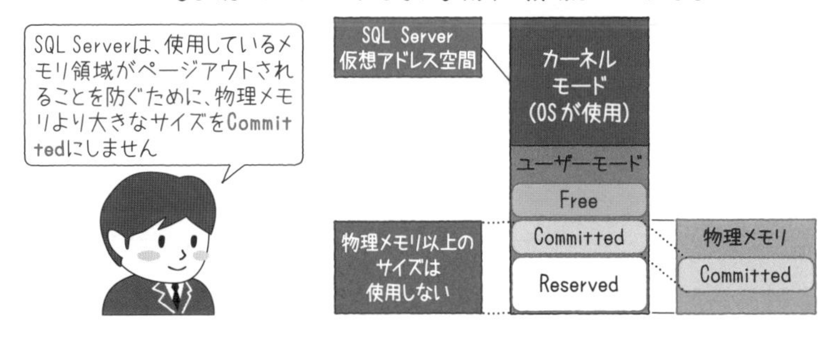

図3.4　仮想アドレス空間内のFree領域

3.2.2 VirtualAlloc関数

SQL Serverが仮想アドレス空間内の領域を操作する際には、Win32 APIである**VirtualAlloc関数**を使用します。VirtualAlloc関数をMEM_RESERVEフラグとともに使用すると、指定された仮想アドレス空間内の領域はReservedの状態になります。MEM_COMMITフラグとともに使用した場合には、指定された領域の状態はCommittedになります（図3.5）。

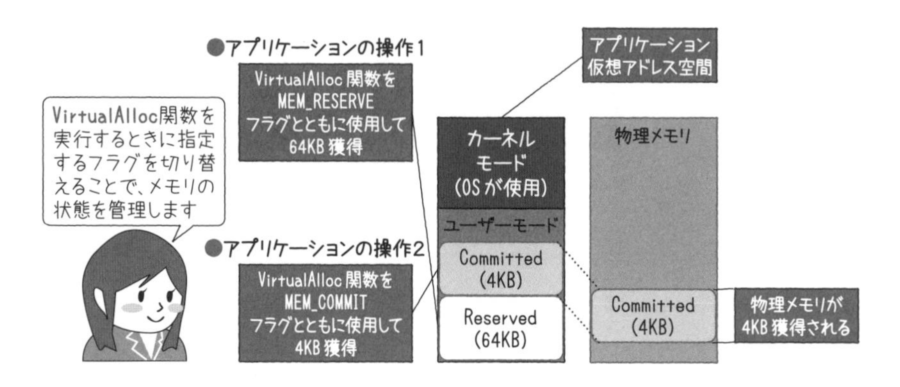

図3.5　VirtualAlloc関数

　また、MEM_RESERVEフラグを指定していた場合には、確保する領域のサイズは64KBの倍数のみが許可されます。一方、MEM_COMMITフラグとともに指定できる領域のサイズは4KBの倍数です。両者のサイズが異なるため、たとえば64KBの領域をReservedにした後、4KBのみをCommittedにして使用した場合、残りの60KBの領域は確保されたまま使用されません。これは仮想アドレス空間のフラグメンテーション（断片化）を発生させ、メモリの効率的な使用の妨げとなる（後で連続したメモリ領域の獲得が困難になる）ため、アプリケーションを作成する際には注意が必要です（図3.6）。

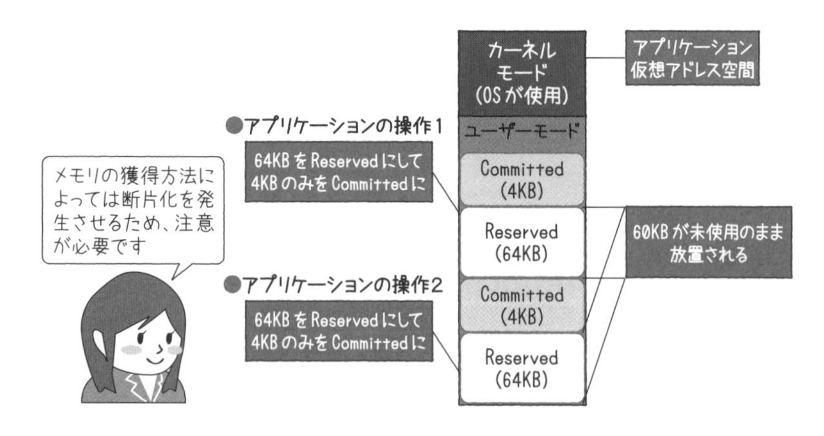

図3.6　メモリのフラグメンテーション

3.2.3 ページング

すべてのプロセスが自分自身の仮想アドレス空間を物理メモリに展開するのは、物理的なメモリサイズの制約により困難であることは、すでに説明したとおりです。仮想アドレス空間（または、その実現のために必要な仮想記憶領域という概念）と、物理メモリのサイズの間にあるギャップを埋めるために、Windowsオペレーティングシステムでは**ページング**と呼ばれる手段が採用されています。

ページングでは、物理メモリが不足している場合、オペレーティングシステムによってその時点で不要と判断されたメモリ上のデータが、ページ単位でハードディスク上のページファイルに書き込まれます。ページファイルに書き出された領域は、別のデータを物理メモリ上に読み込むために使用されます。また、いったんページファイルに書き出されたデータも、再度必要になった時点でページファイルから物理メモリに読み込まれます（図3.7）。

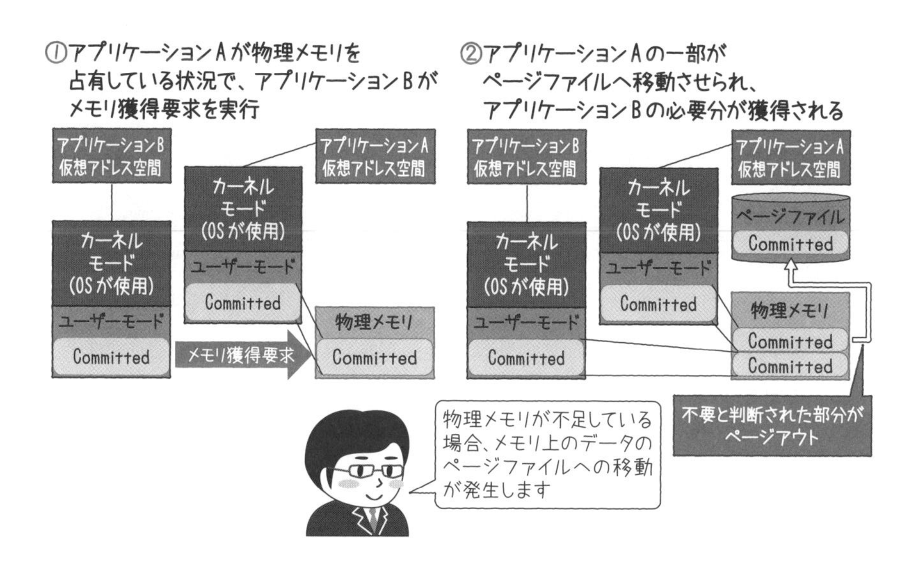

図3.7　ページング

これは仮想記憶領域を実現するために必要な動作ではありますが、パフォーマンスに悪影響を与えることも事実です。たとえば、SQL Serverの使用しているメモリ領域がページングの対象となった場合で考えてみましょう。

SQL Serverはデータを効率的に処理するために、ディスクから読み込んだデータをメモリに保持しています。そのメモリがページングの対象となってページファイルに書き込まれてしまうと、せっかくメモリ上に保持していたはずのデータにアクセスしようとしたときに、ページファイルから（つまり物理ディスクから）の読み込みが発生することになります。そのため、SQL Serverがデータをメモリ上に保持することで得られるパフォーマンス上のメリットがなくなってしまいます（図3.8）。

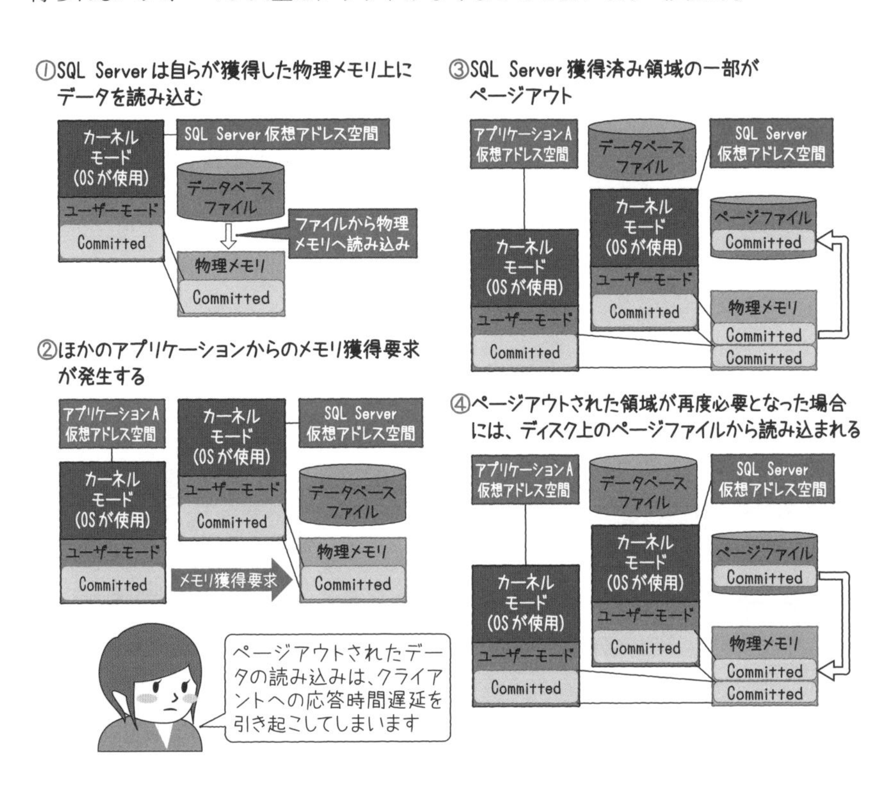

図3.8　SQL Serverとページング

そのような場合の対処として、SQL Serverが使用するメモリの大部分を物理メモリからページファイルへ書き込むことを抑制するための手段が用意されています。**メモリ内のページのロック**（**Lock Pages in Memory**）特権をSQL Serverの起動アカウントへ追加すれば、ページングの対象となることを避けることができます。しかし、SQL Serverが使用するメモリを物理メモリ上に常駐させることによって、別のプロセスのメモリ獲得に悪影響を与える可能性もあるため、慎重に対処する必要があります。また、「メモリ内のページのロック（Lock Pages in Memory）」特権の具体的な追加方法に関しては、次のMicrosoft Docsサイトで確認できます。

▼Lock Pages in Memoryオプションの有効化（Windows）
https://docs.microsoft.com/ja-jp/sql/database-engine/configure-windows/enable-the-lock-pages-in-memory-option-windows

3.3 物理メモリサイズとSQL Server のメモリ使用量

SQL Serverのメモリ使用量はデフォルト設定の場合、固定値として上限が決定されるのではなく、動的に管理されるように設定されています。動的管理の場合、SQL Serverが使用するメモリサイズは、おおよそ「物理メモリのサイズ－5MB」まで拡張されます。この動作になじみのないユーザーから、「SQL Serverが**メモリリーク**[※5]している」という問い合わせが、テクニカルサポートに寄せられることがありますがこれは正しい動作です。

また、**max server memory**構成変数を使用してSQL Serverのメモリ使用量の上限を設定することもできます。ほかのプロセスとの兼ね合いでSQL Serverに一定量以上のメモリを使用させたくない場合は、次のコマンドをクエリツール（sqlcmd、SQL Server Management Studio、Azure Data Studioなど）で実行することで制限できます。

```
EXEC sp_configure 'max server memory', 1024 --最大値をMB単位で指定
GO
RECONFIGURE
GO
```

※5　メモリの解放し忘れなどで、必要ではないメモリを確保し続けていること。

3.4 NUMA

NUMAはNon-Uniform Memory Architectureの略称で、共有メモリアーキテクチャの1つの形態です。ここではNUMAの紹介に先駆けて、まずNUMA以外の共有メモリアーキテクチャに関して考えてみます。

ほとんどの場合、小規模**SMP**（Symmetric Multiprocessing：**対称型マルチプロセッシング**）コンピュータで実装されている共有メモリアーキテクチャでは、コンピュータに搭載されているすべてのCPUが、メモリとメモリアクセスに使用するための**バス**［※6］を共有しています（図3.9）。

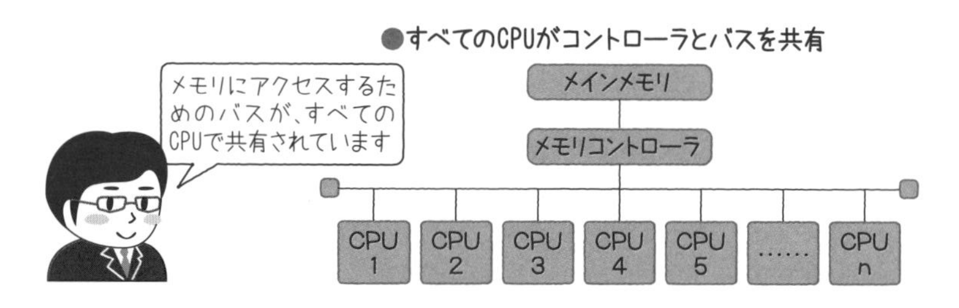

図3.9　SMPアーキテクチャのメモリとバス

3.4.1 SMPアーキテクチャのメモリとバス

1つのCPUがメモリアクセスのためにバスを占有すると、ほかのCPUはバスが解放されるまでメモリへアクセスできません。そのため、搭載されているCPUの数が増えるほど、バスの解放待ち時間が長くなる可能性があります。また、CPU数の増加によってバスも物理的に長くなるため、それに伴いメモリへの到達までに時間がかかるようになります。その結果として、コンピュータのスケーラビリティが損なわれることも考えられます。

その問題への対処として実装されたのがNUMAアーキテクチャです。すべてのCPUがバスとメモリを共有するのではなく、少数のCPUがグループとなり、それぞれのグループが独自のバスとメモリを保持します。各グループが保持するメモリは**ローカルメモリ**と呼ばれます。ローカルメモリを使用することによって、まずバスあたりのCPU数が抑制され、バス解放待ち時間が減少します。さらに物理的なバスの長さも短く保つことができます（図3.10）。

※6　CPUとメモリなどの間でデータを交換するための経路。

●各CPUグループがローカルメモリにアクセス

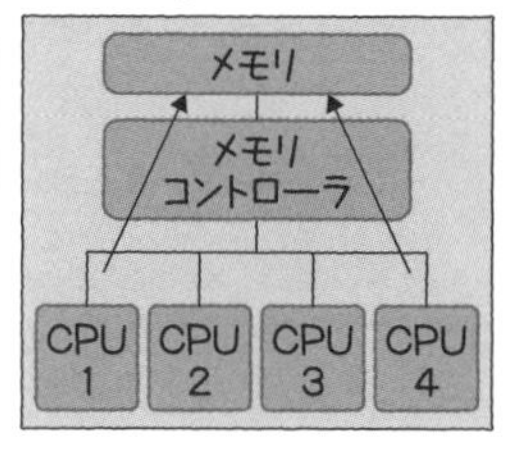

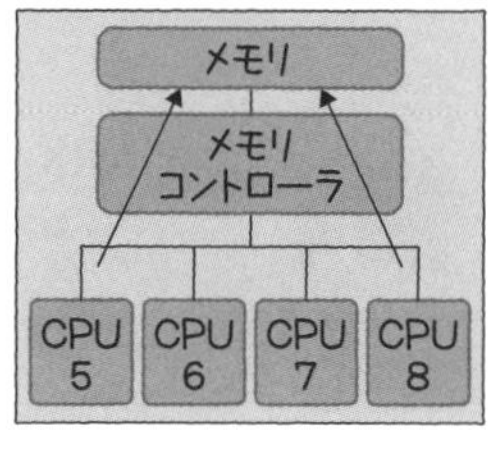

図3.10　NUMAアーキテクチャ（ローカルメモリへのアクセス）

また、各CPUグループは、ほかのグループが保持するメモリ（**リモートメモリ**と呼ばれます）にもアクセスできます。しかし、ローカルメモリにアクセスする場合と比較すると、アクセス経路の複雑化によってパフォーマンスは大幅に低下します（約4倍の時間がかかるとも言われています）。そのため、NUMAアーキテクチャを有効に活用するには、アプリケーションも各CPUグループとローカルメモリの関係に配慮する必要があります（図3.11）。

●ローカルメモリアクセスよりも、別CPUグループへのメモリアクセスに時間がかかる

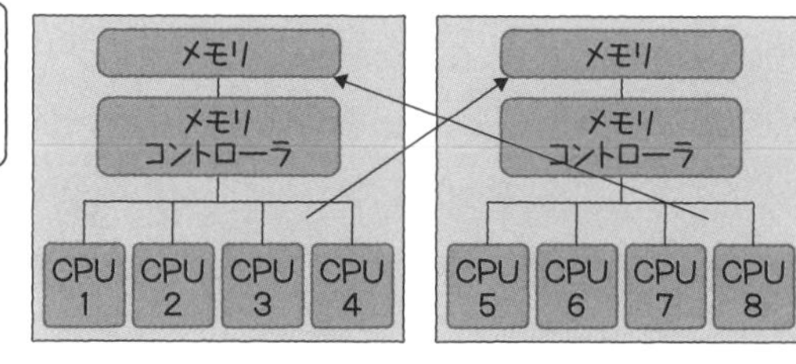

図3.11　NUMAアーキテクチャ（リモートメモリへのアクセス）

SQL ServerがNUMAアーキテクチャへの対応をはじめて実装したのは、SQL Server 2000 SP4ですが、その対応内容は非常に限定されたものでした。また、その機能を有効化するためには**トレースフラグ**[※7]を設定するなどの煩雑な作業が必要でした。

一方、SQL Server 2005以降の場合は、NUMAアーキテクチャを搭載したハードウェアにインストールされると、自動的に検知し自分自身のNUMA対応機能を有効化します。また、各CPUグループを**NUMAノード**[※8]という管理対象として認識します。メモリを必要とする処理が実行されると、そのスレッドが処理されるスケジューラと関連付けられたCPUのNUMAノードのローカルメモリに必要な領域が確保されます（図3.12）。

※7　SQL Serverに既定外の特定の動作を強制するためのスイッチ。
※8　ノードとは、少数のCPU群とそれらが使用するローカルメモリのグループのことです。

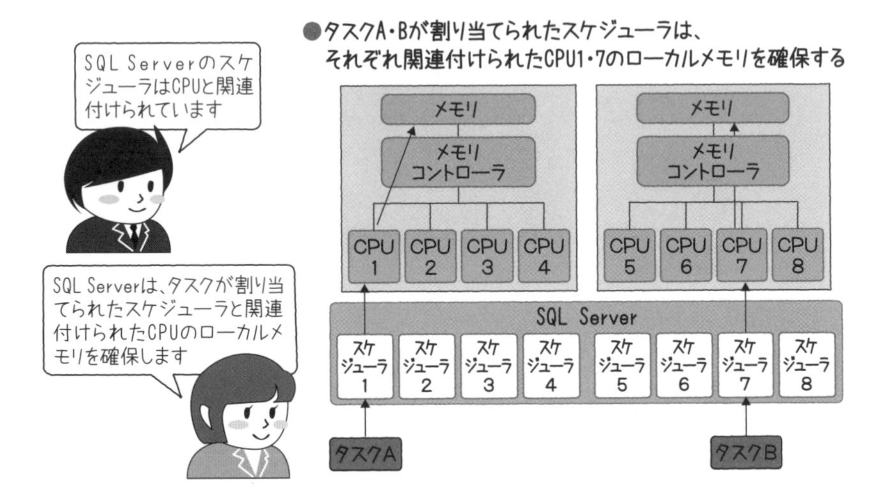

図3.12　NUMAアーキテクチャでのメモリ確保

また、各NUMAノード内で可能な限りメモリ管理を完結させるため、以下のコンポーネントがすべてのNUMAノードに割り当てられています。

レイジーライタスレッド

すでに第2章でも紹介しましたが、SQL Serverのメモリの管理を行うコンポーネントの1つです。通常ならば、SQL Server内に1つのみ存在しますが、NUMA対応機能が有効化されると、各NUMAノードにI/Oレイジーライタスレッドが用意されます。

I/O完了ポートスレッド

I/O完了ポートスレッドは、第1章で紹介したSQLOSスケジューラがネットワークI/OやディスクI/Oの状況を適切に判断できるように、様々な動作を行っています。例としては、I/Oリクエストリストに追加されているワーカーにI/Oの完了を通知することが挙げられます。通常ならば、SQL Server内に1つのみ存在しますが、NUMA対応機能が有効化されると、各NUMAノードにI/O完了ポートスレッドが用意されます。

これらの内部コンポーネントが各NUMAノードに割り当てられるとともに、それぞれのNUMAノードに割り当てられたワーカーが、可能な限りローカルメモリを使用するようにデザインされています。その結果として、NUMAアーキテクチャを実装したハードウェア上でSQL Serverが効率的に動作することが可能となっています。

3.4.2 ソフトNUMA

SQL Serverには、NUMAアーキテクチャを実装していないハードウェア上でも、その利点の一部を使用するための機能が用意されています。それは、ハードウェアではなくソフトウェアの機能として実装されるという意味合いを込めて**ソフトNUMA**と呼ばれています（ハードRAIDとソフトRAIDの名称の関係に似ていますね）。非NUMA機でも複数のCPUもしくはコアを搭載している場合は、それらを疑似的にNUMAノードに設定し、グループ化して管理できます。

当然ながら、非NUMA機では1つのメモリと1つのバスをすべてのNUMAノードで共有するため、ローカルメモリのメリットを受けることはできません。つまり、バス解放待ちの発生や物理的なバスの長さといった問題は残ったままです。

しかしながら、各NUMAノードにはレイジーライタスレッドとI/O完了ポートスレッドが用意されています。そのため、それぞれのコンポーネントの負荷が非常に高い環境ならば、ソフトNUMAを導入することにより、パフォーマンスを改善できる可能性があります（図3.13）。それぞれのコンポーネントの負荷状況を確認する方法は、この後の3.7節で紹介します。

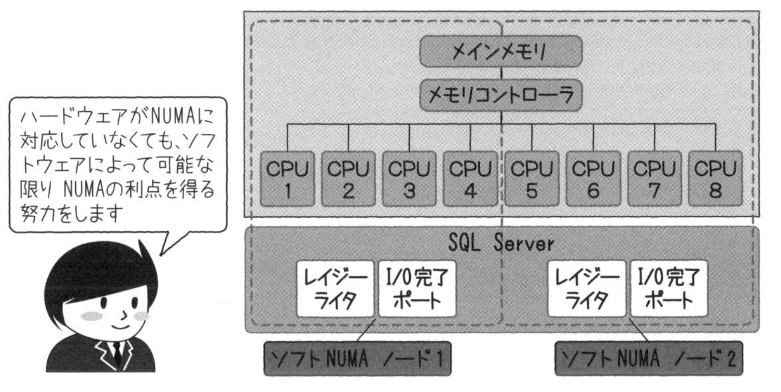

図3.13 ソフトNUMAのアーキテクチャ

3 メモリ管理

ソフトNUMAの設定方法を簡単に紹介しておきます。詳細に関しては次のMicrosoft Docsサイトを参照してください。

▼ソフトNUMA（SQL Server）
https://docs.microsoft.com/ja-jp/sql/database-engine/configure-windows/soft-numa-sql-server

次の例では、4個のCPU（もしくはコア）が搭載されたコンピュータで、それぞれのCPUに対してNUMAノードを割り当てています。

①クエリツールで次のクエリを実行する

```
ALTER SERVER CONFIGURATION
SET PROCESS AFFINITY CPU=0 TO 3
GO
```

②レジストリエディタ（regedit.exe）を起動して、表3.1に示すキーを追加。これによって、すべてのCPUに対してソフトNUMAノードが割り当てられる

表3.1　レジストリエディタで追加できるキー

キー	種類	値の名前	値データ
HKEY_LOCAL_MACHINE\SOFTWARE\Microsoft\Microsoft SQL Server\150\NodeConfiguration\Node0	DWORD	CPUMask	0x01
HKEY_LOCAL_MACHINE\SOFTWARE\Microsoft\Microsoft SQL Server\150\NodeConfiguration\Node1	DWORD	CPUMask	0x02
HKEY_LOCAL_MACHINE\SOFTWARE\Microsoft\Microsoft SQL Server\150\NodeConfiguration\Node2	DWORD	CPUMask	0x04
HKEY_LOCAL_MACHINE\SOFTWARE\Microsoft\Microsoft SQL Server\150\NodeConfiguration\Node3	DWORD	CPUMask	0x08

3.5 SQL Server プロセス内部のメモリ管理方法

ここからはSQL ServerとWindowsオペレーティングシステムのメモリ管理動作での関連性や、プラットフォームアーキテクチャに関する内容をもとにしながら、SQL Server自体のメモリ管理手法について紹介します。具体的にはSQL Serverのメモリリソースの割り当て、メモリに関連した内部コンポーネントの詳細、メモリ使用状況のモニタリングといった内容を取り上げます。

SQL Serverは自分自身のメモリ領域を効率的に使用するために、**ワークスペース**と呼ばれる領域を割り当てて管理します。ワークスペースは、様々な用途ごとに用意されるメモリ領域です。ワークスペースのサイズ調整、獲得および内部コンポーネントへの割り当てなどのメモリ管理の各作業は**メモリマネージャ**と呼ばれるコンポーネントが担当します。

3.5.1 メモリマネージャ

SQL Serverプロセスの内部では、ユーザーからの要求や内部コンポーネントなどの様々なタスクが実行されています。それぞれのタスクは、様々な処理を実行するためにメモリを獲得する必要があります。

たとえば、コンパイルされたクエリ実行プランをメモリ上に配置する領域が必要です。あるいは、クライアントからの要求で結果セットの並べ替えが必要な場合は、その作業領域がメモリ上に必要になります（これらの用途以外にも、数多くのメモリを必要とする作業があります）。

メモリマネージャはタスクからメモリ獲得要求を受け取ると、ワークスペースからメモリの割り当てを行います（図3.14）。

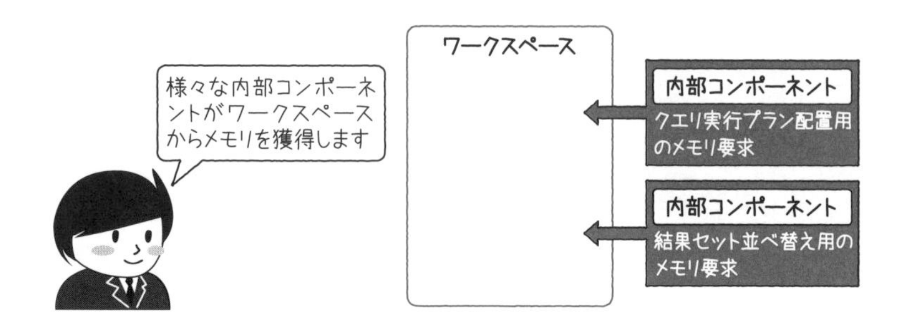

図3.14　メモリマネージャ

3.5.2 ワークスペースの内部構造

ワークスペース内には**Fixed Size Block Allocator**と呼ばれるコンポーネントが存在します。Fixed Size Block Allocatorはあらかじめいくつかのサイズのメモリ領域を用意しておくことにより、メモリを必要とするコンポーネントに素早く受け渡すための仕組みです。Fixed Size Block Allocatorが用意しておくメモリ領域のサイズは、8KB、16KB、32KB、128KBの4種類です（図3.15）。

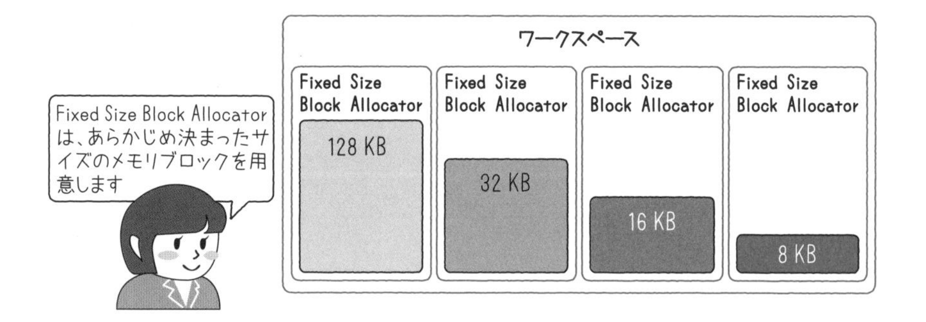

図3.15　Fixed Size Block Allocator

もしも、要求されたメモリのサイズがこれらの4種類と一致しない場合は、そのサイズを含むことができる最も小さなメモリブロックが割り当てられます。たとえば、10KBのメモリ獲得要求があった場合は、16KBのFixed Size Block Allocatorがメモリの割り当てを行います（図3.16）。

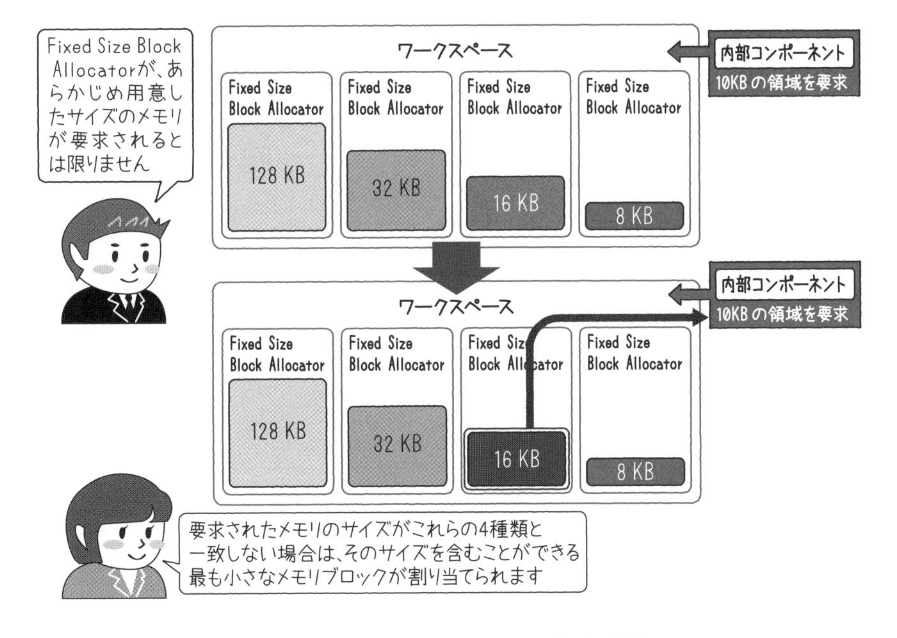

図3.16　要求されたメモリのサイズが8KB、16KB、32KB、128KBと一致しない場合

この動作は本来必要とされるサイズよりも大きなサイズのメモリを割り当てることがあるため、一見不便にも思えます。しかし、余分なメモリの割り当てを防止するためには、メモリ獲得要求を受け取るたびに、各々の要求に応じたサイズのメモリブロックを割り当てるための処理を実行する必要があり、それによりCPUリソースなどの負荷を発生させます。システム全体のスループットという観点から両者を比較した場合、Fixed Size Block Allocatorを使用したほうが勝っているためこちらの方式が選択されています。

Fixed Size Block Allocatorは階層構造になっています。個々のFixed Size Block Allocatorが管理するサイズのメモリブロックに空きがない場合は、階層構造上のより上位のFixed Size Block Allocatorからメモリを獲得し、その中から割り当てを行います。

それでは、最上位のFixed Size Block Allocatorはどこからメモリを獲得するのでしょうか。

ワークスペース内は**フラグメント**（予約領域）として、**フラグメントマネージャ**と呼ばれるコンポーネントによって管理されています。フラグメントのサイズはアーキテクチャによって異なります。32bit版の場合フラグメントは4MBのサイズで管理され、数多くのフラグメントによって構成されています。一方64bit版では、通常1つのフラグメントで仮想アドレス空間全体を管理しています。

Fixed Size Block Allocatorの最上位には**Top Level Block Allocator**と呼ばれるコンポーネントが存在していて、フラグメントからメモリを獲得します。Top Level Block Allocatorが獲得するサイズは固定されていて、32bit版では4MB、64bit版では128MBです（**図3.17**）。

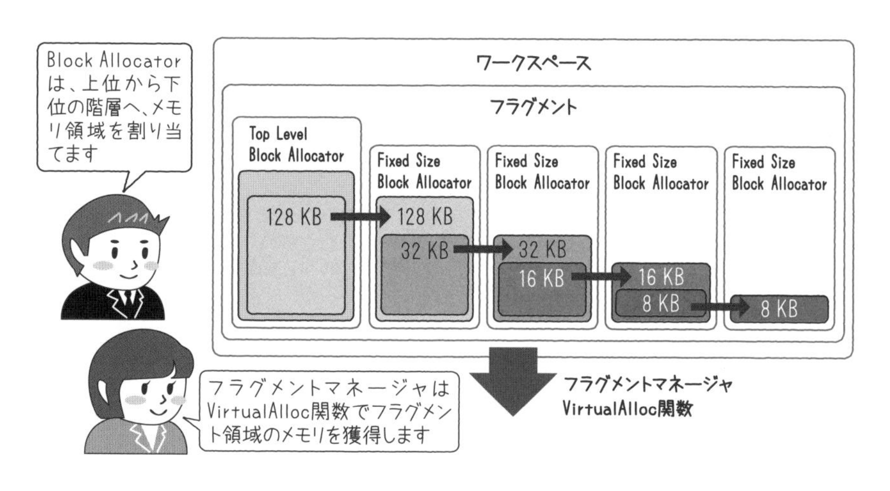

図3.17　ワークスペース内のフラグメントはフラグメントマネージャが管理している

このようにすべてのサイズのメモリの割り当ては、最終的にTop Level Block Allocatorがフラグメント領域から獲得します。'max server memory'構成変数は後述するバッファプールのサイズではなく、フラグメント全体（SQL Serverが獲得するすべてのメモリ）のサイズを制御するために使用されます。

3.6 メモリの用途

各コンポーネントは、メモリマネージャを使用して獲得したメモリ領域を8KBごとに区切って使用します（図3.18）。個々の8KBメモリブロックは**ページ**と呼ばれます（8KBごとのページは、後述するデータベースの構造と一致します）。ここからはSQL Server内の様々なメモリの用途について紹介します。

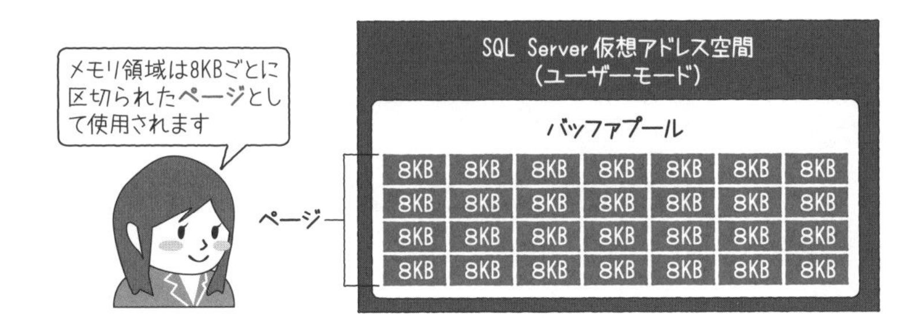

図3.18　バッファプール

3.6.1 バッファプール（バッファキャッシュ）

バッファプール（バッファキャッシュ）は多くの場合、SQL Serverが確保しているメモリの最も多くを占める領域で、データベースのデータページやインデックスページ（第5章参照）をディスクから読み込んでキャッシュするために使用されます。

SQL Serverがデータを操作する場合、バッファプールに読み込んだデータを使用します。その際、操作対象のデータを取得するために毎回バッファプール全体をスキャンすることは、いかに高速アクセスが可能なメモリ上の操作とはいえ大変なオーバーヘッドになります。そのためSQL Serverは、バッファプールにデータページを配置する際にハッシュアルゴリズムを使用します。

各データページが持つ固有の値をもとにハッシュ値[※9]が生成されて、**ハッシュバケット**と呼ばれるページに格納されます。ハッシュ値はバッファプール上のページへのポインタとともに格納されます。そのため、ハッシュバケット内のハッシュ値にアクセスすると、実際のページの位置が確認できます。これによって少ないアクセス回数で、目的とするバッファプール上のデータにアクセスすることができます（図3.19）。

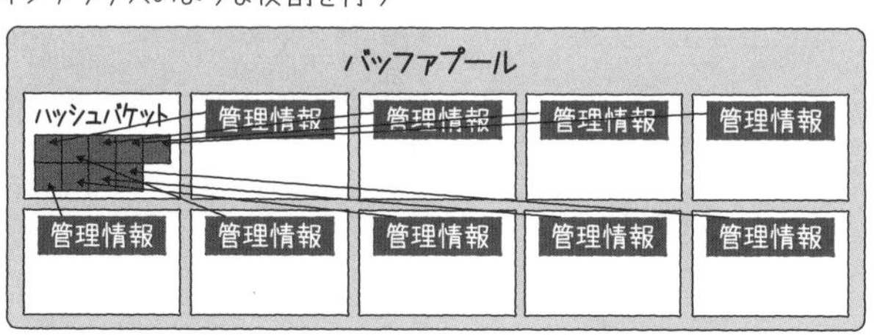

図3.19　ハッシュバケット

3.6.2 プランキャッシュ

クライアントが実行したクエリは、SQL Server内で最適な形で処理されるようにコンパイルされ、クエリ実行プランに変換されます。このコンパイル時間のオーバーヘッドを緩和させるためのアーキテクチャが**プランキャッシュ**です。

一度コンパイルされたクエリ実行プランは、同じクエリが再度実行されたときに備えてプランキャッシュに保存されます。2回目の実行時にはクエリは再度コンパイルされることはなく、プランキャッシュ上のクエリ実行プランが再利用されます。その結果としてコンパイル時間分のパフォーマンスが向上することになり、コンパイルによるCPU負荷を抑制できます（図3.20）。

※9　与えられた文字列から固定長の疑似乱数を生成する演算手法は**ハッシュ関数**と呼ばれます。そして、ハッシュ関数によって生成された値は**ハッシュ値**あるいは単に**ハッシュ**と呼ばれます。

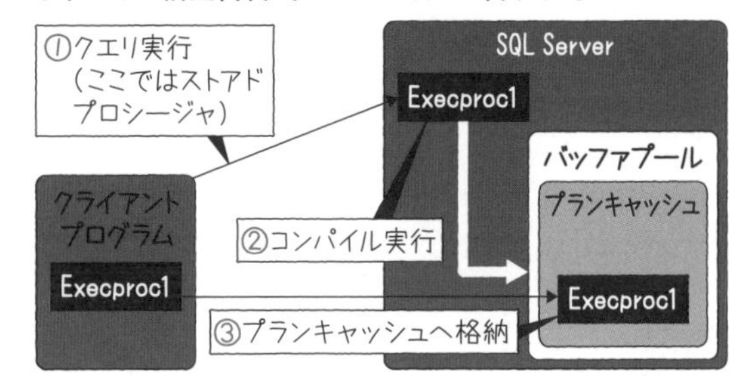

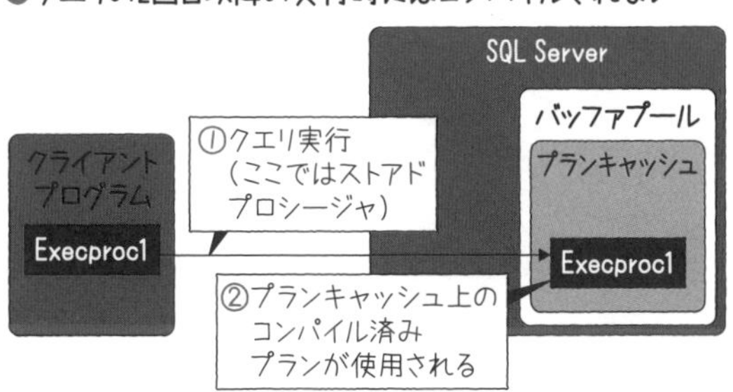

図3.20　クエリプランの再利用

3.6.3 クエリワークスペース

クエリワークスペースは、各クエリが結果セットの並べ替えなどを行う必要がある場合に使用されます。一定サイズ以上のデータの並べ替えが必要となった場合など、クエリワークスペースではなくtempdbデータベース[※10]が使用されることもあります。

3.6.4 最適化

クライアントが要求したクエリを実行するために、SQL Serverはクエリ実行プランを生成します。その際にもバッファプール上のメモリが使用されます。

※10　SQL Serverの様々な作業領域として使用されるシステムデータベースです。SQL Serverがデータの並べ替えなどで使用したり、ユーザーの一時テーブル格納領域などとして多岐にわたる用途で活用されます。

3.6.5 グローバル

これまでに登場しなかった様々なメモリを必要とする用途については**グローバル領域**で管理しています。具体的には、ロック用メモリ、レプリケーション作業用メモリ、クエリテキスト格納用メモリなどです。

3.6.6 レイジーライタスレッド

第2章では「レイジー書き込み」としてディスクI/Oの観点で取り上げましたが、この章ではより詳細にレイジーライタの動作を確認してみましょう。**レイジーライタ**の役割は、しきい値より多い数のフリーページを常にワークスペース内に確保しておくことです。しきい値はSQL Serverによって動的に設定されます。また、**フリーページ**とはディスクから読み込んだデータを格納する、あるいは内部処理用の領域などの用途として使用できる未使用のページを意味します。それでは一定数のフリーページを確保するためのアルゴリズムを確認してみましょう。

①レイジーライタは定期的に次の点を確認する（通常は1秒間隔で繰り返されますが、フリーページが少ない状況が続く場合は確認の頻度が上がります）

- Windowsオペレーティングシステムのメモリ使用状況
- バッファプールとしてコミットされているサイズ
- フリーページの数

②フリーページの数がしきい値を下回っている際に、SQL Serverのメモリ最大値（max server memory）として設定された値よりも小さい（リザーブされているがコミットされていない）場合は、新たなメモリ領域をコミットしてバッファプールにページを追加する。追加されたページがフリーページとして認識される（図3.21）

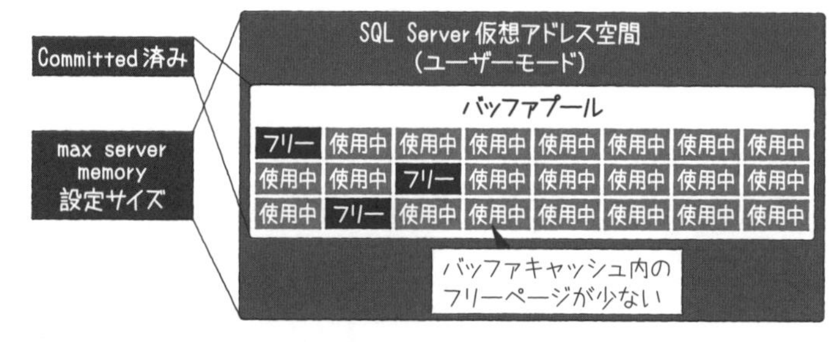

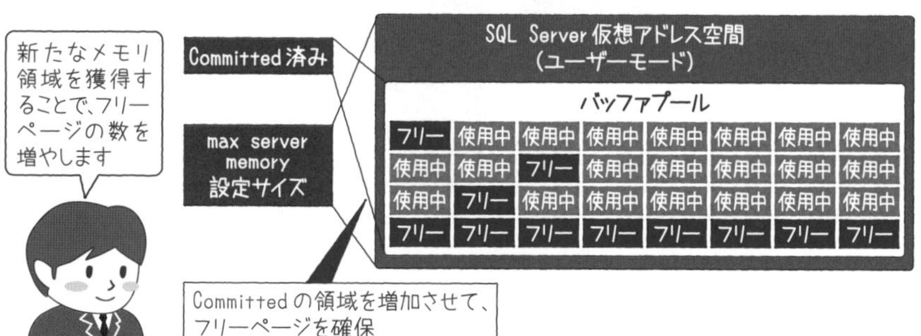

図3.21　max server memoryに達していない場合のフリーページの確保

③SQL Serverのメモリサイズがすでに最大値に達していて、さらにフリーページがしきい値を下回っている場合、レイジーライタはフリーページを確保するためにバッファプール内のページの状況確認を開始する

④レイジーライタは主として以下のようなページを解放してフリーページにする（図3.22）

・ラッチされていないページ
　ラッチ（リソース保護）されているページは、その時点で何らかのアクセスが行われているため、解放できない

・ダーティではないページ
　ダーティページとは、バッファキャッシュ内のページの内容は変更されたが、まだディスクに変更内容が反映されていない状態を指す。レイジーライタはダーティページのディスクへの書き込み要求を行い、書き込みが完了してダーティではなくなった時点でページは解放される

- 一定期間参照されていないページ
  各ページは参照カウントを持っていて、そのページが参照されないまま時間が経過すると参照カウントは減っていく。参照カウント数が一定値を下回ると「一定期間参照されていない」と判断され、そのページは解放される

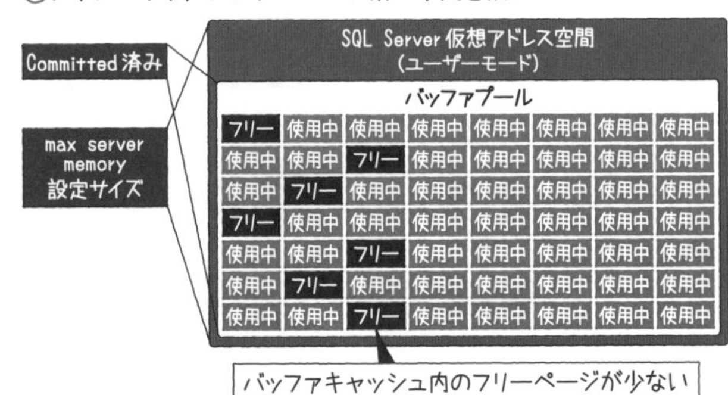

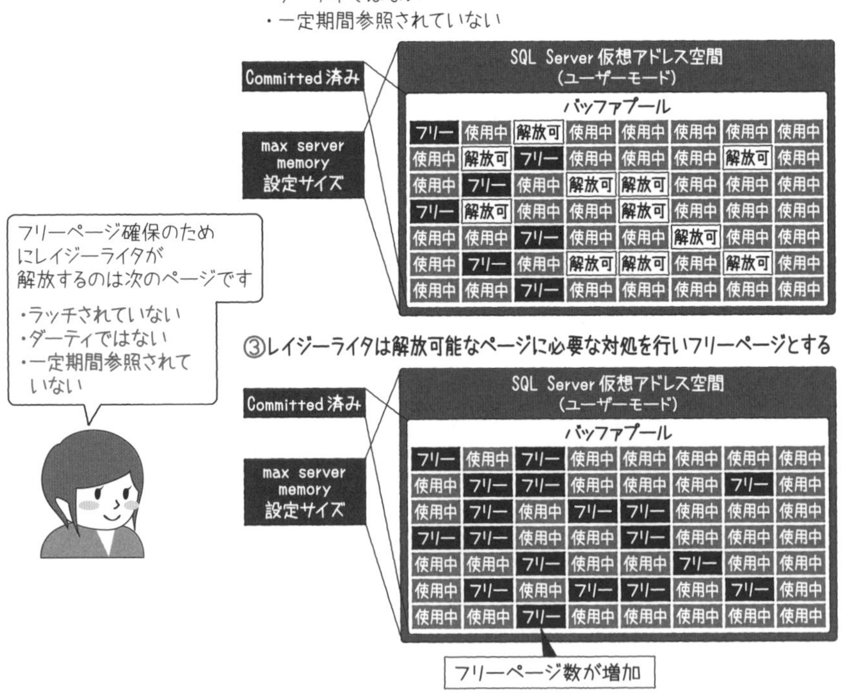

図3.22　max server memoryに達している場合のフリーページの確保

3.6.7 チェックポイントプロセス

定期的なチェックポイントプロセスの役割は、一定間隔ごとにバッファプール上のダーティページ[※11]を、ディスク上の各データベースの物理データファイルに書き込むことです。なお、ALTER DATABASEステートメントの実行時やSQL Serverを終了させる場合、または直接CHECKPOINTステートメントを実行した際などもチェックポイントは実行されます（図3.23）。

①データキャッシュ上のダーティページをディスクにフラッシュ

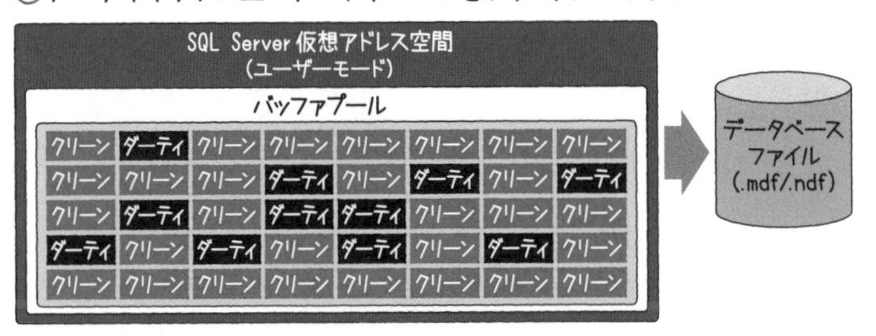

②フラッシュ後はデータキャッシュ上のページはクリーンとなる

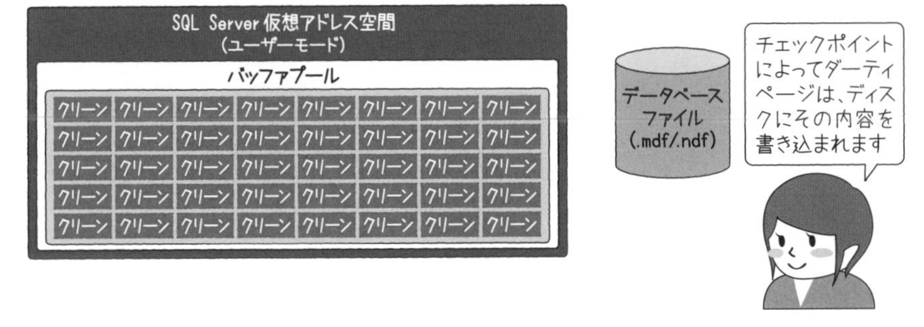

図3.23　チェックポイント

チェックポイントプロセスは、ダーティページをディスクに**フラッシュ**[※12]するだけで、特にフリーリストにページを追加するといった作業を行いません。そのため、直接的にバッファプール上の空きページを増加させるわけではありません。しかし、バッファプール上のページと物理データファイルの内容を一致させることにより、ページを「クリーン」な状態に戻します。その結果として、後でレイジーライタがバッファプールの空きを確保する際に、ディスクへのフラッシュ数が減少し、処理の負荷を軽減させることにつながります。

※11　バッファプールに読み込まれた後に変更された内容がディスク上に反映されていないページ。
※12　バッファのデータをディスクに書き出すこと。

3.7 モニタリング

SQL Serverのメモリ使用状況を確認する代表的な方法を紹介します。

3.7.1 DBCCコマンド

次の**DBCC**コマンドをクエリツール（sqlcmd、SQL Server Management Studio、Azure Data Studioなど）で実行すると、コマンド実行時にSQL Serverが使用していたメモリの状態のスナップショットが出力されます。

```
DBCC MEMORYSTATUS
GO
```

このコマンドの出力結果からは多岐にわたる情報が一覧表示の形式で入手できるため、トラブルシューティングやパフォーマンスチューニングの初期段階で、メモリ使用状況を俯瞰するのに適しています。ただし、情報の出力形式が通常のクエリ結果などと異なるため、結果を一時テーブルなどに取り込むことができません。そのため、出力結果から必要な情報を検索する際や、結果を集計してレポートする際にやや手間がかかってしまいます。

後述するsys.dm_os_memory_clerks動的管理ビューで同等の情報を得ることができるため、結果の集計などが必要な場合は代用することもできますので、両者を用途に応じて使い分けるとよいでしょう。

DBCC MEMORYSTATUSが出力する情報は、コマンド実行時点のスナップショットであることは先に述べましたが、定期的（1分間隔など）にこのコマンドによる情報を収集することによって、継続性を持たせた情報としても利用することができます。

出力される内容は（あまりに）多岐にわたるため、ここでは主な情報に絞って紹介します。詳細な各項目の解説は、Microsoftサポートオンラインで確認できます[※13]。なお､このコマンドはSQL Serverのバージョンによって出力内容に違いがあります（やはり新しいバージョンのほうが、より多くの情報を得られる傾向があります）。出力結果は以下のとおりです。

Memory Managerセクション

SQL Serverインスタンス全体のメモリ使用状況が出力されています（表3.2）。

※13 http://support.microsoft.com/kb/907877/ja

VM ReservedにはReservedという状態で確保している仮想アドレス空間内のメモリのサイズが示されます。同様に**VM Committed**はCommittedという状態で確保しているメモリのサイズです。ReservedおよびCommitted状態に関してはすでに詳しく紹介したので、ここでは割愛します。ちなみに、コマンドのサンプル出力は32GB RAMを搭載したコンピュータでSQL Server起動直後に収集しました。SQL Serverのメモリは動的管理（特にmax server memoryもmin server memoryも指定していない）にしてあります。**VM Reserved**のサイズに注目してもらいたいのですが、物理メモリのサイズとほぼ同じ約30GBがReservedになっていることが確認できます。つまりSQL Serverは、必要があり、かつ可能であれば、ほとんどすべての物理メモリを使用しようとしていることが読み取れます。

表3.2　Memory Managerセクション

Memory Manager	KB
VM Reserved	30952992
VM Committed	606480
Locked Pages Allocated	0
Large Page Allocated	0
Emergency Memory	1024
Emergency Memory In Use	16
Target Committed	7828056
Current Committed	606480
Pages Allocated	469968
Pages Reserved	0
Pages Free	15096
Pages In Use	536872
Page Alloc Potential	10047552
NUMA Growth Phage	0
Last OOM Factor	0
Last OS Error	0

Memory node Id = Xセクション

NUMAノードごとのメモリ使用状況が出力されます（**表3.3**）。NUMAノード（ソフトNUMAノードも含みます）が複数存在すると、出力結果も同じ数だけ存在します。各NUMAノードの各項目の使用量を合計したものが、前述のMemory Managerセクションの各項目と一致します。

表3.3　Memory node Id＝Xセクション

Memory Manager	KB
VM Reserved	31395616
VM Committed	599868
Locked Pages Allocated	0
Pages Allocated	468904
Pages Free	9200
Target Committed	8459016
Current Committed	599872
Foreign Committed	0
Away Committed	0
Taken Away Committed	0

MEMORYCLERK_XXXX、CACHESTORE_XXX、USERSTORE_XXX、OBJECTSTORE_XXXセクション

メモリの用途ごとに使用状況が出力されます（表3.4）。この例はSQL CLR[※14]で使用されている領域の情報です。

表3.4　MEMORYCLERK_XXXX、CACHESTORE_XXX、USERSTORE_XXX、OBJECTSTORE_XXXセクション

MEMORYCLERK_SQLCLR (node 0)	KB
VM Reserved	6300608
VM Committed	788
Locked Pages Allocated	0
SM Reserved	0
SM Committed	0
Pages Allocated	11296

Procedure Cacheセクション

クエリ実行プランのキャッシュとして使用されている領域に関する情報が出力されます（表3.5）。

TotalProcsは、プランキャッシュ上に存在するオブジェクトの合計を示します。sys.dm_exec_cached_plans動的管理ビューの行数と一致します。

TotalPagesは、プランキャッシュの合計ページ数を示します（1ページのサイズは8KBです）。

InUsePagesは、処理実行中のプランが使用しているページ数を表しています。

※14　SQL Server内でMicrosoft .NET共通言語ランタイム（CLR）をホストするためのテクノロジー。

表3.5　Procedure Cacheセクション

Procedure Cache	Value
TotalProcs	107
TotalPages	2793
InUsePages	0

3.7.2 パフォーマンスモニター

Windowsオペレーティングシステムに付属しているパフォーマンスモニターにも、メモリの状況を確認するために有用な情報が数多く存在します。

システム全体のメモリ状況の確認

Memoryオブジェクト

- **Available Bytesカウンタ**

  システム全体の物理メモリの空き容量を確認できます。定常的に10MBを下回るような場合は、いくつかのアプリケーションをほかのコンピュータで動作させるようにします。可能であれば、最大使用量に制限を設けるなどの作業が必要です。

SQL Server内部のメモリ使用状況の確認

SQL Server：Buffer Managerオブジェクト

- **Page Life Expectancyカウンタ**

  このカウンタはバッファプールに読み込まれたデータが、メモリ上に保持される平均秒数を示しています。カウンタが示す値が小さい場合は、読み込まれたデータが次々にメモリから追い出されていることを示しているため、バッファプールのサイズが不十分である可能性があります。一般的に300秒以下の場合は、何らかの対策（メモリサイズの拡張など）が必要であると考えられます。

- **SQL Cache Hit Ratioカウンタ**

  クエリによって要求されたデータが、バッファプール上にすでに存在する（バッファプールにすでに読み込まれている）割合を示します。60秒以上にわたって90％以下になるような状況が高頻度で発生するような場合は、問題の解析および対処の必要があります。

- **Lazy Writes/secカウンタ**

  バッファプールに空きを作るために、レイジーライタがダーティページの書き込みを行った1秒当たりの回数を示します。このカウンタが高い値を定常的に示している場合は[※15]、データを展開するための十分な領域がバッファプールに確保できず、メモリレイジーライタが高負荷であることが推測されます。

SQL Server：Memory Managerオブジェクト

・Memory Grants Pendingカウンタ

クエリを実行するためにワークスペースメモリが獲得できずに待機している数を示します。定常的に1よりも大きな値を示す場合には、メモリ獲得のための待機が頻繁に発生しているため、クエリのチューニングやメモリサイズの拡張などの対処が必要です。

3.7.3 動的管理ビュー

動的管理ビューを使用して、メモリ使用状況を確認するための詳細なスナップショットを収集できます。メモリに関する情報を確認する際に、最も使用する頻度の高い動的管理ビューは次のものです。

▼sys.dm_os_memory_clerks
https://docs.microsoft.com/ja-jp/sql/relational-databases/system-dynamic-management-views/sys-dm-os-memory-clerks-transact-sql

たとえば、次のようなクエリを実行することによって、様々な用途でSQL Serverが割り当てたメモリを、それぞれサイズという観点から上位10項目を出力することができます。

```
SELECT TOP 10 type, sum(pages_kb) AS [メモリクラーク[※16]に割り当てられたメモリサイズ (KB)]
FROM sys.dm_os_memory_clerks
GROUP BY type
ORDER BY sum(pages_kb) DESC
```


※15　一般的には20～30以下であることが推奨されています。
※16　メモリの用途。

3.8 第3章のまとめ

本章では、まずハードウェアやオペレーティングシステムの観点からSQL Serverのメモリ使用方法について紹介しました。さらに自らが獲得したメモリ領域をSQL Serverがどのような用途で使用しているかを取り上げました。

これらの内容を理解することにより、たとえばSQL Serverがメモリを大量に占有している状況が発生した場合、どのような用途でメモリが使用されているのかを容易に理解することができます。それに加えてそれが正常な状態なのか、対処が必要な障害なのかといった判断を下すことができます。

ぜひ、この章で紹介したDBCC MEMORYSTATUSコマンドやパフォーマンスカウンタ、動的管理ビューを日常的に使用して、皆さんが使っているSQL Serverのメモリ使用状況を把握しましょう。

さて最後に、次の2つの質問に答えてみてください。

Q1 SQL Serverが意図した量よりも多くのメモリを使用している場合、その理由としてどのようなことが考えられますか？

Q2 SQL Serverが意図した量よりも少ないメモリしか使用していない場合、その理由としてどのようなことが考えられますか？

どちらも簡単な質問ですが、それぞれに対する解答を裏付ける知識としてSQL Serverの振る舞いを認識しておくことはとても大切です。この章で紹介したSQL Serverのメモリリソースの割り振り方法やメモリ操作に関連した内部コンポーネント、メモリ関連リソースのモニタリング方法を頭の片隅に置いておくことによって、上記のような簡単な問いだけでなく、実際のトラブルシュートや環境設定の際に役立つでしょう。

A1 SQL Serverは明示的にmax server memory構成変数に最大値を設定しないと、可能な限り物理メモリを確保します（おおよその物理メモリサイズは5MB）。そのため、予想外に大きなサイズを獲得している場合があります。

A2 SQL Serverは起動時にすべてのメモリ領域をコミットするわけではないので、max server memory構成変数に指定した値よりも小さいサイズしかメモリを使用していないことがあります。

第4章

データベース構造の原理

前章までの内容として、SQL Serverの動作の理解に不可欠なCPU、ディスク、メモリとの関わりを取り上げてきました。これらを理解することによって、様々な障害が発生した際にSQL Server内部で発生している問題か、Windowsあるいはハードウェアのトラブルか、といった問題の切り分けが可能になります。

これ以降の章ではこれまでの知識をもとにしながら、さらにSQL Serverの内側に焦点を当てて解説します。本章では、まずすべてのオブジェクトの“器”ともいえるデータベースの構造について詳しく紹介します。

データベースの内部構造を詳細に見ていく前に、データベースを構成するファイルについて簡単におさらいしておきましょう。SQL Serverが管理するデータベースは、少なくとも1つのデータファイルと、1つのトランザクションログファイルで構成されています。

I/O操作の分散などを目的として、複数のデータファイルで構成されたデータベースを定義することもできます。そのような構成の特徴として1つ目のデータファイルは、デフォルトでは拡張子が.mdfとして設定され、データベースの管理に必要なシステムオブジェクトが格納されています。

それでは、データファイルとトランザクションログファイルのそれぞれの構成について詳しく見ていきましょう。

4.1 データファイル

4.1.1 ページとエクステント

データベースを構成するデータファイル（文字通りデータそのものを格納するファイル）は、内部的に**ページ**と呼ばれる、8KBの論理単位に区切って使用されます。ページはテーブルなどのオブジェクトに格納されたデータの参照や更新の際の最小論理I/O単位として使用されます。

また、オブジェクトに新たな領域を割り当てる必要がある場合には、ページではなく**エクステント**と呼ばれる単位が使用されます。エクステントは、8KBのページが8個で構成されています。テーブルに割り当てられたすべてのページに空きがなくなると、テーブルには新たなエクステントが割り当てられます（図4.1）。

●新たな領域追加はエクステント単位で行われる

エクステントは8ページで構成されています

オブジェクトが新たな領域が必要になると、エクステント単位で割り当てられます

図4.1　エクステントの追加

4.1.2 単一エクステントと混合エクステント

エクステントには、1つのオブジェクトで8ページすべてを占有する**単一エクステント**と、複数のオブジェクトで共有する**混合エクステント**の2種類が存在します。

SQL Server 2014までのデフォルトの動作として、オブジェクトが作成された当初は混合エクステントを割り当てていました。その理由はディスクの効率的な利用です。もしもオブジェクトのサイズが1ページよりも大きくならないのに単一エクステントを割り当てた場合、残りの7ページ（56KB）は使用されずに無駄になってしまいます。そのような無駄なディスク領域をできるだけ少なくするために、新規に作成されたオブジェクトにはまず混合エクステントが割り当てられ、そのサイズが1ページを超えた段階で単一エクステントが割り当てられます。

一方でSQL Server 2016以降では、オブジェクト作成当初から単一エクステントを割り当てることがデフォルトの動作となりました。その変更の理由は、オブジェクトに混合エクステント内のページを割り当てる際のオーバーヘッドです。単一エクステントの場合すべてのページが1つのオブジェクトに関連付けられているため、単純にその中のページを割り当てるだけで済みます（図4.2）。

●単一エクステントではすべてのページが同じオブジェクトに属する
すべての単一エクステントはテーブル A に所属

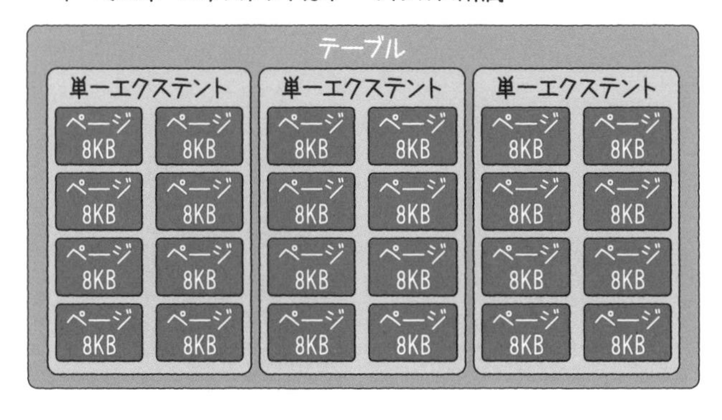

●混合エクステントではエクステント内のページが複数のオブジェクトに属する

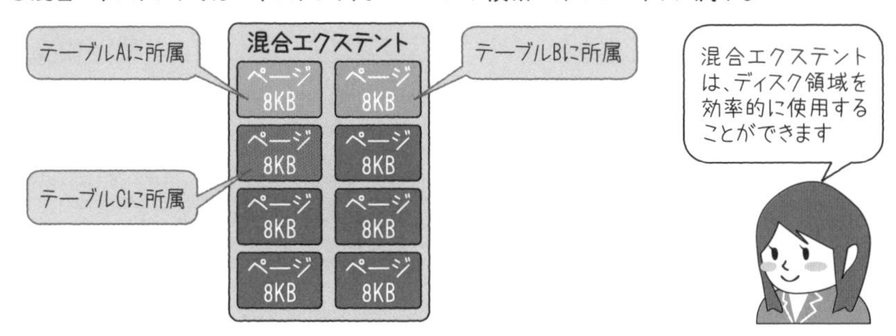

図4.2　単一エクステントと混合エクステント

混合エクステントの場合は、まず混合エクステントの有無を検索し、その中の空きページの有無を確認したうえで割り当てを実施します。そのため、単一エクステントと比較すると作業量が多く、割り当てが多発するような場合には処理時間の遅延につながる場合があります。

そのためSQL Server 2016以降では、ディスクの効率的な使用よりもパフォーマンスを優先し、デフォルトの操作としてオブジェクトに最初から単一エクステントを割り当てるよう仕様が変更されました。

ただしSQL Server 2016以降であっても、ALTER DATABASEステートメントで、MIXED_PAGE_ALLOCATIONオプションを指定することで、デフォルトの動作を変更することができます（リスト4.1）。

リスト4.1　混合エクステント割り当ての設定

```
-- 混合エクステント割り当てを無効化（デフォルト設定）
ALTER DATABASE AdventureWorks2012
SET MIXED_PAGE_ALLOCATION OFF;
GO

-- 混合エクステント割り当てを有効化
ALTER DATABASE AdventureWorks2012
SET MIXED_PAGE_ALLOCATION ON;
GO
```

また、SQL Server 2014以前のバージョンもトレースフラグ1118を指定することで、SQL Server 2016以降と同じ動作をするように変更することもできます（リスト4.2）。

リスト4.2　SQL Server 2014以前で混合エクステント割り当てを無効化したい場合

```
-- 混合エクステント割り当てを無効化（SQL Server 2014以前のバージョン）
DBCC TRACEON (1118, -1)
```

4.1.3 ページの種類

データファイル内のページは、次のうちのいずれかを格納する用途で使用されています（後述する管理情報格納用ページは除く）。

- IN_ROW_DATA：データまたはインデックスを格納
- LOB_DATA：ラージオブジェクト（text、ntext、image、xml、varchar(max)、nvarchar(max)、varbinary(max)）を格納
- ROW_OVERFLOW_DATA：ページ上限の8KBを超えた可変長カラムのデータを格納（図4.3）

①テーブルA
(col1 int, col2 varchar(2000))
わかりやすくするために、
ヘッダー情報などの長さは考慮しない

IN_ROW_DATA ページ (8KB)

col1 1 | col2 (950バイト分のデータ)
col1 2 | col2 (950バイト分のデータ)
col1 3 | col2 (950バイト分のデータ)
col1 4 | col2 (950バイト分のデータ)
col1 5 | col2 (950バイト分のデータ)
col1 6 | col2 (950バイト分のデータ)
col1 7 | col2 (950バイト分のデータ)
col1 8 | col2 (950バイト分のデータ)

7600バイト以上が使用されている

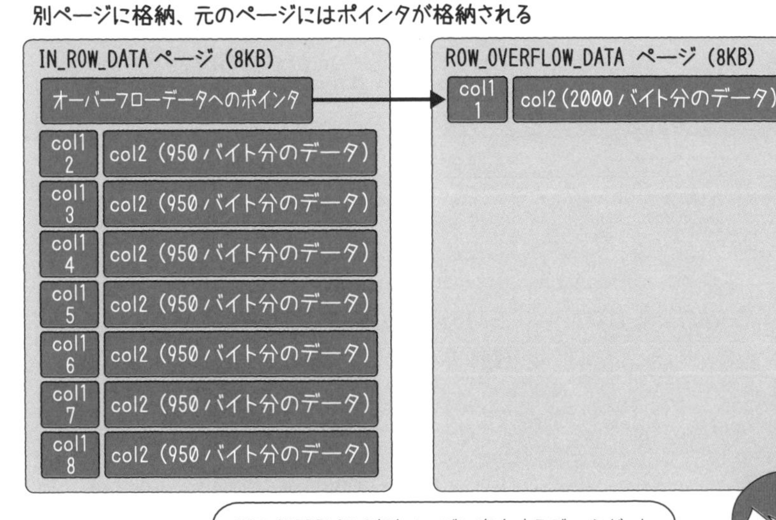

図4.3 ROW_OVERFLOW_DATAの仕組み

4.1.4 ページの配置

データファイル内のほとんどのページはデータやインデックスキーを格納することに使用されていますが、ごく少数の管理情報のみを格納したページが存在します。それらはデータベースを効率良く管理するためにデータベースの割り当て情報を保持しています。ここでは、それらの役割や格納している情報を紹介します。

GAM（Global Allocation Map）

8KBのページ内の各ビットがエクステントの状況を示しています。もしもビットの値が1を示す場合は、対応するデータベース内のエクステントが割り当てられていないことを表します。単一エクステントに割り当てられると、ビットの値は0に設定されます（図4.4）。1個のGAMページで64000エクステント分（4GB）の状態を管理できます。SQL Serverがオブジェクトへエクステントを新たに割り当てる場合には、このページを参照することによって、効率的に未使用ページのエクステントを見つけることができます。

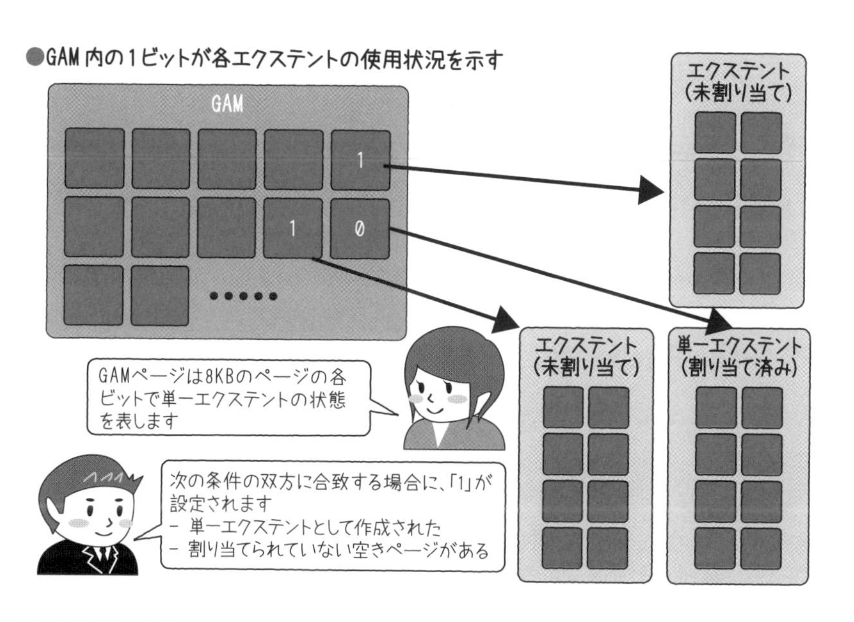

図4.4 GAM（Global Allocation Map）

SGAM（Shared Global Allocation Map）

こちらは混合エクステントの状況を示しているページです。GAMと同様に8KB分の各ビットが対応するエクステントの状況を示しています。1が設定されている場合は、混合エクステントとして割り当てられていて空きページが存在することを示しています。0の場合は、空きページが存在しないか、混合エクステントとして割り当てられていないことを表します（図4.5）。

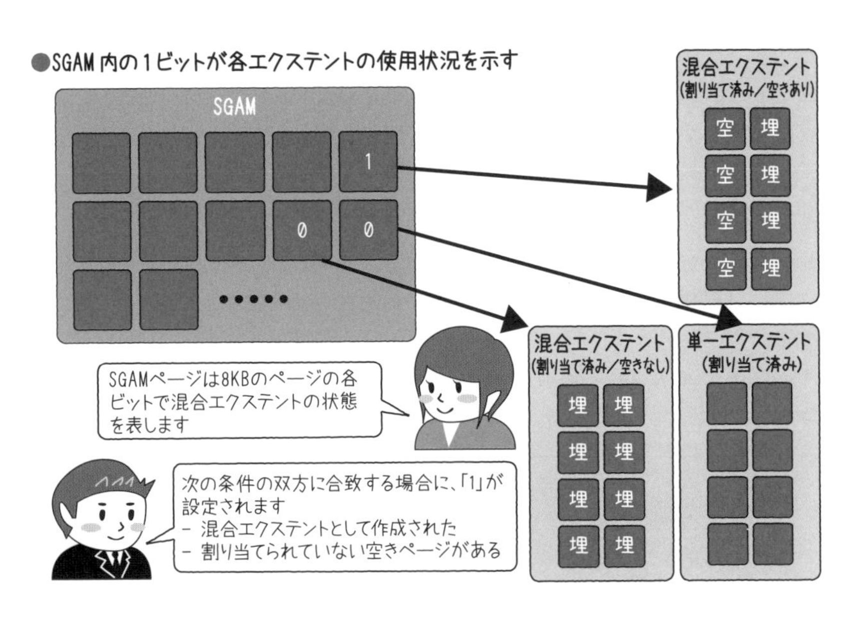

図4.5　SGAM（Shared Global Allocation Map）

PFS（Page Free Space）

8KBのページの各バイトがそれぞれ対応するページの状況を示し、8000ページ分の情報を格納します。ページの使用済み／未使用といった情報に加えて、ページ使用率（0、1～50、51～80、81～95、96～100%）も確認できます（図4.6）。PFSの情報を使用して、新たなデータを格納するためのページを探します。ただし、インデックスページはインデックスキー値によって格納すべき場所が決まります。そのため、PFSはヒープ[※1]やText/Imageデータの格納場所検索のためにのみ使用されます。

※1　クラスタ化インデックス（第5章）が作成されていないテーブルのデータページ。

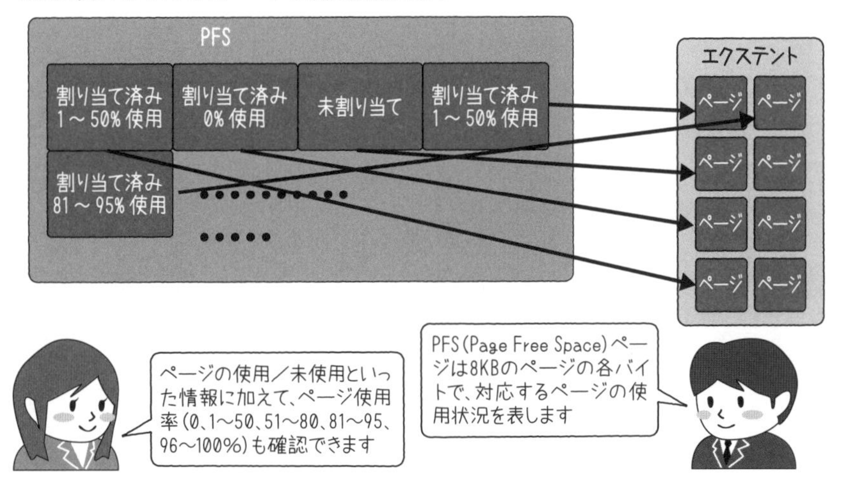

図4.6　PFS（Page Free Space）

IAM（Index Allocation Map）

クラスタ化インデックス、非クラスタ化インデックス（第5章）およびヒープと、それぞれのオブジェクトに使用されているエクステントを結び付けるために使用される8KBのページです（図4.7）。1個のIAMで64000エクステント分（4GB）の情報を管理することができます。インデックスなどのサイズが4GBを超える場合は、2個目のIAMが割り当てられます。双方のIAMはお互いのリンク情報を保持しています。

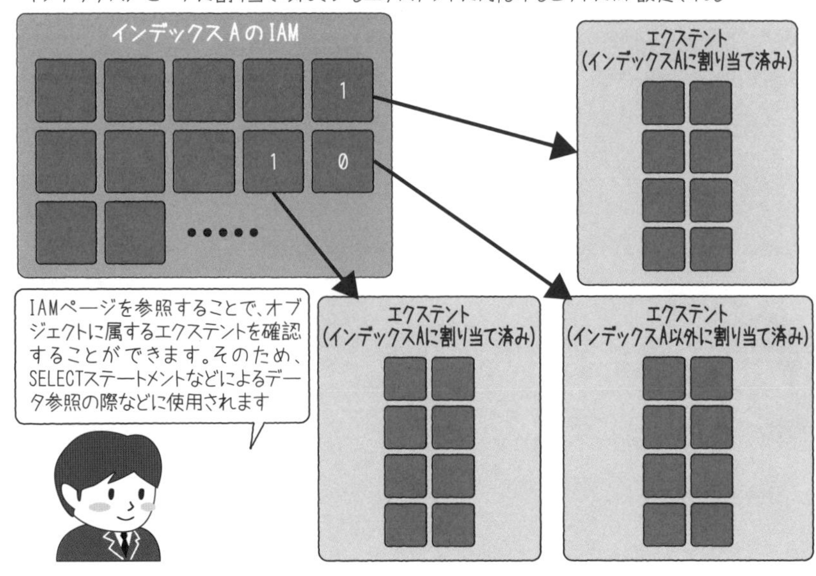

図4.7　IAM（Index Allocation Map）

4.2 トランザクションログファイル

トランザクションログは、SQL Serverが管理するオブジェクトとしては例外的に8KBというページ単位が使用されていません。トランザクションログレコードのサイズは、実行されたオペレーションによって4～60KBの範囲で変化します。

4.2.1 仮想ログファイル

SQL Serverはトランザクションログファイルの中を、さらに複数の**仮想ログファイル**と呼ばれる単位に分割して使用します（**図4.8**）。トランザクションログファイル内の各仮想ログファイルを最小単位として、領域の「使用中」「未使用」といったステータスが管理されます。また、ログファイルの縮小や拡張なども仮想ログファイルを1つの単位として実行されます。

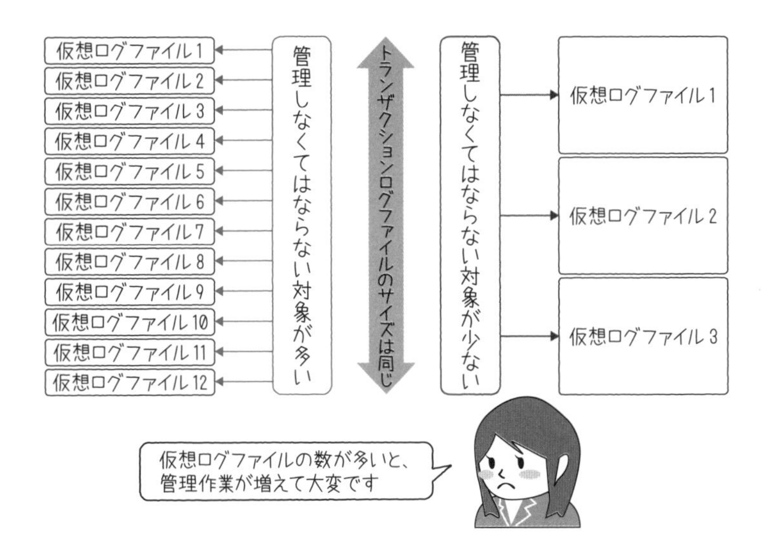

図4.8　小さな仮想ログファイル

仮想ログファイルのサイズはSQL Serverによって決定されるため、ユーザーが直接的に変更を行うなどの管理はできません。一般的には、データベースを作成した段階でトランザクションログファイルに小さなサイズを指定すると、小さなサイズの仮想ログファイルが割り当てられます（**図4.9**）。反対に大きなサイズのトランザクションログファイルは、大きなサイズの仮想ログファイルに分割されます。

また、トランザクションログファイルの拡張サイズとして小さな値が指定されていた場合、ファイルの拡張が発生するたびに小さなサイズの仮想ログファイルが追加されます。小さな仮想ログファイルとして分割されたログファイルにトランザクションログが蓄積され、その結果として拡張が繰り返されたとします。結果的にログファイルはとても多くの数の（小さなサイズの）仮想ログファイルで構成されます。

●64MB 以下の場合

64MB以下

トランザクションログファイル

4個の仮想ログファイルに分割

仮想ログファイル1
仮想ログファイル2
仮想ログファイル3
仮想ログファイル4

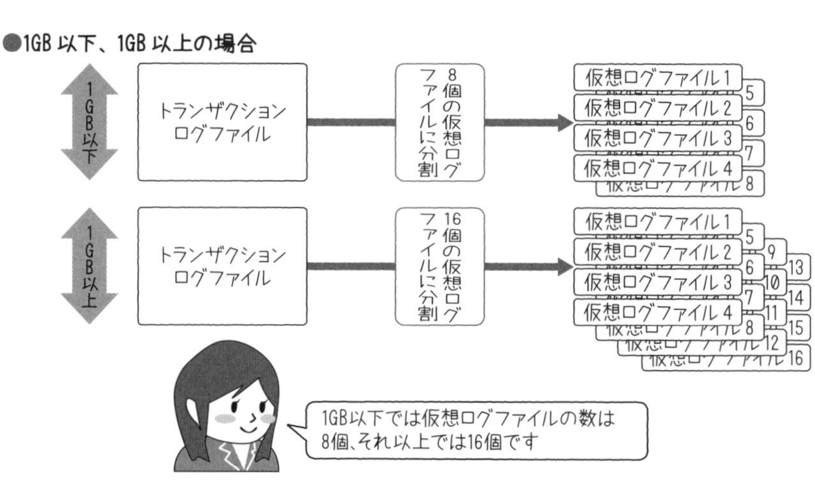

図4.9　トランザクションログファイルサイズと仮想ログファイル数

SQL Serverは多数の仮想ログファイルの管理（ステータスのアップデートなど）が必要となり、そのオーバーヘッドはパフォーマンスに悪影響を与える場合があります。そのような状況を避けるため、データベースを定義する段階で、必要最大限と考えられるサイズをトランザクションログファイルへ割り当てることをお勧めします。

4.3 データベースファイル内でのアクセス手法

データベース内の各オブジェクトへのアクセス方法や順序は、**クエリオプティマイザ**と呼ばれるコンポーネントが決定します（クエリオプティマイザの動作については第8章で取り上げます）。オプティマイザによって、最も効率的にデータにアクセスするための手段（最適なインデックスの選択やテーブルの結合方法/順序など）を決定し、その決定に基づいた手順でテーブルなどに格納されたデータを取得します。

クエリオプティマイザの動作自体も非常に興味深いものですが、ここではまずクエリオプティマイザがデータへのアクセス手段を決定した後で、どのようなアルゴリズムで実際のデータを取得しているのかを紹介します。

インデックスが使用される場合、各インデックスページは同一階層の前ページと次ページのポインタをそれぞれ保持しています。また、インデックスの各階層もリンクリストで結び付けられています。そのため、たとえば目的のデータを取得するためにインデックスをスキャンする必要がある場合、とてもシンプルなアルゴリズムでデータを取得できます。スキャンの開始ページを、インデックスページ階層の上位から下位へリンクリストを使用して特定します。次に、前ページもしくは次ページのポインタを使用して、スキャンの開始ページからスキャン終了点まで移動しながら、データを取得すれば良いということになります（図4.10）。

①下位ページIDリンクチェーンを使用してリーフページに到達

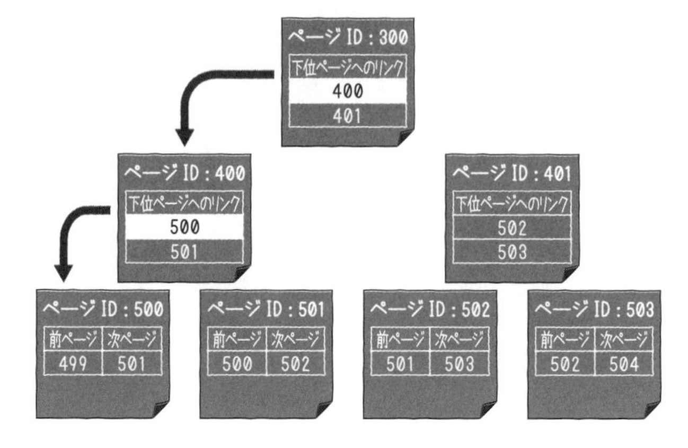

②前ページ／次ページリンクチェーンを使用してリーフページをスキャン

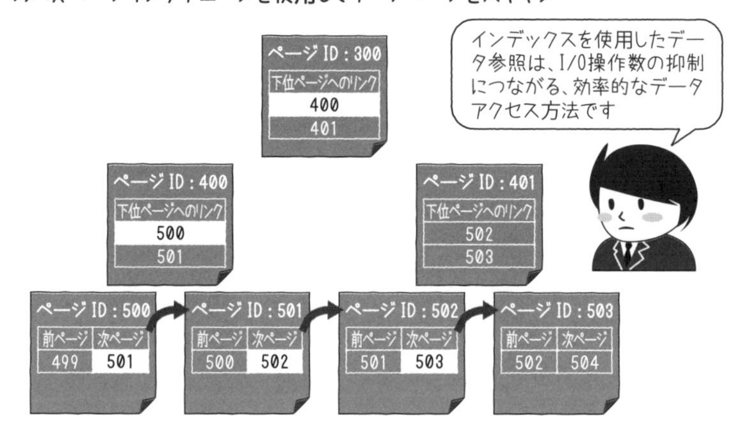

図4.10　インデックススキャン

インデックスが使用されない場合、ヒープテーブルの各データページは前ページおよび次ページのポインタを保持していません。そのため、個別のデータページだけではお互いの関連性がまったく把握できません（図4.11）。

●各ページの前ページ／次ページ情報には0が格納されている
（ページ間の関連をたどれない）

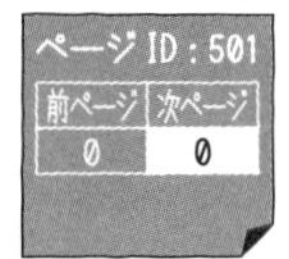

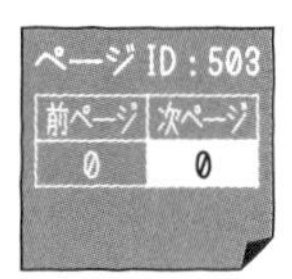

図4.11　ヒープのデータページ

それでは、そのような状況でテーブル内の全件をスキャンする必要がある場合、どのような手順が考えられるでしょうか。

ヒープを構成している各データページには情報が保持されていないので、管理情報を格納しているページを頼りにするしか手段はありません。この場合は、前述のIAMが効果を発揮します。IAMの各ビットを確認することによって、ヒープが使用しているすべてのエクステントが明らかになります。あとは各エクステントに格納されているデータページを順次参照して、エクステント内のページをスキャンします。1つのエクステント内のすべてのページのスキャンが終了すると、IAMの情報に基づいて次のエクステントへ移動し、各データページへアクセスする、という動作の繰り返しによってヒープテーブルをスキャンすることが可能になります（図4.12）。

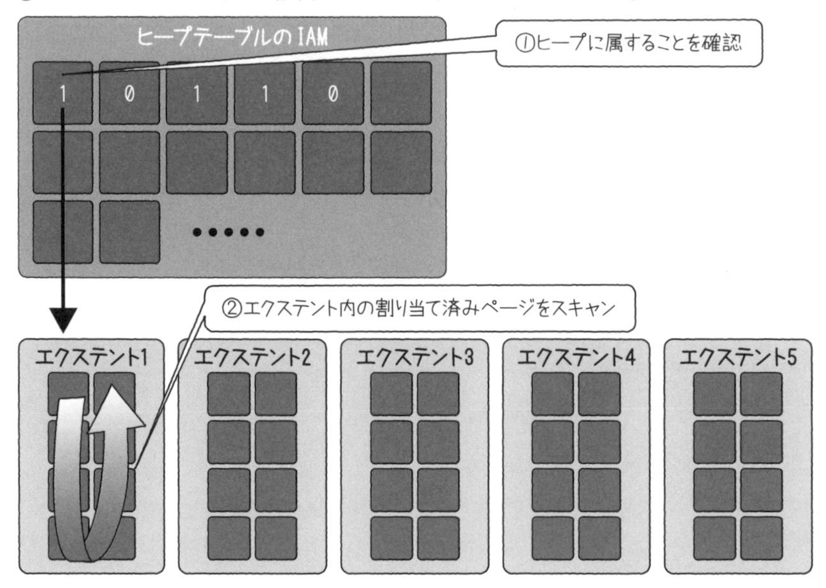

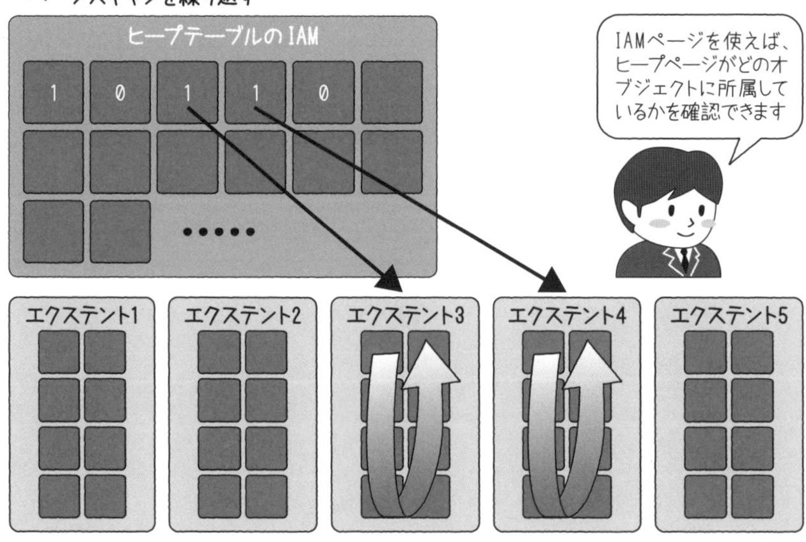

図4.12　IAMスキャン

4.4 データベースファイルの管理

データベースファイルには、管理を容易にするために用意された数多くのプロパティを設定できます。プロパティ群の中で最も一般的なものの1つとして、**自動拡張**があります。データファイルやログファイルがいっぱいになってしまった際に、自動的にファイルサイズを拡張してくれる便利な機能ですが、設定内容によっては思わぬトラブルを招く場合があるため、ここで紹介します。

4.4.1 原因不明のデータベース拡張失敗

データベースの各ファイルの自動拡張プロパティをデフォルトのままの設定にして運用を続けた結果、ディスクの空き容量は十分あるのに、次のようなエラーが発生して対処に困る場合があります。

```
エラー：1105
重大度レベル：17
メッセージ：'Default'ファイルグループがいっぱいなので、データベース'db1'にオブジェクト
'table1'の領域を割り当てられませんでした。
```

実はデータベースの各ファイルを自動拡張する処理には、内部的なタイムアウト値が設定されています。その値は30秒であり変更はできません。さらに、実際にディスクの空き容量が足りずにファイルの自動拡張が失敗した場合も、空き容量が十分に残っているにもかかわらずタイムアウトが発生した場合も同じエラーが返されます(出力されるメッセージにも改善の余地がありますね)。

またこの問題は、ある時点までは問題なく運用されていたシステムで突然問題が発生する傾向があります。これはデータベースの各ファイルの拡張サイズの設定に原因があります。デフォルト設定では、ファイルの拡張サイズは「10%」になっています。100MBのデータファイルが容量不足によって拡張される際には、10MBが追加されます。そのような小さなサイズの場合は、「10%」という値は一見無害に見えますが、たとえば拡張が重なって500GBに到達したデータベースファイルではどうでしょうか。

500GBの10%というと50GBです。ディスクの速度にもよりますが、50GBのファイル拡張を30秒以内で完了するのは、ほとんどの場合には失敗します。そのため、ドライブに100GBの空き容量があっても、拡張失敗のメッセージが返される結果に

なります。

4.4.2 SQL Server 2005からの改善点

データベースファイル拡張に関して、あまりに多くの問い合わせがテクニカルサポートに寄せられたため、SQL Server 2005からはいくつかの点が改善されましたので紹介します。

「ゼロ埋め」の回避

SQL Server 2000までは、データベースを作成するときやデータベースファイルを拡張するときに、必ずそのファイル内をゼロで埋めてフォーマットしていました。この動作は**ゼロ埋め**（**Zeroing**）と呼ばれています（図4.13）。当然のことながらゼロ埋めは、ファイルのサイズが大きくなればなるほど長い時間を必要とします。SQL Server 2005からはサービス起動アカウントに、ボリュームの保守タスク（SE_MANAGE_ VOLUME_NAME）特権を与えることによって、データベース作成や拡張時のゼロ埋めを回避できるようになりました。これによりファイル拡張処理のパフォーマンスが飛躍的に向上しました。

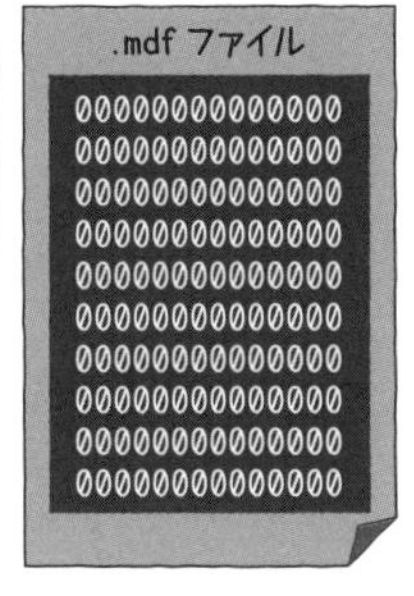

図4.13　ファイルのゼロ埋め（Zeroing）

デフォルト設定の見直し

SQL Server 2000までは「10%」に設定されていたファイルの自動拡張プロパティが見直され、「10MB」に変更されました。これによって、自動拡張プロパティに注意を払わないユーザーが不意に空き容量不足のエラーに直面しなくなります。

理想的な設定

データファイル拡張失敗への、いくつかの対処がSQL Server 2005で導入されていますが、実際の運用環境で日常的にデータファイルの自動拡張が頻繁に発生することは望ましくありません。自動拡張が繰り返される背景には、データベースに追加されるデータの増加率などが正しく把握されていないことが多く、それはシステムの安定運用を脅かす要因になることがあります。そのため、常にシステムが必要なファイル容量を正確に把握するようにして、ファイル拡張が必要な場合は計画的に手動で実行することが理想です。自動拡張は、あくまで緊急避難的に使用することをお勧めします。

4.5 データの効率的な格納方法

一般的に、データベースに蓄積されるデータは日々増加していきます。増加するデータへの根本的な対処には、データの運用方針の確立や古いデータのアーカイブなどが不可欠です。しかしながら、そういった対処の必要性をできるだけ低くするために、効率的なデータ格納方法がSQL Server 2005以降で順次実装されています。

4.5.1 NTFSファイル圧縮の使用

SQL Server 2005から、データベースファイルの中で読み取り専用に設定されたファイルグループを、NTFS[※2] ファイルに圧縮することがサポートされました。NTFSファイル圧縮を実行するには、エクスプローラやcompactコマンドを使用します。ただし、次の注意点があります。

- 圧縮するファイルグループには**読み取り専用**（**READ_ONLY**）プロパティを設定する必要がある
- プライマリファイルグループ（.mdfファイルが含まれている）とログファイルは圧縮できない
- ただし、読み取り専用データベースではプライマリファイルグループも圧縮できる

※2　NT File Systemの略称で、Windowsオペレーティングシステムが標準で使用するファイルシステム。

4.5.2 vardecimal型

vardecimal型は、decimal型の格納領域を、より有効に使用するためにSQL Server 2005 SP2以降で実装された機能です。decimal型列はすべての行でテーブルの定義時に設定された領域を確保します。しかし格納される数値には大きくばらつきがある場合も多く、10桁分を用意している場合であっても、行全体のうち8割以上が5桁以下ということも少なくありません。

もしもテーブルのサイズが巨大になった場合、使用されない桁数分の領域を確保しなければ大幅にディスク使用量を削減することができます。そのような場合にvardecimal型はとても有効です。vardecimal型を使用すると、実際の値に加えて2バイトのみが使用されます。これにより効率的な実数データの格納が可能になります。使用にあたっては次の点に注意が必要です。

- Enterprise、Developer、Evaluationの各エディションで使用可能
- データ型としてテーブル定義時に指定するのではなく、データベースのプロパティとして設定する
- CPUの使用率が増加する可能性がある
- システムデータベース（master、msdb、model、tempdb）にはvardecimalを設定できない

4.5.3 データ圧縮

SQL Server 2008以降では、テーブルごとにデータを圧縮することが可能です。テーブル内のページ単位あるいは行単位で、データを圧縮することができます。これによって、必要となるストレージのサイズを節約できるとともに、I/O数の削減につながりパフォーマンスの向上も期待できます。

4.5.4 バックアップ圧縮

SQL Server 2008以降では、データベースのバックアップを取得する際に、バックアップファイルを圧縮することができます。これによって、バックアップファイルのサイズの縮小、およびI/O数の削減によるバックアップ／復元時間の短縮につながります。

4.6 第4章のまとめ

この章では、データベース構造の詳細、管理上の注意点、データの効率的な格納方法について紹介しました。データベースを構成するデータファイルの内部構造は、8KBのページ構成を基本にして、いかにシンプルに管理を行うかという点を追求した結果が現在の形態であると言えます。その一方でログファイルでは8KBページの概念を使用せずに、トランザクションログとしての役割を最大限発揮するためのアーキテクチャが導入されている点は、SQL Serverのデザインの柔軟性の表れでもあります。

Column
ハイブリッドバッファプール

ハードウェアの進化によって、永続メモリ（PMEMとも呼ばれます）が使用可能なコンピュータが市場に登場してきました。永続メモリは非揮発性メモリの一種で、システムの電源が切れてもメモリの内容を保持できることに特徴があります。永続メモリのアクセス速度は、通常のハードディスクよりも高速なSSD（Solid State Drive：半導体素子メモリを使用した記憶媒体）をさらに上回っています。そのため、ファイルを永続メモリに配置することで、これまで以上にI/O速度の向上が期待できます。

SQL Server 2019では**ハイブリッドバッファプール**と呼ばれる機能によって、永続メモリを使用したパフォーマンスの利点を得ることができます。ハイブリッドバッファプールとは、データファイルが永続メモリに配置されている場合は、データファイルから読み込んだデータをSQL Serverのバッファプールに一旦配置することなく直接操作を可能にする機能です（**図4.Aと図4.B**）。

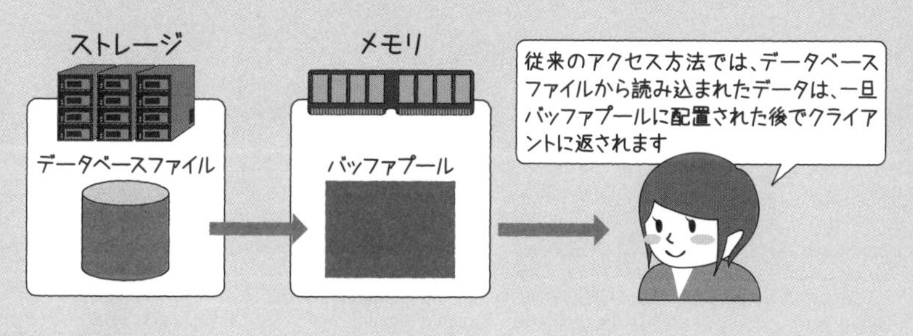

図4.A　従来のアクセス

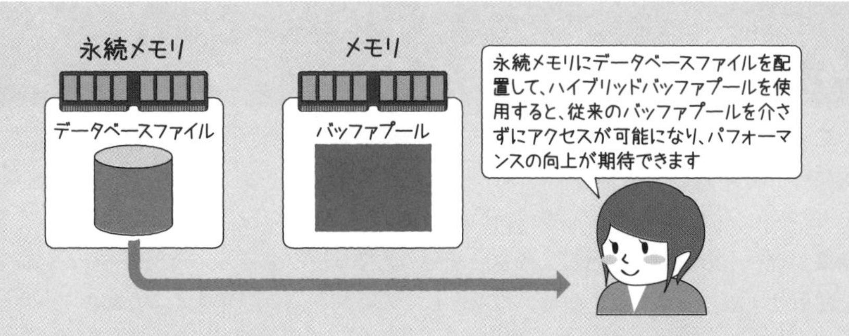

図4.B　ハイブリッドバッファプールによるアクセス

この機能によってディスクから読み込んだデータを、SQL Serverのメモリ領域に配置するために発生するオーバーヘッドを取り除くことができるようになり、特にクエリの初回実行時（メモリ上にデータが存在しない場合）のパフォーマンスの向上につながります[※3]。

また同様に、トランザクションログファイルの一部を永続メモリに配置し、更新系処理のログ書き込みパフォーマンスを改善することもできます[※4]。

※3　▼ハイブリッドバッファプール
https://docs.microsoft.com/ja-jp/sql/database-engine/configure-windows/hybrid-buffer-pool

※4　▼永続化されたログ バッファーをデータベースに追加する
https://docs.microsoft.com/ja-jp/sql/relational-databases/databases/add-persisted-log-buffer?view=sql-server-ver15

第5章

行ストア型テーブル

「データベースは、8KBのページという論理単位に分割されて管理されている」
―― これまで何度も繰り返し登場している文言ですが、あえてこの章もこの一文から始めたいと思います。この8KBのページ群を効率的に操作して、ユーザーからのリクエストにいかに迅速に対応するかが、SQL Serverに課せられたシンプルながら最も重要な命題です。

前章ではデータベースレベルでの構造に関して紹介しましたが、この章ではもう一段階詳細なレベルに踏み込みます。具体的にはテーブル、インデックス、そして格納されているデータ自体の構造について確認します。なお、本章ではデータをテーブルの行ごとに格納する行ストア型のテーブルについて取り上げ、列ごとに格納する列ストア型に関しては次章で詳細に解説します。

5.1 テーブルとオブジェクトID

ユーザーから見た場合の「テーブル」を最もシンプルに表現すると、「行」と「列」の集合体と言えるのではないでしょうか。SQL Serverに限らず、リレーショナルデータベースのテーブルを作成するときや、テーブルに対するクエリを記述するときには「行」と「列」を意識する必要があります。SQL Serverの場合、8KBのページを駆使して行と列の集合物としてのテーブルにアクセスするための機能が実装されています。

まったく予備知識がない状態では、8KBのページを組み合わせてテーブルを表現する手段を想像することが難しいかもしれません。まずはその具体的な実装方法を確認しましょう。

8KBの各ページには、行と列を表現するために必要な情報が格納されていますが、その情報だけではうまく機能しません。なぜなら、各ページに行と列のデータだけが存在していても、それぞれのページがどのテーブルに所属しているのかをSQL Serverは理解できないからです。

テーブルとページの関連性が明確にならないと、当然ながらテーブルに対して実行されるクエリは適切なページからデータを取得できません。そのような理由から、ページがテーブルに所属するひとまとまりの存在であることを示す必要があります。そのために使用されているのが**オブジェクトID**という概念です。データベース内のすべてのテーブルには、固有のオブジェクトIDが割り当てられています[※1]。

※1 ビューなどのテーブル以外のオブジェクトにも、オブジェクトIDが割り当てられます。オブジェクトIDは、データベース内でユニークです。

また、すべてのページは8KBの最初から96バイトの部分までを**ページヘッダー**という管理情報を格納するための領域として使用しています。それぞれのページヘッダーに、ページが所属するテーブルが割り当てられたオブジェクトIDを埋め込みます。これにより一連のページがテーブルという、ひとまとまりの存在であることが示されます（図5.1）。

●データベース内に無数に存在する8KBページ群

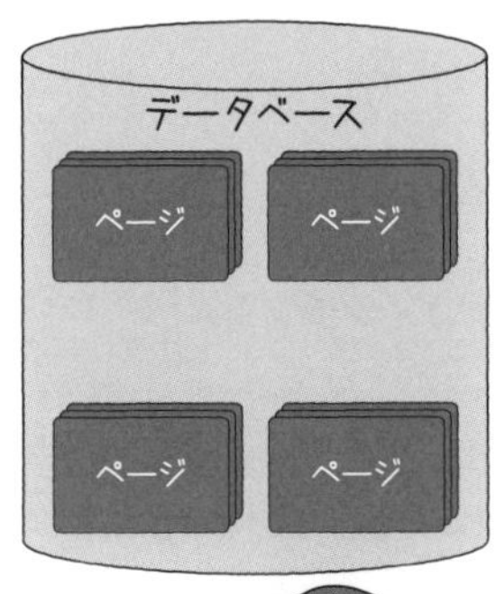

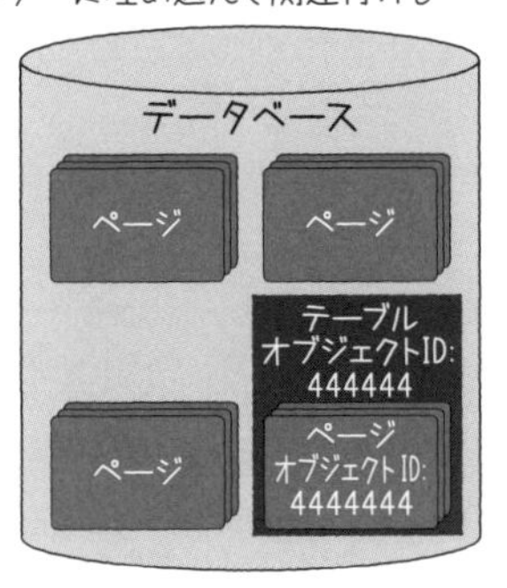

図5.1　オブジェクトIDによる関連付け

次はテーブルとしてひとまとまりになったページ群に、使用目的によってさらに異なる意味付けをする必要があります。

5.2 ページの分類

オブジェクトIDを各ページに付与することで、データベース内に無秩序に存在していた8KBのページをテーブルとして関連付けることができました。ただし、ひとまとまりのグループとして扱われるとはいえ、その用途によってそれぞれのページは大きく異なった内容を保持している点に注意してください。

ページの用途は、大きく分けて2種類あります。

①データの内容を格納する
②インデックスキーを格納する

格納する情報の内容から、①は**データページ**、②は**インデックスページ**と呼ばれます。

用途をさらに細分化すると、データページの場合、クラスタ化インデックスを定義しているテーブルと定義していないテーブルでは格納されている内容が異なります。インデックスページの場合も、クラスタ化インデックスと非クラスタ化インデックスでは、その内容に違いがあります[※2]。それぞれのページがどのような用途で使用されているかは、各ページのページヘッダーに格納された情報を参照することで確認できます。

ページヘッダー内の情報の一部として、インデックスIDが格納されています。インデックスIDが0であればデータページであることを示しています。1以上999以下の場合はインデックスページであることを示しています[※3]。それでは、それぞれのページに含まれる内容や差異について確認していきましょう（表5.1）。

表5.1　ページの分類

ページ	インデックスページ	クラスタ化インデックス
		非クラスタ化インデックス
	データページ	ヒープ（詳細は後述：p.116）
		クラスタ化インデックスのリーフページ

※2　詳細は後述しますが、**クラスタ化インデックス**はキー値と実データを保持するインデックスで、**非クラスタ化インデックス**はキー値のみを保持するインデックスです。
※3　インデックスIDが256の場合は、**BLOB**（Binary Large Object）と呼ばれる8KBよりも大きなサイズのデータを格納するために使用されていることを示しています。BLOBとなり得るデータ型は、text、image、ntext、varchar（max）、nvarchar（max）です。

5.3 インデックスページ

インデックスページの詳細を説明する前に、簡単にインデックスについておさらいしておきましょう。次のシンプルな質問に答えることができますか？

Q インデックスは、何のために存在するのでしょうか？

A 解答もとてもシンプルです。それは、より少ないI/O回数で対象とするデータを取得することを目的として存在します。インデックスページ分のデータを格納するためにより多くのディスクサイズが必要になったとしても、更新時のオーバーヘッドがあったとしても、I/O回数削減による参照時のメリットのほうが大きいと判断されれば、インデックスを活用すべきです。

SQL Serverのインデックスは**B-Tree（Balanced-Tree）**と呼ばれる形式を選択しています。インデックスページを使用して木階層構造を構築し、効率的なI/Oを実現します（図5.2）。

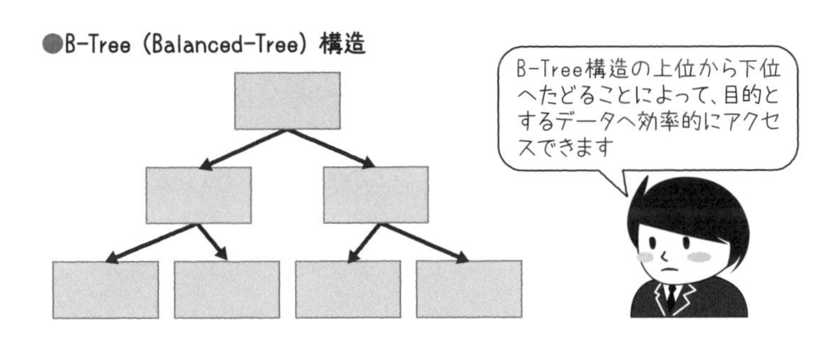

図5.2　B-Tree構造

ただし、本来必要とされるデータ格納用領域に加えて、インデックス領域分のディスクが必要となります。テーブルの値を更新する際に、本来のデータ以外にもインデックスページ内の値を更新するオーバーヘッドが発生してしまうことがあります（図5.3）。

●データ領域に加えてインデックス用の領域が必要

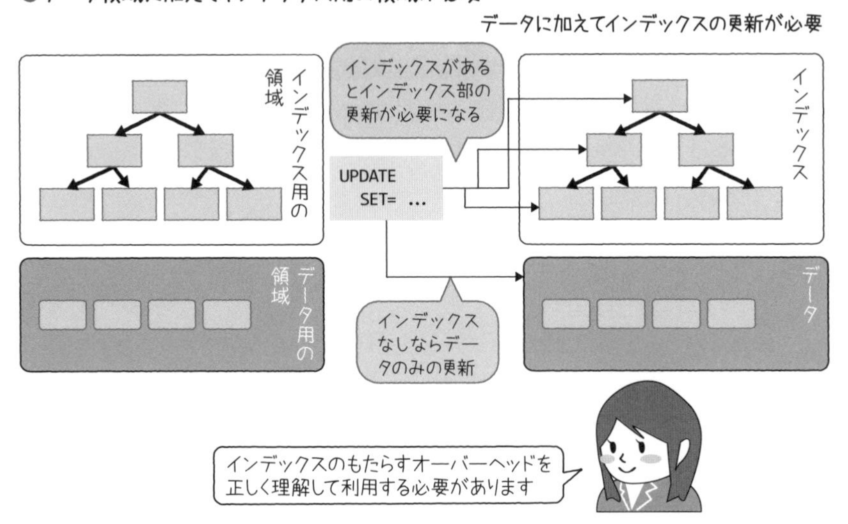

図5.3　インデックスのデメリット

木階層構造の最上位は**ルートノード**（あるいは**ルートページ**）と呼ばれ、インデックスの2分岐の開始点となります。最下層は**リーフノード**（あるいは**リーフページ**）と呼ばれ、すべての実データに対応したインデックスキーまたは実データとインデックスキーを保持します[※4]。

双方の中間に位置するインデックスページは「中間ノード」と呼ばれます。（インデックスがルートノードとリーフノードだけで構成されているような小規模な場合を除いて）ルートノードからリーフノードまで2分岐を繰り返して速やかに到達するためには、双方の間を結び付けるための情報が必要です。上位と下位のインデックスページを結び付けるための情報を保持しているのが中間ノードです。テーブルの保持するデータ量に応じて中間ノードの階層は変化し、データ量が多ければ多いほど中間ノードの階層は深くなります（図5.4）。

※4　ルート（root）＝根、リーフ（leaf）＝葉なので、図で表されたインデックスの木階層構造は、実世界の木構造とは上下が逆です。やや違和感がありますが、このように図として描かれることがほとんどなので、便宜的に**最上位**もしくは**最下層**と呼びます。

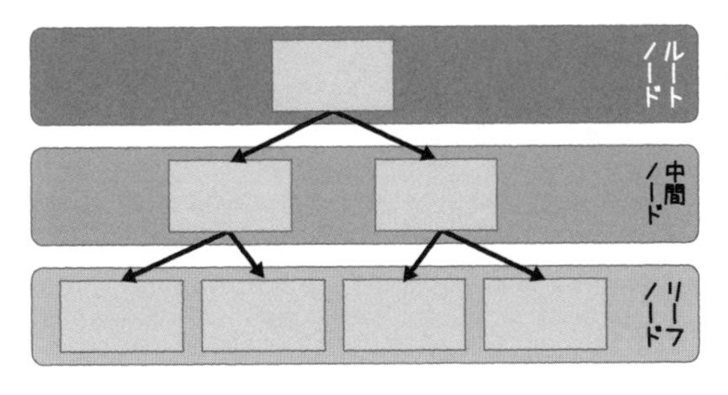

図5.4　インデックスページの階層

5.3.1 クラスタ化インデックスと非クラスタ化インデックスの違い

両者の主な違いは、リーフノードにあります。**非クラスタ化インデックス**のリーフノードは、それ以外のノードと同様にキー値のみを保持します[※5]。しかし**クラスタ化インデックス**は、キー値に加えて実際のデータも保持しています。キー値はインデックスの定義された順序で並んでいて、実データも同様に並んだ状態で格納されています。つまり、クラスタ化インデックスの実データは、物理的にはキー順に並んでいるということです（図5.5）。

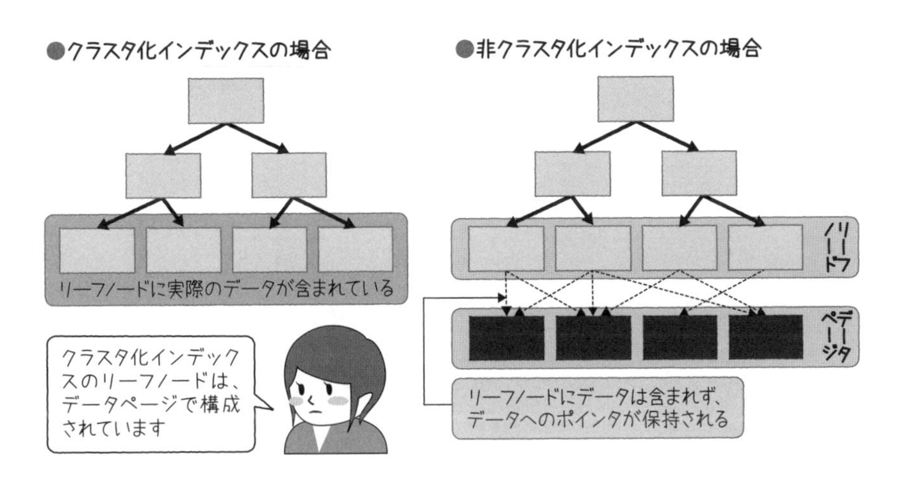

図5.5　インデックスによるリーフノードの違い

クラスタ化インデックスは、常にインデックスIDを1として割り当てられ、テーブルに対して1つのみ作成可能です。クラスタ化インデックスに定義した並び順にテー

※5　非クラスタ化インデックスのリーフノードには、インデックスキーと一致するデータ行を結び付けるための参照情報（ポインタ）が保持されています。データを格納しているデータ構造がクラスタ化インデックスの場合は、クラスタ化インデックスキー自体が非クラスタ化インデックスのリーフページに格納されています。ヒープの場合は、ファイル番号、行番号、スロット番号といった管理情報が保持されています。

ブルのデータ行が並べ替えられるので、当然のことながら1つだけしか保持できません。それに対して非クラスタ化インデックスは、999個まで作成できます。

一般的に、データが物理的にキー順で並ぶクラスタ化インデックスは、一定範囲をキー順で参照するような検索で利点を発揮するとされています（図5.6）。一方、非クラスタ化インデックスは、与えられたキー値をもとにした、小規模データの検索に適するとされています（図5.7）。

①ルートノードから範囲検索の開始点と終了点を検索

```
SELECT col1, col2
FROM TABLE_1
WHERE ClusteredIndexCol BETWEEN 1 AND 100
```

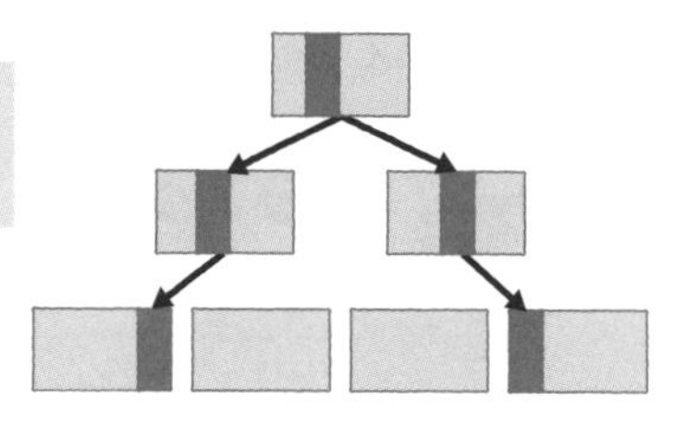

②リーフノードの並び順にページをスキャン

```
SELECT col1, col2
FROM TABLE_1
WHERE ClusteredIndexCol BETWEEN 1 AND 100
```

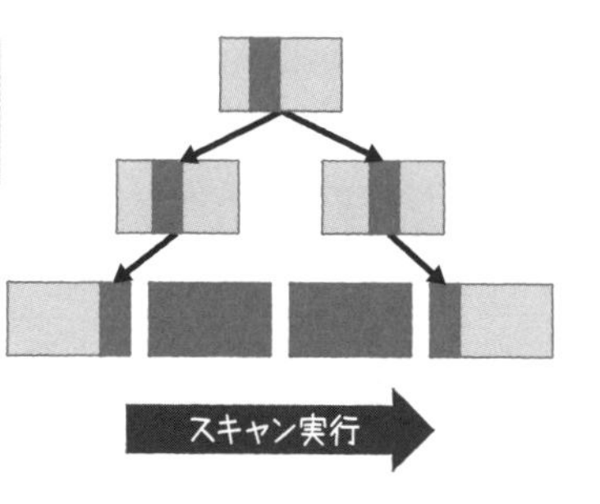

クラスタ化インデックスではデータがキーの順序で並んでいるため、範囲検索などをより良いパフォーマンスで実現できます

図5.6　クラスタ化インデックスの範囲検索

●インデックスキーをもとにルートノードからデータページを検索

```
SELECT col1, col2
FROM TABLE_1
WHERE NonClusteredIndexCol = 100
```

リーフノード

データページ

キーを使用した小規模データへのアクセスには、非クラスタ化インデックスが適しています

図5.7　非クラスタ化インデックスの小規模検索

5.3.2 インデックスページの内部構造

次に、インデックスページにどのようにデータが格納されているかを紹介します。インデックスページには、インデックスキーとして定義された列の値と管理情報が行ごとに格納されています。管理情報には行の構造などを示すメタデータや、インデックスキー同士の関連性などの情報が格納されています。

ヘッダー情報

インデックスページのサイズは8KBです。ページの先頭の96バイトはヘッダー情報として使用されています。ヘッダー情報には主に表5.2の情報が格納されています。

表5.2　ヘッダー情報（インデックスページ）

Page ID	データベース内のファイル番号とページ番号を組み合わせた情報
Next Page	ページリンク中で次の順序に位置するページ番号に関する情報
Prev.Page	ページリンク中で前の順序に位置するページ番号に関する情報
Object ID	ページが所属するオブジェクトID
Level	インデックスツリーの階層に関する情報
Index ID	ページが所属するインデックスID

インデックスキー行

インデックスキーを構成する列のデータなどを保持しています。主に表5.3の情報で構成されています。

表5.3　インデックスキー行を構成する列のデータ

列数	インデックスを構成している列の数
固定長	データインデックスを構成する固定長列の実際のデータ
可変長列数	インデックスを構成する可変長列の数
可変長	データインデックスを構成する可変長列の実際のデータ

行オフセット配列

8KBのインデックスページの末尾2バイトは、ページ内でのインデックスキーの位置を表すオフセットとして使用されます。

5.4 データページ

データページとは、「テーブルに定義されたすべての列を、行のイメージで格納しているページ」です。つまり、クラスタ化インデックスのリーフページとヒープ[※6]を指します。

データページには、テーブルに格納されるべきデータそのものが格納されています。SQL Serverに対して実行されたクエリは、データページに到達することによってデータを獲得できます。

5.4.1 データページの内部構造

データページにはBLOBなどの一部の例外を除いて、テーブルに定義したすべての列のデータが含まれています。それに加えてデータページ自体の管理情報を保持し、各データ行にもそれぞれの管理情報が付与されています。これらの情報をもとに、SQL Serverは8KBのページ群を行と列のイメージに成型し、クエリに対する結果セットとしてクライアントへ返します。

ヘッダー情報

データページのサイズは8KBです。ページの先頭の96バイトはヘッダー情報として使用されています。ヘッダー情報に格納される情報はインデックスページとほとんどが同じですが、異なる部分は表5.4のとおりです。

表5.4　データページのヘッダー情報（インデックスページと異なる部分のみ）

Level	データページでは常に0
Index ID	データページでは常に0

※インデックスページとの共通部分は、表5.2（p.115）参照。

データ行

データ行を構成する列のデータなどを保持しています。インデックスキー行とほぼ同じ情報を保持しているため、ここでは異なる部分のみを示します（表5.5）。

※6　クラスタ化インデックスが定義されていないテーブルを意味します。クラスタ化インデックスが定義されている場合、データが物理的に並べ替えられるため、データを含むリーフページは相互にリンクリストを保持しています。一方、ヒープは、データが基本的に脈絡なく格納されていて、同じテーブルのページであっても相互のリンクリストを持っていません。たとえテーブルに非クラスタ化インデックスが定義されていても、（クラスタ化インデックスが定義されていなければ）データ行の並べ替えは行われないため、ヒープであることに変わりはありません。

表5.5　データ行を構成する列のデータ（インデックスキー行と異なる部分のみ）

固定長データの長さ	データ行内の固定長データの合計長

※インデックスキー行との共通部分は、表5.3（p.115）参照。

行オフセット配列

8KBのデータページの末尾2バイトは、ページ内でのデータ行の位置を表すオフセットとして使用されます。

Column 付加列インデックスのメリット

SQL Server 2005から、**付加列インデックス**という新しいオブジェクトが作成できるようになりました。うまく使用すればとても便利な機能ですが、いまひとつ浸透度が低いように思われるので、ここで取り上げることにします。付加列インデックスの利点を理解するためには、まず前提としてカバリングインデックスを知る必要があります。

カバリングインデックス

インデックスを定義する最大の目的は、クエリから要求されたデータを取得するI/O数をできる限り減らすことにあります。図5.Aでも明らかなように、IAMを使用したヒープのスキャンに比べると、非クラスタ化インデックスを使用したインデックスシーク[※7]が実施された場合のほうが、はるかに少ないI/O数で目的とするデータを取得できます。

※7　キー値をもとにインデックスページのポインタを使用して最少I/O回数で目的データに到達する技法。

●IAMを使用したヒープのスキャン

IAMのビットがTrue(1)に設定されているエクステント内のページをスキャン

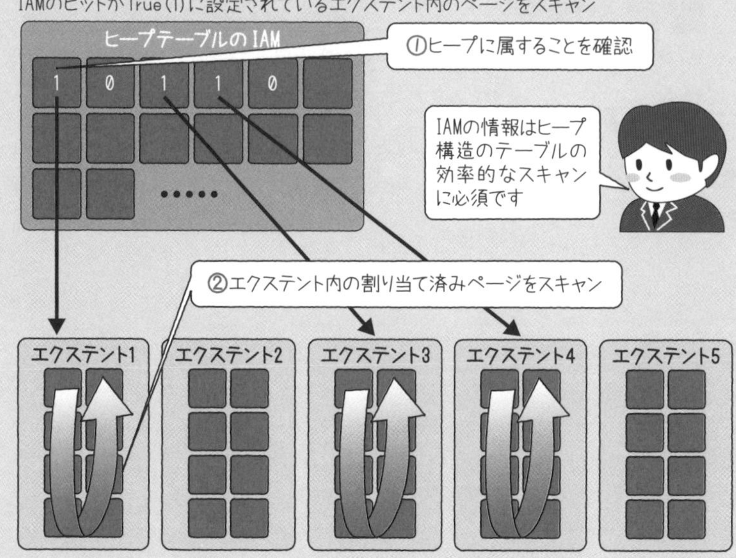

●インデックスシーク

キー値をもとに最少I/O数で目的のデータへ到達

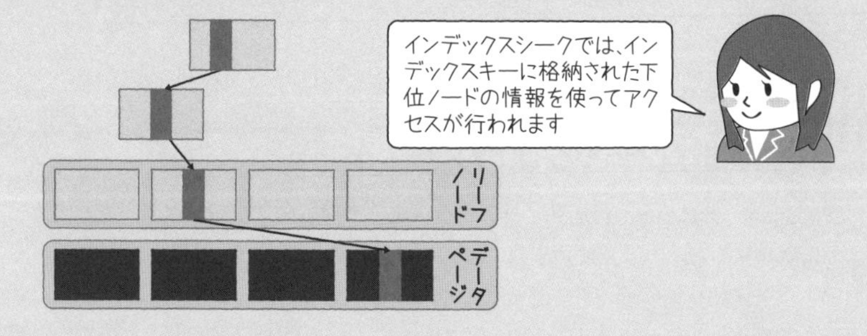

図5.A　IAMスキャンとインデックスシーク

次に、まったく同じ列構造を持つ2つのテーブルに、異なるインデックスが定義された場合について考えてみます。テーブル定義は**表5.A**のとおりで、2つのテーブル（テーブルAとテーブルBとします）とも同じです。また、格納されているデータもまったく同一とします。テーブルAとテーブルBでは、それぞれ**表5.B**のようにインデックスを定義します。

表5.A　テーブル定義

会員番号	int
氏名	nchar(50)
住所	nchar(400)

表5.B　インデックスの定義

テーブルA	テーブルB
会員番号	会員番号
	氏名

このようなテーブルに対して次のクエリを実行した場合の動作の違いを確認してみましょう。

```
SELECT [会員番号], [氏名] FROM [テーブルA（またはB)]
WHERE [会員番号] BETWEEN 1 AND 1000
```

テーブルAの場合は、図5.Bのように、「氏名」列のデータを取得するためにデータページへのアクセスが必要になります。

●「名前」列のデータを得るためにはデータページへのアクセスが必須

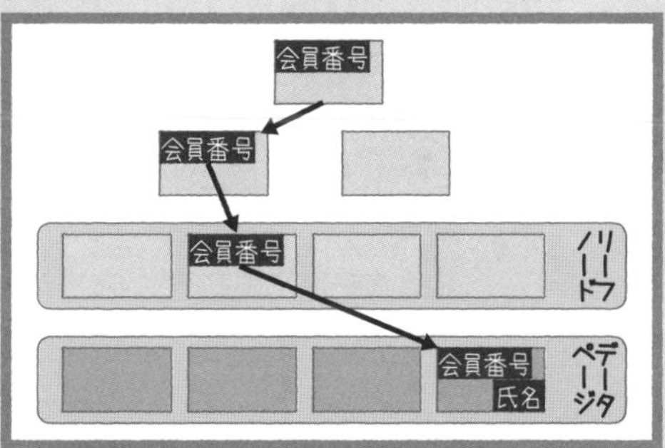

図5.B　非カバリングインデックス

一方テーブルBの場合は、インデックスに「氏名」列が含まれているためデータページへのアクセスは必要なく、インデックスのリーフページ（リーフノードに位置するページ）までで事足ります（図5.C）。そのため、取得するデータ件数が多くなると、そのためのI/O数は格段に少なくて済みます。クエリを実行する際に、すべてのI/Oがインデックスページ内で完結する、このような動作を**カバリングインデックス**（または**カバードクエリ**）と呼びます。

●「氏名」列のデータはインデックスページに存在するためデータページへのアクセスは不要

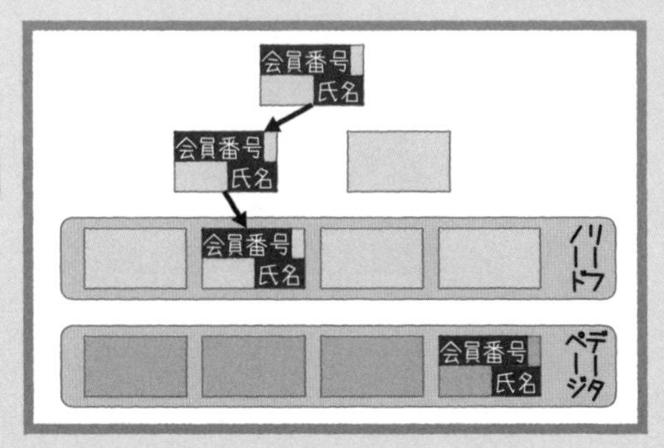

図5.C　カバリングインデックス

しかし、残念ながら良い点ばかりではありません。テーブルBの各インデックスキーは、テーブルAよりも100バイト大きいため、インデックス自体のサイズが肥大します。その影響で、必要なディスクスペースが増加します。さらに、「氏名」列に対して更新を行うと、データページとすべてのインデックスページの更新が必要になります（図5.D：テーブルAではデータページのみ）。

●サイズの増加

8KBのインデックスページの1ページ当たりの格納件数が大きく異なるテーブルBが同じ件数を格納するためには、25倍のページが必要

	キーサイズ	1ページ当たりの格納件数
テーブルA	4バイト	約2000件
テーブルB	104バイト	約80件

●「氏名」列の更新はインデックスページに影響する

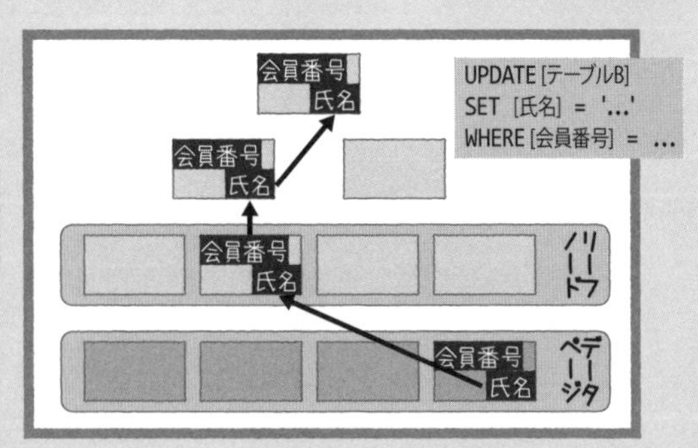

図5.D　サイズの増加と更新オーバーヘッド

付加列インデックス

非クラスタ化インデックスとクラスタ化インデックス両方の良い面を取り入れるために実装されたのが**付加列インデックス**です。付加列インデックスと従来の非クラスタ化インデックスの違いは、リーフページの構造にあります。インデックスのルートノードから中間ノードまでの各インデックスページには、違いがありません。

通常の場合、非クラスタ化インデックスのリーフページには、インデックスキーのみが格納されています。一方、付加列インデックスではリーフページに、インデックスキーに加えて任意の列を保持できます（図5.E）。

●インデックスページのリーフノードのみ「氏名」列のデータを保持

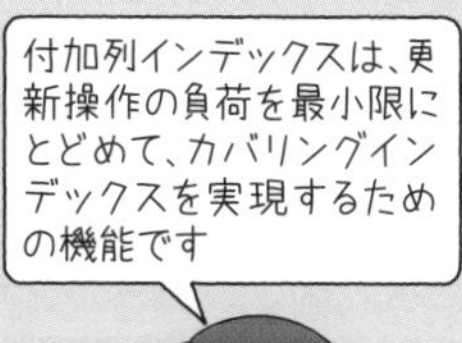

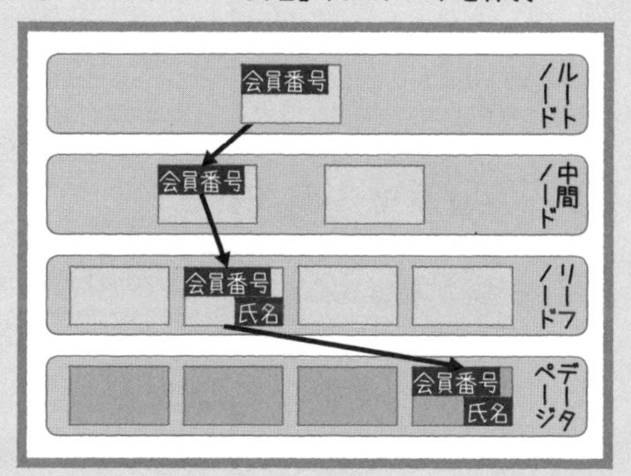

図5.E　付加列インデックスの構造

前項の例をもとに考えてみると、より利点が明確になります。次のステートメントを使用して、テーブルAに非クラスタ化インデックスではなく、付加列インデックスを作成します（INCLUDE句が付加列部分の定義です）。

```
CREATE INDEX [付加列インデックス] ON [テーブルA]
([会員番号]) INCLUDE ([氏名])
```

これにより、テーブルAのインデックスはインデックスキーである「会員番号」に加えて、「氏名」のデータをリーフページに保持することになります。そのため次のクエリを実行しても、データページへアクセスする必要はありません。

```
SELECT [会員番号], [氏名] FROM [テーブルA]
WHERE [会員番号] BETWEEN 1 AND 1000
```

また、リーフページ以外には「氏名」のデータを保持しないため、前項のテーブルBの問題点「インデックスサイズの肥大化」がある程度軽減されます。また、「氏名」データを獲得するためにデータページへアクセスする必要もありません。つまり、ディスク使用量の削減とパフォーマンスの向上が付加列インデックスのメリットということになります（**図5.F**）。

●付加列参照時 —— データページへのアクセス不要

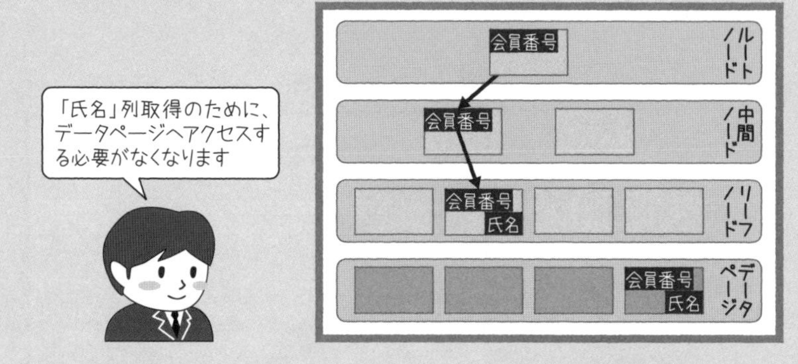

●付加列更新時 —— インデックスページはリーフノードにのみ影響を受ける

図5.F　付加列インデックスのメリット

カバリングインデックスを作成したいと考えてはいたけれど、これまではインデックスサイズの増加のためにためらっていたデータベース管理者の方には朗報だと思います。テーブルやインデックスのデザインを検討する際には、選択肢の1つに付加列インデックスを加えてみてはいかがでしょうか。

5.5 DBCC PAGEによるページ詳細情報の確認

SQL Serverの各種マニュアルには公式なコマンドとして掲載されていませんが、データベース内の8KBのページをダンプ出力するコマンドが実装されています。すでにいくつかの書籍やWebサイトで紹介されているので、ご存じの方もいるでしょう。そのコマンドは**DBCC PAGE**です。ここでは実際のテーブルに対してこのコマンドを実行して、格納されているデータや管理情報を確認しようと考えています。

これから使用するDBCC PAGEおよびDBCC IND[※8]コマンドはデータを表示する機能のみを保持しているので、データ破損などを発生させる危険性はありません。ただし正式にサポートされているツールではないため、仮に実際に使用した際に、表示内容が正しくない場合があったとしてもご容赦ください[※9]。

5.5.1 準備

ページ内の状況を確認するためのサンプルをリスト5.1の定義内容で作成します。以降のコマンドは、すべてクエリツール（sqlcmdやSQL Server Management Studioなど）を使用して、SQL Serverに接続して実行します。

リスト5.1　ページ内の状況を確認するためのサンプル

```
CREATE DATABASE db1
GO
USE db1
GO
CREATE TABLE t1 (c1 int NOT NULL, c2 char(10), c3 varchar(10), c4 varchar(10),
c5 char(10))
GO
INSERT t1 VALUES (1, 'AAA','AAA','AAA','AAA')
INSERT t1 VALUES (2, 'BBB','BBB','BBB','BBB')
INSERT t1 VALUES (3, 'CCC','CCC','CCC','CCC')
go
```

5.5.2 テーブルに使用されているページの確認

DBCC INDコマンドを実行して、テーブルが使用しているページIDを確認します。

※8　インデックスが使用しているページを確認するために使用するコマンド。
※9　SQL Server 2019以降では、これと同等の内容を、**sys.dm_db_page_info**動的管理ビューで確認することができます。

コマンドの構文は次のとおりです。インデックスIDに「-1」を指定するとテーブル内のすべてのページが出力されます。

```
DBCC IND ('データベース名', 'テーブル名', 'インデックスID')
```

今回の実行結果は、リスト5.2のとおりです。

リスト5.2　実行結果

```
コマンド
DBCC TRACEON(3604) -- 実行結果をクライアントに返すための設定です
DBCC IND('db1','t1',-1)
GO

結果 IndexID列以降は割愛
PageFID  PagePID  IAMFID  IAMPID   ObjectID    IndexID
-------  -------  ------  ------   ----------  -------
1        89       NULL    NULL     2121058592  0
1        80       1       89       2121058592  0
```

5.5.3 ページ内の確認

DBCC PAGEコマンドを使用してページの中を確認してみましょう。コマンドの構文は次のとおりです。

実行したコマンド

```
DBCC PAGE('データベース名', ファイルID, ページID, 出力オプション)
```

ファイルIDにはDBCC INDコマンドで出力されたPageFID列の値を指定します。また、ページIDには同じくPagePIDを指定します。出力オプションは「-1」から「3」までの値が指定できます。それでは、出力オプションによる結果の違いを確認していきましょう（今回はPagePIDが80のページについて内容を確認します）。

a. 出力オプション：「-1」または「0」

実行したコマンド

```
DBCC PAGE('db1', 1, 80, -1)またはDBCC PAGE('db1', 1, 80, 0)
```

リスト5.3のように、ページ内の管理情報のみが出力されます。今回のテーブルはヒープなので、①の箇所にインデックスIDとして0が出力されています。②ではオブジェクトIDが確認できます。また、もしインデックスページに対してこのコマンドを実行した場合は、③および④に前後のページIDが出力されます。

リスト5.3　ページ内の管理情報

```
PAGE:(1:80)
BUFFER:
BUF @0x03F2EA70
bpage = 0x055C8000                bhash = 0x00000000      bpageno = (1:80)
bdbid = 5                         breferences = 0         bUse1 = 7208
bstat = 0xc0000b                  blog = 0x432159bb       bnext = 0x00000000
PAGE HEADER:
Page @0x055C8000
m_pageId = (1:80)                 m_headerVersion = 1     m_type = 1
m_typeFlagBits = 0x4              m_level = 0             m_flagBits = 0x8000
m_objId(AllocUnitId.idObj) = 84   m_indexId(AllocUnitId.idInd) = 256
Metadata: AllocUnitId = 72057594043432960
                                                                            ①
Metadata: PartitionId = 72057594038452224 ③              Metadata: IndexId = 0
Metadata: ObjectId = 2121058592 m_prevPage = (0:0)    ④m_nextPage = (0:0)
pminlen = 28          ②          m_slotCnt = 3           m_freeCnt = 7961
m_freeData = 225                  m_reservedCnt = 0       m_lsn = (20:88:2)
m_xactReserved = 0                m_xdesId = (0:0)        m_ghostRecCnt = 0
m_tornBits = 0
Allocation Status
                                                          ⑥
⑤GAM (1:2) = ALLOCATED                                   SGAM (1:3) = ALLOCATED
                                                   ⑦
PFS (1:1) = 0x61 MIXED_EXT ALLOCATED 50_PCT_FULL        DIFF (1:6) = CHANGED
ML (1:7) = NOT MIN_LOGGED
```

⑤と⑥には前章で取り上げたGAMとSGAMに関する情報が出力されています。つまり、出力されているGAM/SGAMページに、このページが含まれるエクステントの管理情報が存在することを意味しています。また、⑦も同じく前章に登場したPFSに関する情報です。「MIXED_EXT ALLOCATED」から、このページが混合エクステントに割り当てられていることが確認できます。また、「50_PCT_FULL」からは、ページの使用率が約50%であることを認識できます。

b. 出力オプション：「1」

実行したコマンド

```
DBCC PAGE('db1', 1, 80, 1)
```

リスト5.4のように、ヘッダー情報に加えて実際のデータ部分の内容が出力されます（ヘッダー部分の出力内容は、前述のa.と同じなので解説は省略します）。データ部分の情報は、ページ内に格納されている行ごとに出力されます。各行はSlotとして表現され、ページ最後尾（下線⑧）のオフセットテーブルの番号と対応しています。実データは16進数で表現され、16バイトごとに成型されています。各行の右部分に表示可能な文字列などが出力されています。

リスト5.4　データ部分の内容

```
DATA:
Slot 0, Offset 0x60, Length 43, DumpStyle BYTE
Record Type = PRIMARY_RECORD         Record Attributes = NULL_BITMAP VARIABLE_COLUMNS
Memory Dump @0x4533C060
00000000: 30001c00 01000000 41414120 20202020 † .......AAA
00000010: 20204141 41202020 20202020 0500e002 † AAA ....
00000020: 0028002b 00414141 414141 ††††††††††††† .(.+.AAAAAA
Slot 1, Offset 0x8b, Length 43, DumpStyle BYTE
Record Type = PRIMARY_RECORD         Record Attributes = NULL_BITMAP VARIABLE_COLUMNS
Memory Dump @0x4533C08B
00000000: 30001c00 02000000 42424220 20202020 † .......BBB
00000010: 20204242 42202020 20202020 0500e002 † BBB ....
00000020: 0028002b 00424242 424242 ††††††††††††† .(.+.BBBBBB
Slot 2, Offset 0xb6, Length 43, DumpStyle BYTE
Record Type = PRIMARY_RECORD         Record Attributes = NULL_BITMAP VARIABLE_COLUMNS
Memory Dump @0x4533C0B6
00000000: 30001c00 03000000 43434320 20202020 † .......CCC
00000010: 20204343 43202020 20202020 0500e002 † CCC ....
00000020: 0028002b 00434343 434343 ††††††††††††† .(.+.CCCCCC
OFFSET TABLE: ⑧
Row - Offset
2 (0x2) - 182 (0xb6)
1 (0x1) - 139 (0x8b)
0 (0x0) - 96 (0x60)
```

c. 出力オプション：「2」

実行したコマンド

```
DBCC PAGE('db1', 1, 80, 2)
```

出力オプション「2」を指定すると、単純にページの内容は16進数のダンプとして出力されます（リスト5.5）。16バイトが1行として成型され、1ページ分（8KB）すべての内容が出力されます。あわせて、表示可能な文字は右側部分に出力されます。

準備段階で挿入した、「AAA」や「BBB」といった文字列を確認できます。また、ヘッダー部分の情報も出力されますが、内容は前述のa.と同じなので解説は割愛します。

リスト5.5　出力オプション「2」の場合

```
DATA:
Memory Dump @0x4578C000
4578C000:   01010400 00820001 00000000 00001c00     † ................
4578C010:   00000000 00000300 54000000 191fe100     † ........T.......
4578C020:   50000000 01000000 14000000 58000000     † P...........X...
4578C030:   02000000 00000000 00000000 a60b8e00     † ................
4578C040:   00000000 00000000 00000000 00000000     † ................
4578C050:   00000000 00000000 00000000 00000000     † ................
4578C060:   30001c00 01000000 41414120 20202020     † .......AAA
4578C070:   20204141 41202020 20202020 0500e002     † AAA ....
4578C080:   0028002b 00414141 41414130 001c0002     † .(.+.AAAAAA0....
4578C090:   00000042 42422020 20202020 20424242     † ...BBB BBB
4578C0A0:   20202020 20202005 00e00200 28002b00     † .....(.+.
4578C0B0:   42424242 42423000 1c000300 00004343     † BBBBBB0.......CC
4578C0C0:   43202020 20202020 43434320 20202020     † C CCC
4578C0D0:   20200500 e0020028 002b0043 43434343     † .....(.+.CCCCC
4578C0E0:   43000000 00000000 00000000 00000000     † C...............
:
中略
:
4578DFE0:   00000000 00000000 00000000 00000000     † ................
4578DFF0:   00000000 00000000 0000b600 8b006000     † ..............`.
OFFSET TABLE:
Row - Offset
2 (0x2) - 182 (0xb6)
1 (0x1) - 139 (0x8b)
0 (0x0) - 96 (0x60)
```

d. 出力オプション：「3」

実行したコマンド

```
DBCC PAGE('db1', 1, 80, 3)
```

出力オプション「3」では、出力オプション「1」の内容に加えて各列の名前や、格納している値が、それぞれの行ごとに成型されて出力されます（リスト5.6）。そのため、最も理解しやすい出力形式であると言えます。なお、前述のa.およびb.と重複する出力内容は割愛しています。

リスト5.6　出力オプション「3」の場合

```
Slot 0 Column 0 Offset 0x4 Length 4          (1行目の情報です)
c1 = 1
Slot 0 Column 1 Offset 0x8 Length 10
c2 = AAA
Slot 0 Column 2 Offset 0x25 Length 3
c3 = AAA
Slot 0 Column 3 Offset 0x28 Length 3
c4 = AAA
Slot 0 Column 4 Offset 0x12 Length 10
c5 = AAA
Slot 1 Column 0 Offset 0x4 Length 4          (2行目の情報です)
c1 = 2
Slot 1 Column 1 Offset 0x8 Length 10
c2 = BBB
Slot 1 Column 2 Offset 0x25 Length 3
c3 = BBB
Slot 1 Column 3 Offset 0x28 Length 3
c4 = BBB
Slot 1 Column 4 Offset 0x12 Length 10
c5 = BBB
Slot 2 Column 0 Offset 0x4 Length 4          (3行目の情報です)
c1 = 3
Slot 2 Column 1 Offset 0x8 Length 10
c2 = CCC
Slot 2 Column 2 Offset 0x25 Length 3
c3 = CCC
Slot 2 Column 3 Offset 0x28 Length 3
c4 = CCC
Slot 2 Column 4 Offset 0x12 Length 10
c5 = CCC
```

5.6 第5章のまとめ

前章のデータベースの論理構造に続き、この章ではテーブルの論理構造について解説しました。SQL Serverがテーブルを認識する仕組みから始まり、テーブルやインデックスを構成するページの内部構造の詳細へと続く一連の内容は、テーブルの物理的な設計を行うために役立ちます。また、パフォーマンスの向上やインデックスの肥大化の防止のために、コラムで取り上げた付加列インデックスをぜひ試してみてください。

第6章

列ストア型オブジェクト（列ストアインデックス）

前章では、データをテーブルの行ごとに格納する行ストア型のテーブルについて説明しました。本章では、その続きとして、列ごとに格納する列ストア型オブジェクト（列ストアインデックス）について詳細に解説します。

6.1 列ストアインデックス導入の背景

SQL Serverに限らず、構造化データを対象としたほとんどのリレーショナルデータベース管理システムにおいて、データベース内にデータを格納する方式として、まず**行ストア型**が採用されました。

行ストア型のデータ格納方式とは、テーブルの定義に従って1行ごとにページ内に配置される方式です（図6.1）。

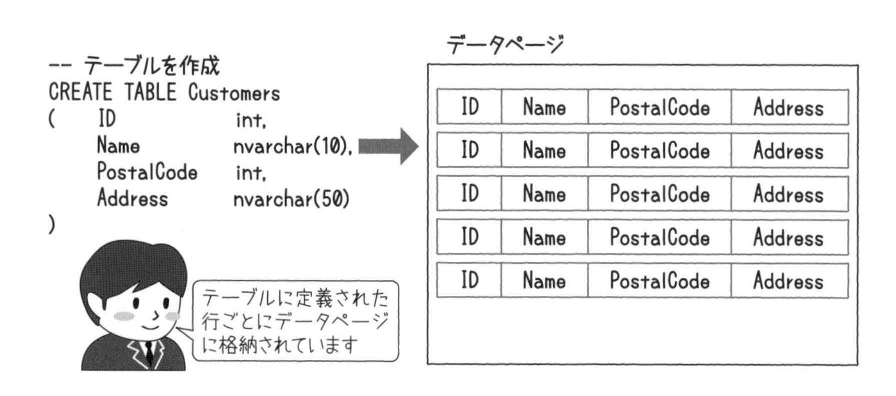

図6.1　行ストア型のデータ格納方式

この方式ではデータを保持したページをメモリに読み込むと、当然ながらテーブルに定義されたすべての列がメモリに展開されます。しかし、この行ストア型データストアによるデータアクセス方法は、常に効率的というわけではありません。なぜなら多くの場合、アプリケーションやレポートがテーブル内のすべての列を必要とするわけではないからです（図6.2）。

図6.2　行ストア型のデータアクセス

それにもかかわらず、すべての列が常にメモリ上に読み込まれることは、まず不要な列をディスクから読み込むI/Oのオーバーヘッドを発生させます。さらには読み込んだ列を保持するためのメモリ領域も、クエリ単体で考えた場合には無駄に使用されていることになります。

クエリの対象となる行数が多くなればなるほど、こういったオーバーヘッドは増えていきます。とはいえ、行イメージでデータが格納されているため、本来は不要な列を読み込むという動作を防ぐことはできません。

またこの動作を、システムのワークロードという観点から考えてみると、OLTPのために設計されたデータベースは、高度に正規化されていることが多いため、読み込まれる不要な列は比較的少なくて済むことが多いと言えます（図6.3）。

図6.3　OLTP用のテーブルイメージ

一方で、蓄積したデータを分析するためのデータを格納するためのデータベース（データマートやデータウェアハウス）では、厳密に正規化されたデータより、冗長にデータを保持したほうが効率的に分析／レポートを実施できることが多いため、テーブル1つ当たりが保持する列は多くなる傾向があります（**図6.4**）。このような場合は、行イメージデータのオーバーヘッドの影響を顕著に受けてしまうことになります。

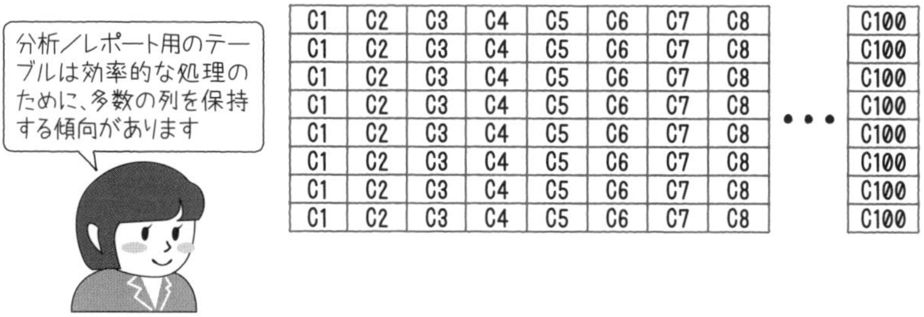

C1	C2	C3	C4	C5	C6	C7	C8		C100
C1	C2	C3	C4	C5	C6	C7	C8		C100
C1	C2	C3	C4	C5	C6	C7	C8		C100
C1	C2	C3	C4	C5	C6	C7	C8	•••	C100
C1	C2	C3	C4	C5	C6	C7	C8		C100
C1	C2	C3	C4	C5	C6	C7	C8		C100
C1	C2	C3	C4	C5	C6	C7	C8		C100
C1	C2	C3	C4	C5	C6	C7	C8		C100

図6.4　分析／レポート用のテーブルイメージ

SQL Serverは、大量のデータ処理を必要とするデータウェアハウスシステムにおいて、より良いパフォーマンスを発揮するためには、この動作を改善する必要がありました。そのために実装された機能が**列ストアインデックス**です。

列ストアインデックスの初期バージョンは、SQL Server 2012で実装されました。しかしながら、このバージョンでは大きな制限事項が存在したため、あまり多くのユーザーに使用されることはありませんでした。その後、バージョンごとに機能改善が進められ、SQL Server 2016以降では、数多くのシステムで採用されています。

6.2 アーキテクチャ／構造

それでは列ストアインデックスの構造を確認しましょう。従来のデータ構造ではテーブルの行ごとに格納されていました。一方、**列ストアインデックス**では、列単位でデータを格納します（図6.5）。

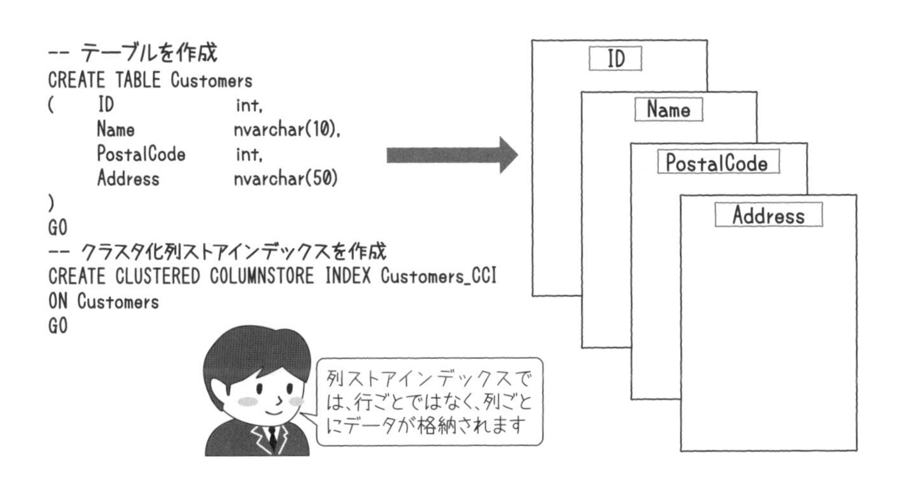

図6.5　列ストアインデックス

列ごとにデータを保持することによって、アクセスする対象をクエリで必要とされるデータだけに限定することができます。これによって、まず必要となるディスクI/O数を削減することができます（図6.6）。

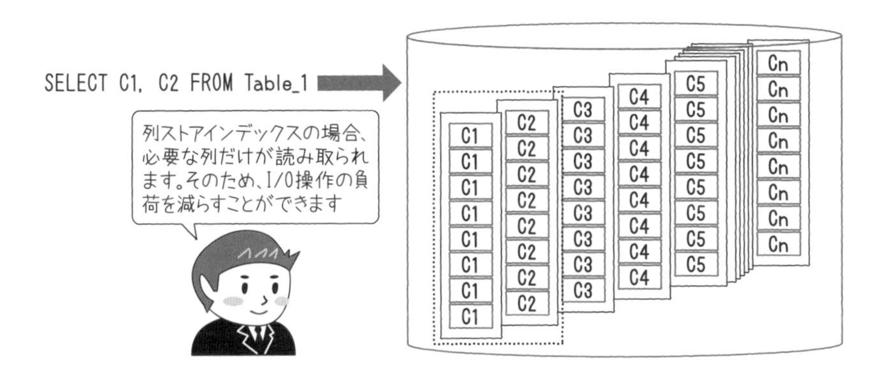

図6.6　列ストアインデックスのデータアクセス

さらにメモリ上に読み込むデータ量の抑制につながり、必要なメモリサイズも少なくて済みます。つまり、列ストアインデックスを使用することによって、ディスクとメモリの双方のリソース負荷を軽減でき、さらにその効果は処理対象の行数が多くなるほど顕著になります。

続いて、列ストアインデックスを構成する重要な要素である**行グループ**と**列セグメント**について紹介します。

6.2.1 行グループ

列ストアインデックスが定義されたテーブルには、データは列ごとに保持されます。一方で、データはテーブルの行としての関連性を保持する必要があります。多くの場合、クライアントは行ごとにまとまった結果セットを必要とします。また、データの集計や結果セットの並べ替えが行われるのも行単位です（それゆえに、当初に実装されたデータ構造が行ストア型であったとも言えますね）。

列ストア型のデータ構造において、行としての関連性を保持するための概念および物理構造が行グループです。データが列ストアインデックスに格納される際に、まずデータは一定量ごと[※1]に行グループに分割されます（図6.7）。各列の行グループは、ほかの列の行グループとの関連性を保持しています。

図6.7　行グループ

行グループに含まれる行数は、最大1,048,576行です。ただし、bcpユーティリティ[※2]やSQL Server Integration Services[※3]を使用して一括読み込みを実施した際には、行グループに含まれる行数が最小で102,400行になります。また、詳細は後で解説しますが、列ストア型へのデータ変換が行われる際に、作業に十分なメモリが確

※1　テーブルのデータは最大1,048,576行ごとに分割されて行グループが作成されます。行グループに含まれる行数は、列ストアインデックスへのロード方法などに依存して変化します。
※2　SQL Serverに大量データを効率的に読み込むためのコマンドラインユーティリティ。
※3　SQL Serverに同梱される、データの変換やコピーを行うことができるサービス。

保できない場合にも、最大行数に満たない行グループが生成されることがあります。

大きな行グループが少数存在する場合と、小さな行グループが多数存在する場合では、後者の操作時のほうが管理情報などへのアクセスに伴うオーバーヘッドが大きく、パフォーマンスなどの観点から悪影響を及ぼす可能性があります。

行グループに含まれる行数は、sys.dm_db_column_store_row_group_physical_stats動的管理ビュー[※4]のtotal_rows列で確認することができます。もしも最大行数に満たない行グループが多数存在する場合は、ALTER INDEX REBUILDステートメント[※5]を使用して再構築を検討してください。

6.2.2 列セグメント

行グループのデータが列ごとに分割されたデータ構造です（図6.8）。列セグメントごとにディクショナリが作成され、さらに圧縮が行われます。ディクショナリの作成やデータの圧縮の詳細な動作は後述します。

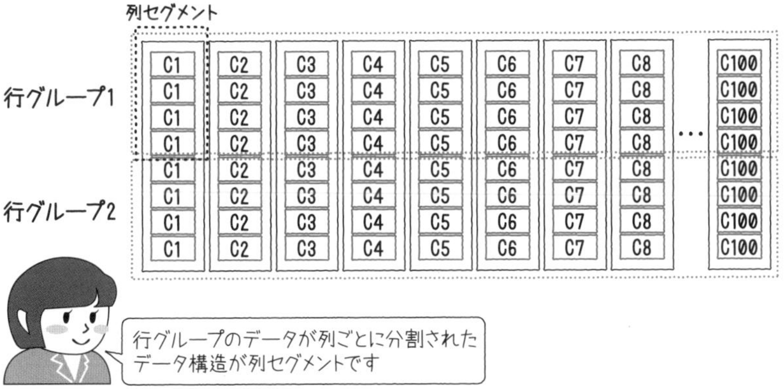

図6.8　列セグメント

※4　動的管理ビューの各列の値の詳細は、次のMicrosoft Docsサイトを確認してください。

▼dm_db_column_store_row_group_physical_stats (Transact-sql)
https://docs.microsoft.com/ja-jp/sql/relational-databases/system-dynamic-management-views/sys-dm-db-column-store-row-group-physical-stats-transact-sql

※5　ALTER INDEX REBUILDを使用した列ストアインデックスの再構築の詳細は、次のMicrosoft Docsサイトを確認してください。

▼インデックスを再構築または再構成してインデックスをデフラグする
https://docs.microsoft.com/ja-jp/sql/relational-databases/indexes/reorganize-and-rebuild-indexes?view=sql-server-ver15#defragmenting-indexes-by-rebuilding-or-reorganizing-the-index

6.3 列ストア構造データの圧縮がもたらすメリット

列ストアインデックスは、効率良くデータを圧縮するために適したデータ構造と言えます。列ごとにデータを保持するので、列セグメントに含まれる値はすべて同じデータ型です。さらに、同じ列に格納されるデータは、その内容が類似することが少なくありません。これらの特性を生かして、列セグメントは次の手順で圧縮されます。

▼列ストア圧縮の流れ

①データ分割

②エンコード

③データ圧縮

6.3.1 ①データ分割

列ストアインデックスに格納されるデータは、まず一定の行数ごとに行グループとして水平分割されます。行数は、1,048,576行から102,400行の間で変動します[※6]。行数に影響を与える要因は複数存在しますが、一般的な1つ目の理由はデータの追加方法です。bcpやSQL Server Integration Serviceを使用した一括読み込みによってデータを追加すると、最小で102,400行の行数が追加されれば列ストア型への変換のために行グループに分割されます[※7]。また、2つ目の要因は、圧縮が行われる際のメモリリソースの空き状況です。圧縮が行われる際にSQL Serverのメモリリソースが潤沢ではなく、十分なサイズが確保できない場合には、より少ない数の行数で行グループが構成されます。

続いて、列ごとのデータ構造を生成するために、垂直方向の列セグメントへと分割が行われます（図6.9）。

※6　102,400行に満たないデータは、後述するデルタストアに格納されます。また、一括読み込みを使用しない場合は、1,048,576行ごとに分割されます。

※7　行ストア内の行数が最大行数ではない場合、その理由はsys.dm_db_column_store_row_group_physical_stats動的管理ビューのtrim_reason_desc列で確認することができます。

▼dm_db_column_store_row_group_physical_stats (Transact-sql)
https://docs.microsoft.com/ja-jp/sql/relational-databases/system-dynamic-management-views/sys-dm-db-column-store-row-group-physical-stats-transact-sql

Customer ID (char)	City (nvarchar)	Sales Amount (numeric)	Sales Volume (integer)
C001	西東京	1021.2	3240
C021	西東京	561.1	1950
C444	狛江	2031.9	7420
C510	武蔵野	112.4	380
C611	狛江	415.1	1310
C700	西東京	333.3	1110
C702	三鷹	124.7	451
C810	西東京	80.3	323
C884	狛江	3339.2	11134
C891	武蔵野	1250.1	4450

行グループ

Customer ID (char)	City (nvarchar)	Sales Amount (numeric)	Sales Volume (integer)
C001	西東京	1021.2	3240
C021	西東京	561.1	1950
C444	狛江	2031.9	7420
C510	武蔵野	112.4	380
C611	狛江	415.1	1310

Customer ID (char)	City (nvarchar)	Sales Amount (numeric)	Sales Volume (integer)
C700	西東京	333.3	1110
C702	三鷹	124.7	451
C810	西東京	80.3	323
C884	狛江	3339.2	11134
C891	武蔵野	1250.1	4450

列セグメント

Customer ID (char)	City (nvarchar)	Sales Amount (numeric)	Sales Volume (integer)
C001	西東京	1021.2	3240
C021	西東京	561.1	1950
C444	狛江	2031.9	7420
C510	武蔵野	112.4	380
C611	狛江	415.1	1310

Customer ID (char)	City (nvarchar)	Sales Amount (numeric)	Sales Volume (integer)
C700	西東京	333.3	1110
C702	三鷹	124.7	451
C810	西東京	80.3	323
C884	狛江	3339.2	11134
C891	武蔵野	1250.1	4450

図6.9　列ストア型のデータ分割

6.3.2 ②エンコード

データウェアハウス環境では、データを分析するためのグループ化や集計処理が高い頻度で行われます。そのような操作を効率良く行うために、データのエンコードおよび整数ベクトルへ置き換える処理が実施されます(整数ベクトルへの変換によって、復号化せずにデータの集計が可能になります)。

列セグメントデータには、次の2種類のエンコード方法が用意されていて、列のデータ型やセグメント内データの**カージナリティ**[※8]によってどちらかが選択されます。

ディクショナリエンコード（Dictionary Encoding）

文字列型データや、カージナリティの低い数値型データに対して選択されるエンコード方法です。データ内に含まれる定性的な値を整数値に置き換えて、変換情報をデ

※8　カージナリティは、データ件数と、含まれる値の種類の比率を示します。同じ数のデータであれば、含まれる値の種類が多いほど、カージナリティは高くなります。

ィクショナリに格納します（図6.10）。

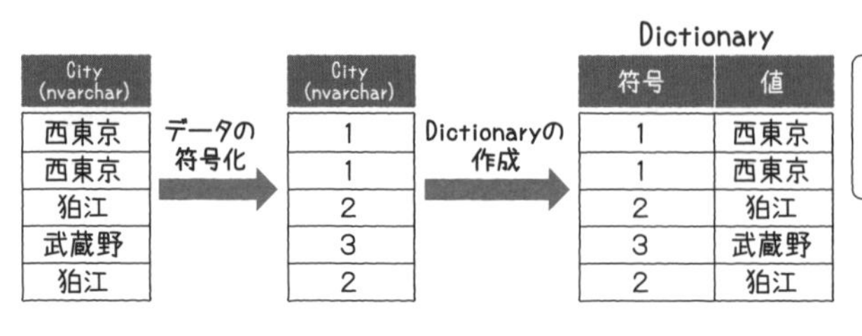

図6.10　ディクショナリエンコード

バリューエンコード（Value Encoding）

numeric型データおよびinteger型データは次の手順でエンコードされます。

［1］指数の選択（図6.11）

・numeric型データ：最も小さな正の指数を選択してエンコード実施

・integer型データ　：最も小さい負の指数を選択してエンコード実施

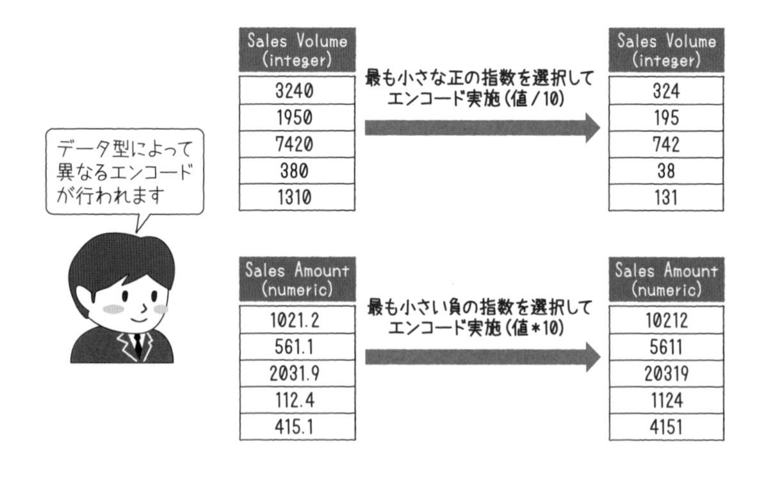

図6.11　指数の選択

[2] 基数をもとにしたエンコード（図6.12）

[1] の結果をもとにエンコードを実施し、変換情報をディクショナリに格納します。

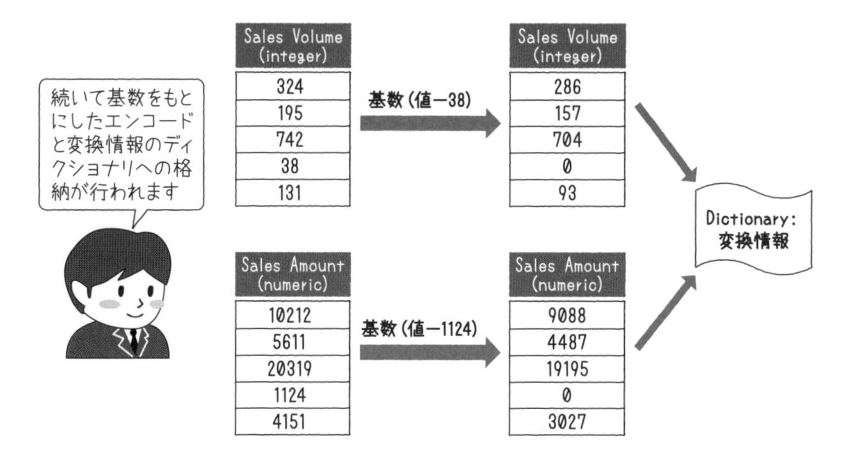

図6.12　基数をもとにしたエンコード

6.3.3 ③データ圧縮

エンコードされた列セグメントは格納されるデータの特性に応じて、次の2つのアルゴリズムのうち適切なほうが選択されて圧縮が行われます。また、圧縮後も整数ベクトルとして値が保持されるため、クエリ実行時の集計処理の際に複合化の必要がありません。

Bit Packing

列セグメント内のデータに対してビット演算処理を実施することにより、可能な限り少ないデータ長でデータを表現するための圧縮方式です（図6.13）。

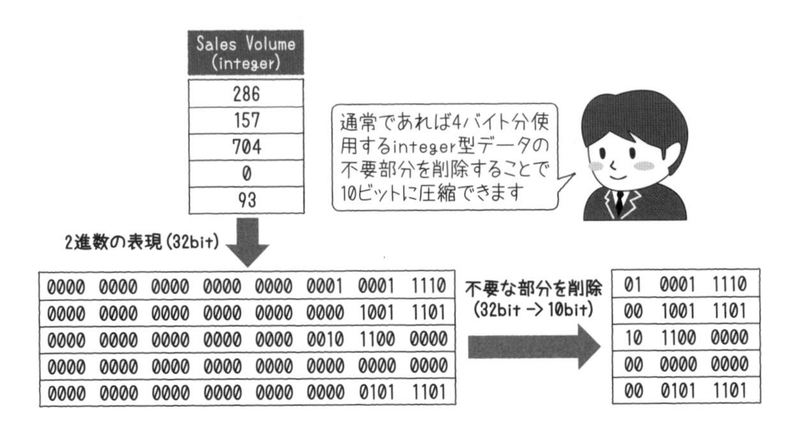

図6.13　Bit Packing

Run Length Encoding

列セグメント内のデータを、[データ値] と [繰り返し回数] の組み合わせに変換して格納する圧縮方式です。列セグメント内に連続するデータ値が多い場合、非常に高い圧縮率を実現できます（図6.14）。

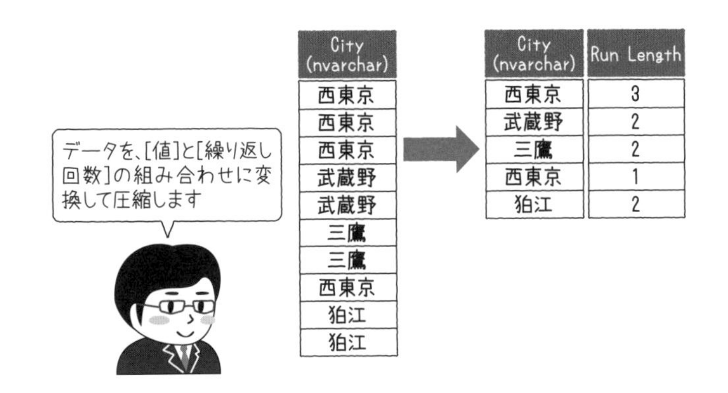

図6.14　Run Length Encoding

6.4 列ストアインデックスの種類

ここまでひとまとめに列ストアインデックスとして取り扱ってきましたが、列ストアインデックスには、**クラスタ化列ストアインデックス**と**非クラスタ化列ストアインデックス**の2種類が存在します。

クラスタ化列ストアインデックスは、テーブル全体のデータを列ストア型の形式で保持します（図6.15）。この場合、必ず全列が列ストアインデックスに含まれます。

Customer ID (char)	City (nvarchar)	Sales Amount (numeric)	Sales Volume (integer)
C001	西東京	1021.2	3240
C021	西東京	561.1	1950
C444	狛江	2031.9	7420
C510	武蔵野	112.4	380
C611	狛江	415.1	1310
C700	西東京	333.3	1110
C702	三鷹	124.7	451
C810	西東京	80.3	323
C884	狛江	3339.2	11134
C891	武蔵野	1250.1	4450

図6.15　クラスタ化列ストアインデックス

一方で非クラスタ化列ストアインデックスは、データがヒープやクラスタ化インデックスといった行ストア型で格納されているテーブルに、列ストア型のインデックスを付け加えます（図6.16）。非クラスタ化列ストアインデックスを定義する列は、必ずしもテーブルの全列である必要はありません。分析で使用するデータを含む列に対象を絞ることができます。

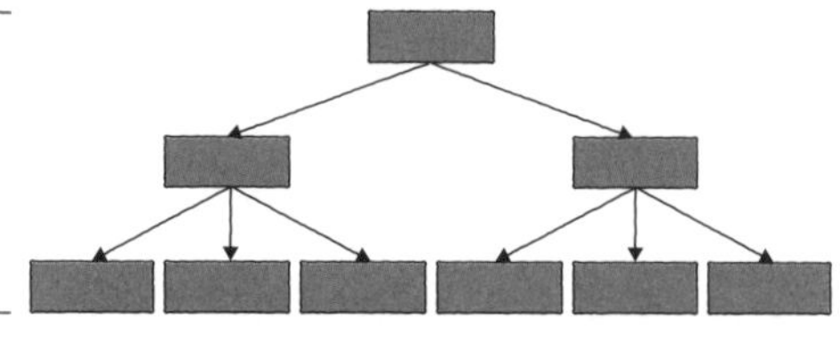

非クラスタ化列ストアインデックスは、ヒープ／クラスタ化インデックスが定義されたテーブルに作成できます

非クラスタ化
列ストアインデックス

Customer ID (char)	City (nvarchar)	Sales Amount (numeric)	Sales Volume (integer)
C001	西東京	1021.2	3240
C021	西東京	561.1	1950
C444	狛江	2031.9	7420
C510	武蔵野	112.4	380
C611	狛江	415.1	1310
C700	西東京	333.3	1110
C702	三鷹	124.7	451
C810	西東京	80.3	323
C884	狛江	3339.2	11134
C891	武蔵野	1250.1	4450

図6.16　非クラスタ化列ストアインデックス

それでは、クラスタ化列ストアインデックスと非クラスタ化列ストアインデックスをどのように使い分けるべきでしょうか。この使い分けには、なかなか難しい判断が求められます。

なぜなら、テーブルに対して実行されるワークロードの種類や、各ワークロードに求められるパフォーマンスを考慮する必要があるからです。さらには、メンテナンスに必要とされるリソース負荷なども加味しなくてはなりません。

次節では、それぞれの特徴をふまえながら、列ストアインデックスを含むテーブルを設計する際のヒントとなる考慮点を紹介します。

6.5 列ストアインデックスの適用箇所

すべての状況において列ストアインデックスが適しているわけではなく、従来の行ストア型データのほうが良いパフォーマンスを発揮する場合もあります。そのため、列ストア／行ストアそれぞれの特徴を理解して、適切なインデックス構造の選択、あるいは適切なインデックスの組み合わせを選択することが重要です。

行ストア型オブジェクトにアクセスする場合の最小論理単位は、8KBのページです。それに対して列ストアインデックスの場合は、列セグメントです。一部の例外を除き、列セグメントには100万件分のデータが含まれています。そのため少数の結果セットを取得するような処理の場合、不要なデータへのアクセスが発生し、列ストアインデックスのパフォーマンスの利点を生かすことができません（図6.17）。

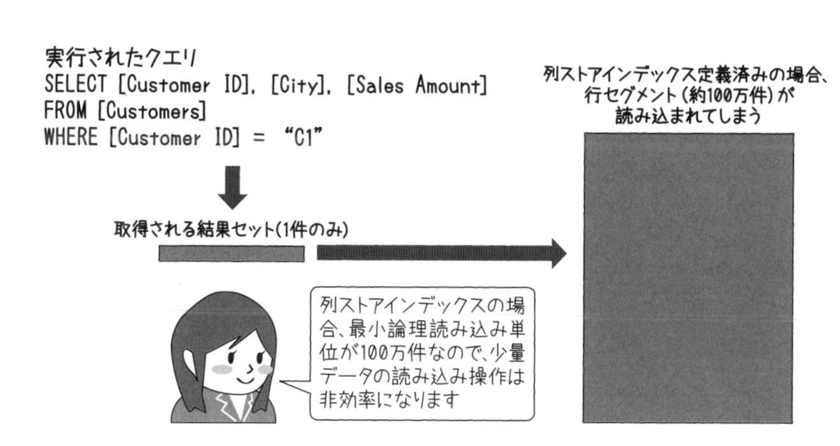

図6.17　少数の結果セットを取得する処理の場合

6.5.1 行ストア型インデックスと列ストアインデックスの組み合わせ

このような場合には、行ストア型インデックスと列ストアインデックスを組み合わせて定義することで、両者の良い点を生かすことができます。

両者の組み合わせの方法は、2種類あります。

①クラスタ化列ストアインデックス＋非クラスタ化インデックス

データ全体をクラスタ化列ストアインデックスに格納し、大量データへのアクセスが発生する分析用クエリに備え、さらに小規模データへのアクセスをサポートする非クラスタ化インデックスを追加します（図6.18）。

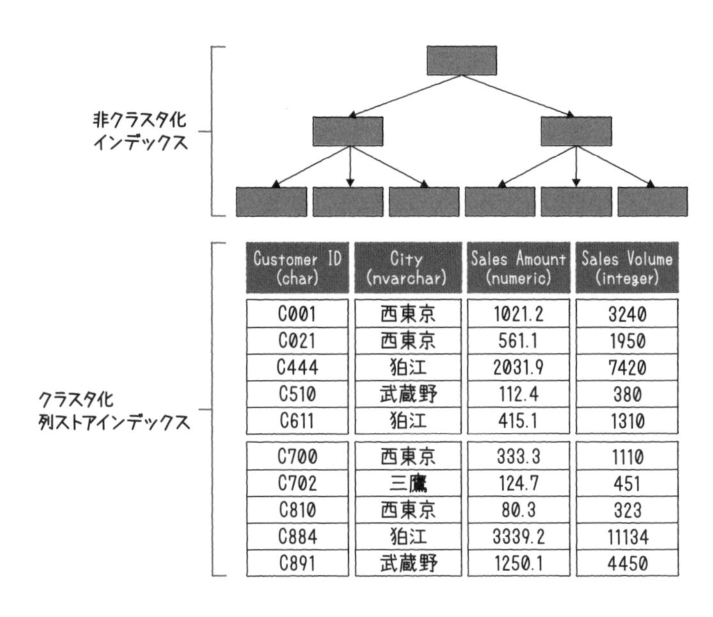

Customer ID (char)	City (nvarchar)	Sales Amount (numeric)	Sales Volume (integer)
C001	西東京	1021.2	3240
C021	西東京	561.1	1950
C444	狛江	2031.9	7420
C510	武蔵野	112.4	380
C611	狛江	415.1	1310
C700	西東京	333.3	1110
C702	三鷹	124.7	451
C810	西東京	80.3	323
C884	狛江	3339.2	11134
C891	武蔵野	1250.1	4450

図6.18 クラスタ化列ストアインデックス＋非クラスタ化インデックス

②クラスタ化インデックス＋非クラスタ化列ストアインデックス（＋非クラスタ化インデックス）

図6.16で示したようにヒープやクラスタ化インデックスをデータ全体の格納のために使用することによってOLTP処理に対応し、分析処理対象となる列に非クラスタ化列ストアインデックスを定義します（図6.19）。こちらの組み合わせでは、必要な列だけに限定して非クラスタ化列ストアインデックスを作成することにより、ストレージサイズやメンテナンス負荷を削減することができます。

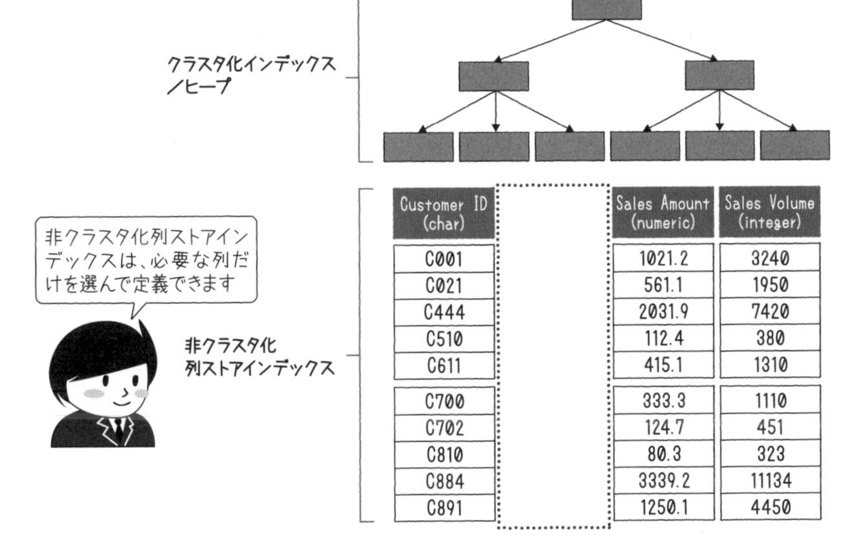

図6.19　クラスタ化インデックス＋非クラスタ化列ストアインデックス（＋非クラスタ化インデックス）

6.5.2 どちらの組み合わせを選べばよいか

これらのインデックスの組み合わせについて、メリット／デメリットを考えてみます。

①クラスタ化列ストアインデックス＋非クラスタ化インデックス
②クラスタ化インデックス＋非クラスタ化列ストアインデックス（＋非クラスタ化インデックス）

ベースとなるデータ部分のサイズ

クラスタ化列ストアインデックスとクラスタ化インデックスを比較すると、データ部分のサイズは圧縮率の高さからクラスタ化インデックスのほうが小さくて済みます。

列ストアインデックスのメンテナンス

列ストアインデックスが更新される際の詳細な動作に関しては6.7節で紹介しますが、DELETEステートメントやUPDATEステートメントを列ストアインデックスに対して実行すると**断片化**が発生します。

断片化を放置しておくと、不要なディスクリソースを占有したり、ディスクからの読み込みの際のオーバーヘッドになったりする要因となります。そのため、定期的に列ストアインデックスの断片化を解消する必要がありますが、①の場合は**全列がメンテナンス対象**となるのに対して、②は**列ストアインデックスに含めた列だけが対象**となることから、②のほうが必要となるリソース負荷が軽くなる傾向にあります。

パフォーマンス

①②ともに、分析系の大規模クエリは列ストア型インデックス、OLTP系の小規模クエリは行ストア型のインデックスによって処理されるため、適切な列にインデックスが定義されていればパフォーマンスに関して大きな差は発生しません。

また、いずれもクエリの内容によっては、負荷の高いランダムアクセスが多発するRID Lookupが発生する可能性があります。この発生を防止するには、すべてのOLTP系処理でカバリングインデックスが実現できるように非クラスタ化インデックスを定義する必要があります。

6.6 バッチモード

列ストアインデックスのさらなる利点として**バッチモード**と呼ばれる内部処理があります。通常の処理はバッチモードに対して、**行モード**と呼ばれます[※9]。

クエリが行モードで処理される場合、その内部処理においてデータは1行単位で取り扱われます（図6.20）。

①次のクエリを実行

```
SELECT [City], SUM([Sales Volume])
FROM Customers
WHERE  [Sales Amount] < 500
GROUP BY [City]
```

②WHERE句に指定した条件に合致する対象データを1件ずつ読み込み、集計のために受け渡す

8KBページ(行ストアとしてデータを格納)

Customer ID (char)	City (nvarchar)	Sales Amount (numeric)	Sales Volume (integer)
C001	西東京	1021.2	3240
C021	西東京	561.1	1950
C444	狛江	2031.9	7420
C510	武蔵野	112.4	380
C611	狛江	415.1	1310
C700	西東京	333.3	1110
C702	三鷹	124.7	451
C810	西東京	80.3	323
C884	狛江	3339.2	11134
C891	武蔵野	1250.1	4450

①該当データの読み込み
③次の該当データの読み込み
⑤該当データがなくなるまで繰り返し
②集計関数へのデータ受け渡し
④集計関数へのデータ受け渡し

武蔵野	380
狛江	1310
西東京	1110
三鷹	451
西東京	323

図6.20　行モードでの処理の流れ

それに対してバッチモードでは一度に900行まで処理することができ、従来とは異なる方式で大量データを高速に取り扱うための実装が盛り込まれています（図6.21）。

※9　SQL Server 2019からは通常のテーブル（列ストアインデックスではない）もバッチモードで処理される場合があります。

一度に扱うデータ量を増やすことによりCPU使用率を抑制するなどの効果があります。

①次のクエリを実行

```
SELECT [City], SUM([Sales Volume])
FROM Customers
WHERE  [Sales Amount] < 500
GROUP BY [City]
```

②列セグメントを読み込み、バッチオブジェクトを生成

	Customer ID (char)	City (nvarchar)	Sales Amount (numeric)	Sales Volume (integer)
列セグメント	C001	西東京	1021.2	3240
	C021	西東京	561.1	1950
	C444	狛江	2031.9	7420
	C510	武蔵野	112.4	380
	C611	狛江	415.1	1310
列セグメント	C700	西東京	333.3	1110
	C702	三鷹	124.7	451
	C810	西東京	80.3	323
	C884	狛江	3339.2	11134
	C891	武蔵野	1250.1	4450

バッチオブジェクト

列ベクトル

ビットマップベクトル

City (nvarchar)	Sales Amount (numeric)	Sales Volume (integer)
西東京	1021.2	3240
西東京	561.1	1950
狛江	2031.9	7420
武蔵野	112.4	380
狛江	415.1	1310
西東京	333.3	1110
三鷹	124.7	451
西東京	80.3	323
狛江	3339.2	11134
武蔵野	1250.1	4450

③クエリのフィルタ条件([Sales Amount] < 500)に合致するデータのビットマップベクトルを有効化

バッチオブジェクト

列ベクトル

ビットマップベクトル

City (nvarchar)	Sales Amount (numeric)	Sales Volume (integer)
西東京	1021.2	3240
西東京	561.1	1950
狛江	2031.9	7420
武蔵野	112.4	380
狛江	415.1	1310
西東京	333.3	1110
三鷹	124.7	451
西東京	80.3	323
狛江	3339.2	11134
武蔵野	1250.1	4450

④ビットマップベクトルが有効化された値のみ使用して集計

バッチオブジェクト

列ベクトル

ビットマップベクトル

City (nvarchar)	Sales Amount (numeric)	Sales Volume (integer)
西東京	1021.2	3240
西東京	561.1	1950
狛江	2031.9	7420
武蔵野	112.4	380
狛江	415.1	1310
西東京	333.3	1110
三鷹	124.7	451
西東京	80.3	323
狛江	3339.2	11134
武蔵野	1250.1	4450

図6.21　バッチモードでの処理の流れ

6.7 列ストアインデックスの更新

列ストアインデックスに格納されているデータの更新は、行ストア型データとは大きく異なります。

行ストア型データを更新する場合、一部の例外を除いて8KBページ内の該当する箇所を直接変更します（図6.22）。

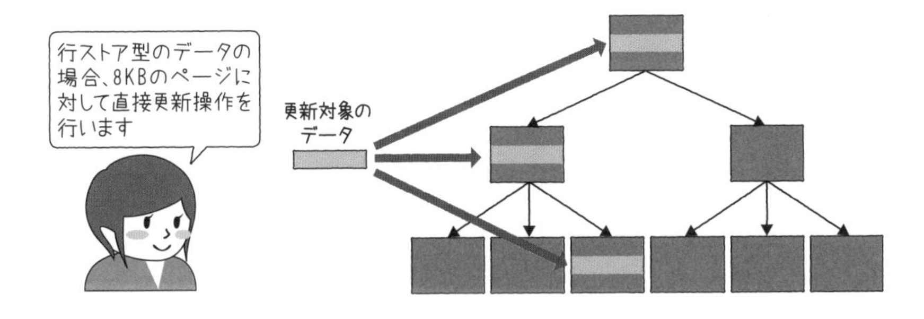

図6.22　行ストア型データの更新

列ストアインデックスの場合は、データを列セグメントごとに圧縮して保持しているため、直接値を更新することができません。その更新操作には、**デルタストア**および**削除ビットマップ**と呼ばれる内部オブジェクトを使用します。それらの内部オブジェクトを使用した更新動作を、INSERT/DELETE/UPDATEの操作ごとに確認しましょう。

6.7.1 INSERTの動作

列ストアインデックスへデータを追加するには、最終的には列ストアセグメントへデータが格納される必要があります。ただし、列ストアセグメント内のデータはエンコードと圧縮が施されているため、データを追加するためにはいったんそれらを解凍する必要があります。データの追加が発生するたびに、それらの操作を繰り返すことはとても大きなオーバーヘッドになってしまいます。そのため、一時的なデータ保管領域として**デルタストア**が使用されます（図6.23）。

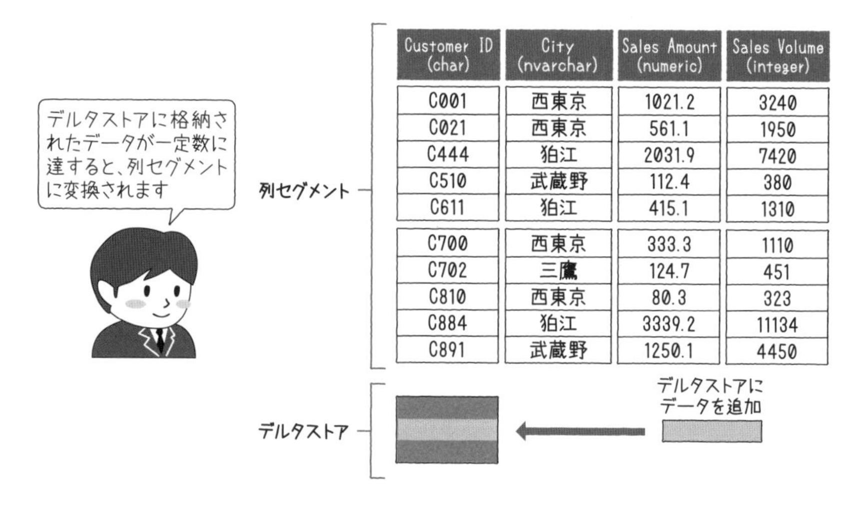

図6.23　デルタストアによるINSERT操作

デルタストアは、従来の行ストア型オブジェクトと同じ構造です。データは、8KBのページに行イメージ形式で保管されます。一定量のデータがデルタストアに蓄積されると、**タプルムーバー**[※10]によって列セグメントへのデータ変換が行われます。

※10　タプルムーバーは、デルタストア内に蓄積されたデータ量を定期的に確認します。列ストアセグメントへの変換が必要なデータ量が蓄積されていると、データのエンコードおよび圧縮を行いデルタストア内のデータを列セグメントへ変換します。

列ストアインデックスにデータが追加されると、以下の変遷をたどり、列ストア型のオブジェクトとして活用できるようになります。

- 当初は行ストア形式でデルタストアに保持される
- デルタストア内に一定数のデータが蓄積されると、列ストア型形式に変換され列セグメントへ格納される
- 追加処理に伴うオーバーヘッドを抑えるために、列ストア型形式への変換および列セグメントへの格納は、データ追加の都度ではなく、一定数のデータが蓄積されたときに発生する

6.7.2 DELETEの動作

列セグメント内のデータを削除するためには、INSERTの動作でも紹介したようにデータの解凍が必要になります。そのオーバーヘッドを避けるために、DELETE操作の場合には、**削除ビットマップ**と呼ばれるオブジェクトを使用します。削除ビットマップは、データの物理削除をせずに論理削除を実現するためのオブジェクトです。SQL Serverが列ストアインデックスのデータへの削除要求をクライアントから受け取ると、実際のデータを削除するのではなく、削除対象データに対応する削除ビットマップを変更し、データが削除されたことを示します（図6.24）。

Customer ID (char)	City (nvarchar)	Sales Amount (numeric)	Sales Volume (integer)
C001	西東京	1021.2	3240
C021	西東京	561.1	1950
C444	狛江	2031.9	7420
C510	武蔵野	112.4	380
C611	狛江	415.1	1310
C700	西東京	333.3	1110
C702	三鷹	124.7	451
C810	西東京	80.3	323
C884	狛江	3339.2	11134
C891	武蔵野	1250.1	4450

列セグメント

削除ビットマップ

削除された行に対応するビットが有効化されることで、論理的に削除を表現

図6.24　削除ビットマップによるDELETE操作

SQL Serverが列ストアインデックスにアクセスする際には、削除ビットマップをフィルタとして使用し、削除ビットマップがオンに設定されているデータをアクセス対象から除外します（図6.25）。

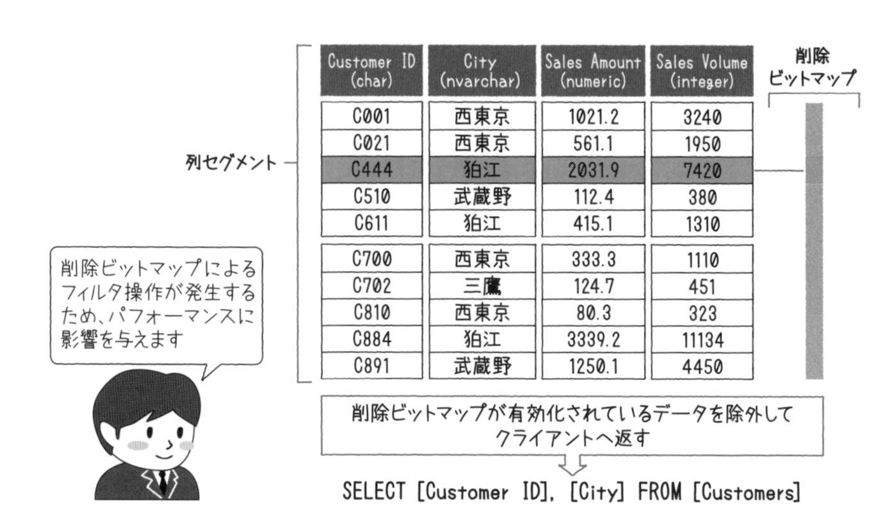

図6.25　列ストアインデックスにアクセスする場合

列ストアインデックスのデータを削除する際には、注意が必要です。大量の列ストアインデックスのデータを削除すると、削除ビットマップのフィルタによって、列セグメント内にはアクセスされることのないデータが残ったままになります。一方で、データが物理的に削除されないため、列ストアセグメント内のデータは削除前の状態と同じです。

これは不要なディスクを占有し、本来であれば必要のないI/Oを発生させることになり、列ストアインデックスの利点を失わせてしまいます。

このような状態を解消するためには、列ストアインデックスの再構築が必要です。列ストアインデックスの状態を定期的に確認して、必要があればインデックスの再編成を行ってください。

6.7.3 UPDATEの動作

UPDATE操作は、内部的にINSERTとDELETEの操作を組み合わせることによって実現しています（図6.26）。INSERTによって更新後のデータを追加し、DELETEによって更新前のデータを削除します。DELETE操作が行われるということは、定期的なインデックスの再構築が必要になることに留意する必要があります。

列セグメント

Customer ID (char)	City (nvarchar)	Sales Amount (numeric)	Sales Volume (integer)
C001	西東京	1021.2	3240
C021	西東京	561.1	1950
C444	狛江	2031.9	7420
C510	武蔵野	112.4	380
C611	狛江	415.1	1310
C700	西東京	333.3	1110
C702	三鷹	124.7	451
C810	西東京	80.3	323
C884	狛江	3339.2	11134
C891	武蔵野	1250.1	4450

削除ビットマップ

デルタストア

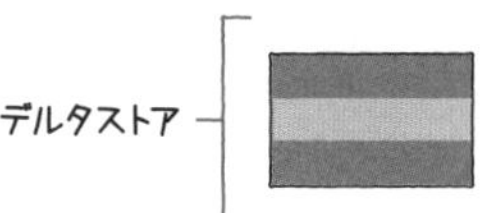

図6.26　UPDATE操作

6.8 列ストアインデックスのメンテナンス

列ストアインデックスを定義したテーブルの運用を続けると、多くの場合は何らかの更新操作が発生します。その結果として列ストアインデックスは、前節で紹介したようにデルタストアや削除ビットマップなどのオーバーヘッドを発生させます。デルタストアが存在する場合は、列ストアインデックスのセグメントとデルタストアを結合して、クエリに対する結果セットを生成する必要があるため、バッチモードなどの列ストアインデックスの利点を生かすことができません。

また、削除ビットマップが存在する場合は、列ストアセグメントから得た結果セットから削除ビットマップと一致するデータ（削除済みの行）を取り除くという処理が必要となり、どちらもパフォーマンスを損なうことにつながります。

そのため、適切なタイミングで継続的に監視を行い、必要に応じて対処を実施することが重要になりますので、それぞれの特徴や対処方法を確認しましょう[※11]。

※11　SQL Server 2019以降ではメンテナンスの自動化が実装されています。
▼列ストア インデックスの再構築に固有の注意点
https://docs.microsoft.com/ja-jp/sql/relational-databases/indexes/reorganize-and-rebuild-indexes?view=sql-server-ver15#considerations-specific-to-rebuilding-a-columnstore-index

6.8.1 デルタストア

sys.dm_db_column_store_row_group_physical_stats動的管理ビューのstate列が「OPEN」と表示されているセグメントはデルタストアであることを示しています。

デルタストアには、挿入された行や更新された行（更新後の行イメージ）が、列セグメント圧縮される前の状態（行ストア）で格納されています。ここで注意しなくてはならないのは、デルタストアが存在している場合、その列の結果セットを返すためには、列セグメントとデルタストアの結合が必要となる点です（図6.27）。

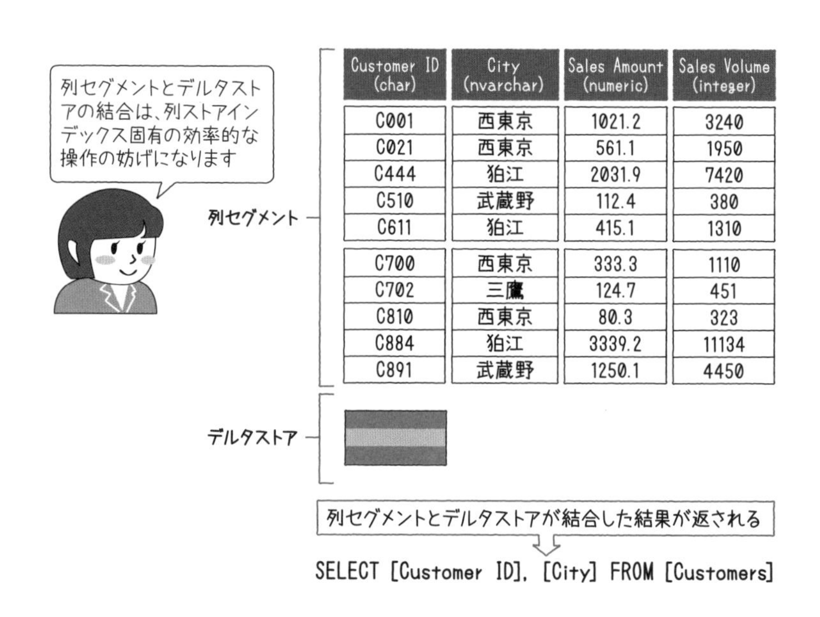

図6.27　列セグメントとデルタストアの結合

結合の結果、バッチモードなどの列ストアインデックスの利点が有効に作用しなくなってしまう可能性があります。ただし、デルタストア内のデータが一定数に達するとタプルムーバーによって列セグメントに変換されるため、管理者によるメンテナンス作業が必ずしも必要になるわけではありません。

6.8.2 削除ビットマップ

列ストアインデックスのデータが削除されると、まず論理的な削除が行われることは先述しました。削除された行数は、sys.dm_db_column_store_row_group_physical_stats動的管理ビューのdeleted_rows列によって確認できます。

論理削除された行が、自動的に物理的にも削除されることはないため、ALTER INDEX REORGANIZEによる再編成が必要です。そのため、定期的にdeleted_rowsの値を監視し、一定数を超えた場合には、再編成を実施してください。

6.9 SQL Serverのインデックス デザインBest Practices

6.9.1 情報システムの機能

多くの企業が採用している情報システムは、大別すると次の2つの機能を持つシステムで構成されていることが一般的です。

オンライントランザクション処理（OLTP）

多くのユーザーからの少量データの登録／更新／削除／参照が、同時多発的に発生するシステムです。たとえば、外貨取引の為替レートやオンラインゲームのユーザーステータス、あるいは小売業の売り上げ情報といった大量に発生し得るデータを、高いパフォーマンスを保ちながら取り扱うことが要求されます。

定型的な小規模な処理が大量に、繰り返し実行されることが多くなります。

分析／レポーティング処理

上記のオンライントランザクション処理（以下、OLTP）や、IoTデバイスから収集した情報、あるいはHadoopなどに蓄積された大量のデータを分析に適した形式に変換したものを保持するシステムです。それらのデータをもとに、現在の企業が置かれている状況や将来の経営判断の指標となる情報を抽出することが求められます。

様々な観点からのデータの分析が行われ、分析観点自体が毎回異なるため、同じ処理が繰り返し行われることは多くありません。また、長期間にわたり蓄積されたデータや非常に多くの種類の情報をもとに分析が行われることが多いため、大規模データへのアクセスが発生しがちです。

OLTPと分析処理を別々に構築する理由は、両者の処理特性や用途に適したデータの保持形式の違いから、1つのシステムの中でそれらに必要となる要件を満たすことが難しいことにあります。

一般的には、OLTP用のデータは正規化が進められ、1レコードに含まれる列数が少ない傾向があります。このようなデータ形式は、データを重複して持つことを少なくし、また小規模なデータアクセスに適しています（**図6.28**）。

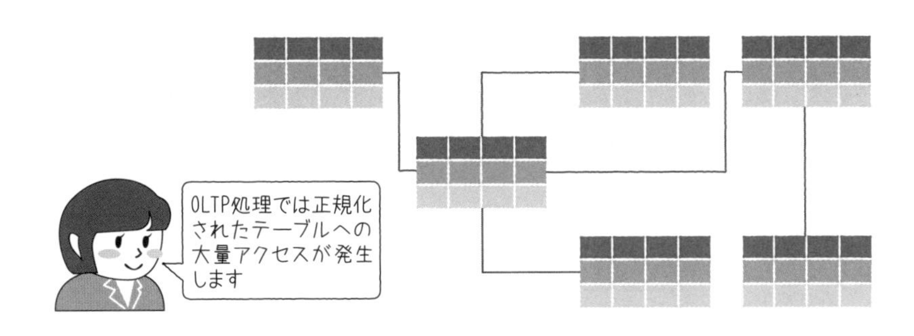

図6.28　OLTP用のデータ正規化

その一方で、正規化が進められたデータは、数か月から数年といった長い範囲で様々なデータを集計することが求められる分析処理には向かないことが多い傾向があります。その主な理由は、必要なデータを得るために、非常に多くのテーブルを複雑な形式で結合することが必要になることが多いためです。

複雑なクエリによってパフォーマンスが悪くなることも多くなるため、分析処理用にはあえて正規化をくずした形で、データを保持する場合があります。つまり、大量データを、より短い時間で分析することに特化したデータマート／データウェアハウスといったデータモデルを、トランザクション用のデータモデルとは別に保持することになります（**図6.29**）。

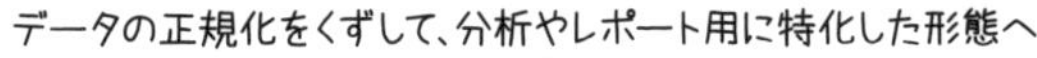

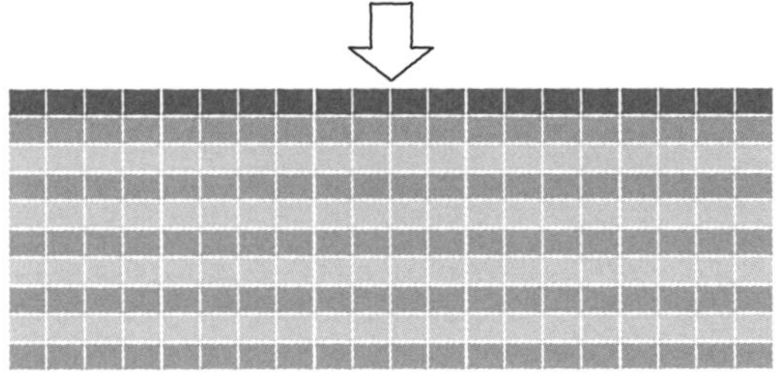

図6.29　分析処理用にあえて正規化をくずす

6.9.2 HTAP（Hybrid Transaction／Analytical Processing）

それぞれに特化したデータモデルを保持することは、それぞれのシステムにおけるパフォーマンスを最適化するという観点からは大きなメリットがあります。しかし、2つのシステムを構築／維持していくことは、双方に必要なハードウェアの準備や両者間のデータ連携、2システム分のパッチ管理など、大きなコストが必要となります。

そこで、トランザクション用データモデルと分析用データモデルを1つのシステムで実現するための選択肢の1つが、**HTAP**（**Hybrid Transaction/Analytical Processing**）と呼ばれるソリューションです。SQL Serverで実現するHTAPでは、従来の行ストア型データと列ストアインデックスを組み合わせて使用します。

トランザクション処理には、B-Treeインデックスを使用してアクセスします。これにより小規模データに最適化した動作が可能になります（図6.30）。

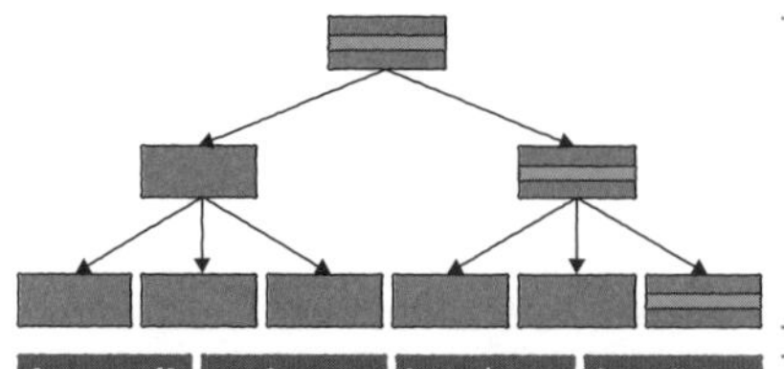

Customer ID (char)	City (nvarchar)	Sales Amount (numeric)	Sales Volume (integer)
C001	西東京	1021.2	3240
C021	西東京	561.1	1950
C444	狛江	2031.9	7420
C510	武蔵野	112.4	380
C611	狛江	415.1	1310
C700	西東京	333.3	1110
C702	三鷹	124.7	451
C810	西東京	80.3	323
C884	狛江	3339.2	11134
C891	武蔵野	1250.1	4450

列ストア型データ
— クラスタ化列ストアインデックス
— 非クラスタ化列ストアインデックス

図6.30 HTAPのトランザクション処理

分析処理には列ストアインデックスを使用してアクセスし、その利点を生かしながら大規模データへの効率的なアクセスを実現します（図6.31）。

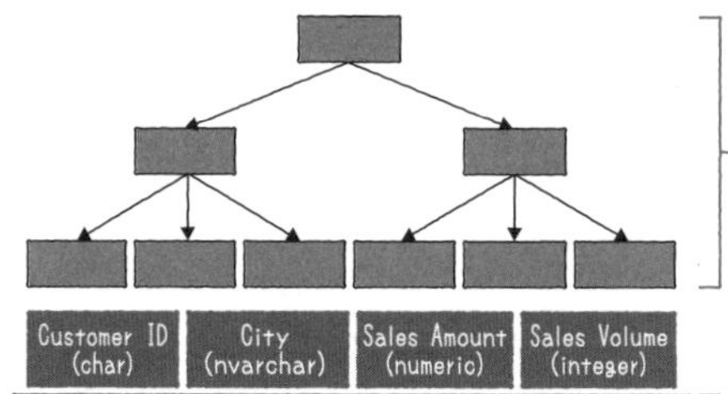

Customer ID (char)	City (nvarchar)	Sales Amount (numeric)	Sales Volume (integer)
C001	西東京	1021.2	3240
C021	西東京	561.1	1950
C444	狛江	2031.9	7420
C510	武蔵野	112.4	380
C611	狛江	415.1	1310
C700	西東京	333.3	1110
C702	三鷹	124.7	451
C810	西東京	80.3	323
C884	狛江	3339.2	11134
C891	武蔵野	1250.1	4450

列ストア型データ
— クラスタ化列ストアインデックス
— 非クラスタ化列ストアインデックス

```
SELECT [Customer ID], [City],
SUM([Sales Amount])
FROM [Customers]
BROUP BY [Customer ID], [City]
```

図6.31 HTAPの分析処理

行ストア型データと列ストアインデックスを組み合わせることで、SQL Server内の1つのテーブルで、HTAPソリューションを実装することができます。

必ずしもすべての場合において、HTAPソリューションが有効というわけではありません。データの規模や必要とされる処理性能などによっては、結果的に従来のような2つのシステムを使用するほうが良い場合もあります。しかしながら、列ストアインデックスを活用したSQL ServerのHTAPソリューションを選択肢の1つとして考慮してみるのもよいのではないでしょうか。

6.10 第6章のまとめ

本章では大規模なデータ読み込みに対応するために実装された列ストアインデックスを紹介しました。列ストアインデックスは、数多くのシステムで採用されていることに加え、クラウド環境でデータウェアハウスを構築するためのサービスであるAzure Synapse Analytics SQL Poolでの、デフォルトのデータストレージとしても選択されるなど、すでに多くの実績があります。従来のデータ構造とは異なるため、その特性を理解したうえでの使用が必要ですが、適切な用途で使用することで大きなパフォーマンス上のメリットを得ることができます。

第 7 章

メモリ最適化オブジェクト（インメモリOLTP）

日々、世界中のSQL Serverユーザーから数多くの要望が寄せられています。その中でも特に強く求められた機能が、非常に高いスループットが必要とされるOLTPシステムに特化したインメモリ機能群です。これは**インメモリデータベース**と総称される技術であり、データベース製品のベンダー各社が自社開発したり、あるいはすでに同様の技術を持つ会社を買収したりして自社製品への機能統合を進めてきました。

マイクロソフトでは、インメモリデータベースの機能を導入するにあたり、自社で独自機能を実装する方式を選択し、SQL Server 2014から機能の導入が始まりました。これが**インメモリOLTP**と呼ばれるコンポーネントです。

本章では、インメモリOLTPの特徴や構造などを詳細に紹介します。従来のディスク上に作成されるテーブルを、様々な局面で比較対象として取り上げます。それぞれをわかりやすく区別するために、本章ではディスク上のテーブルを**ディスクテーブル**と呼ぶことにします。

7.1 インメモリOLTPの概要

7.1.1 インメモリOLTPの特徴

第3章で紹介したようにSQL Serverはディスクテーブルへアクセスする際に、ディスクから**バッファプール**と呼ばれるメモリ空間にデータを読み込んでから使用します。つまり、ディスクテーブルであっても必ずメモリ上にロードされている状態でアクセスが行われるという観点からは、**インメモリ**（あるいは**オンメモリ**）状態にあると言えます。

その一方でインメモリOLTPの各オブジェクトも、その名前が示すようにメモリ上にロードされて動作します。ただし、単にメモリ上にロードされたディスクテーブルとは決定的に異なる部分がいくつかあります。この異なる部分がインメモリOLTPとしての機能強化部分であり、特徴でもあります。以下にインメモリOLTPの主な特徴をまとめます。

常にすべてのデータはメモリ上に存在する

ディスクテーブルの場合は、必ずしも全データがメモリ上にロードされているとは限りませんが、インメモリOLTPのすべてのデータはSQL Serverのメモリ上に常にロードされています（図7.1）。そのため、すべてのインメモリOLTP関連オブジェクトがロードできるサイズのメモリをSQL Serverに割り当てる必要があります。インメモリOLTPには、バッファプールとは異なる専用のメモリ領域が使用されます。

●ディスクテーブル

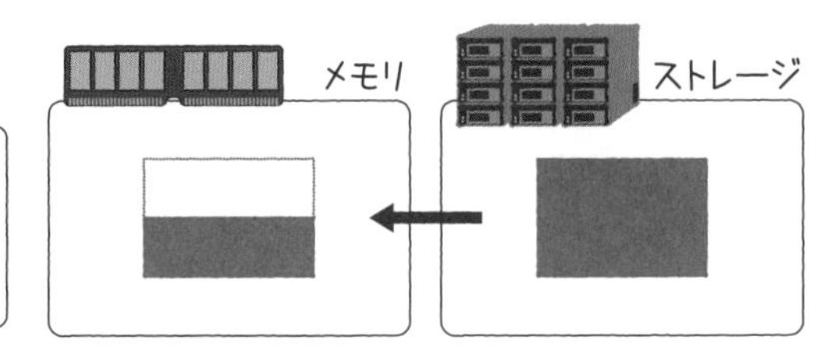

●インメモリOLTP

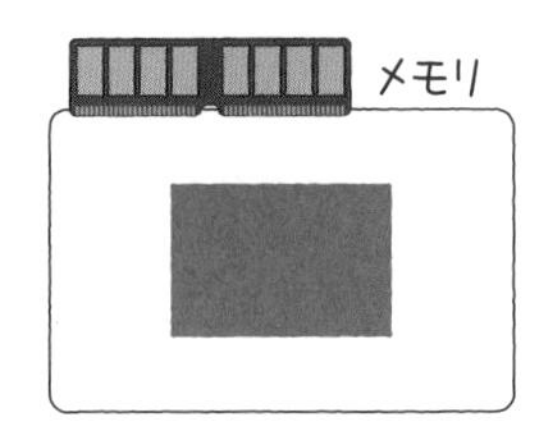

図7.1　全データはメモリ上に存在する

インデックスはメモリ上にのみ存在する

インメモリOLTP用のハッシュインデックスと非クラスタ化インデックス（詳細は後述）は、SQL Serverが起動する際に毎回作成され、メモリにロードされます。インデックスのメンテナンスに関わる操作はすべてメモリ上で実施され、ディスクテーブルの際に発生していた更新操作に伴うI/O操作のオーバーヘッドが軽減されています（図7.2）。

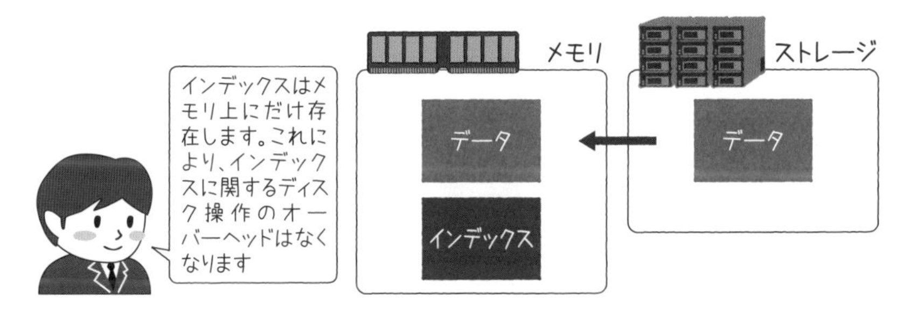

図7.2　インデックスはメモリ上にのみ存在する

ロック／ラッチを使用しない

とても高いスループットを求められるOLTPワークロード（処理）では、少しでも待機時間を減らす必要があります。1トランザクション当たりに許容される処理時間はとても短いため、たとえばロックの競合による待機が長時間発生することは避けなければなりません。なぜなら、めまぐるしく価格が変動することの多い株式取引などのオンラインシステムで長時間の待機が発生すると、致命的な機会損失につながるからです。そのため、インメモリOLTPでは、ロック、さらにはラッチに依存しないリソース保護を実現しています。

コンパイル済みモジュールの使用

サーバー機に搭載されるプロセッサあたりのコア数は増加の一途をたどっています。一方でコア数あたりのクロック周波数の伸び率は、半導体回路微細化の困難さや、プロセッサの消費電力および発熱などの問題から鈍化しています。そのため大規模OLTPワークロードで高いスループットを維持するためには、CPUリソースの効率的な使用を考慮する必要が出てきます。

従来の**ストアドプロシージャ**[※1]では、初回実行時にコンパイルを行い、コンパイル済みのモジュールをメモリに配置して再利用しています。インメモリOLTPでは、より効率的にCPUリソースを使用するために、ストアドプロシージャ作成時にプログラムコードを生成し、そのコードを使用して.dll（動的リンクライブラリ）ファイルがビルドされます。実行時にはSQL Serverのプロセス空間に.dllファイルがロードされて使用されます。

7.1.2 インメモリ OLTP の用途

インメモリOLTP（**メモリ最適化テーブル**[※2]）は、大量の小規模処理を効率的に実行することに特化した機能です。それ以外のワークロード（特にデータの大量読み込みが発生する分析処理など）に関しては、別の機能を選択することをお勧めします。

ここでは、インメモリOLTPがどのようなワークロードに適しているかを紹介します。

IoT

IoTデバイスからは短時間に大量のデータを受け取る必要があります。そのような膨大なデータ量を効率的に処理するために、ロックおよびラッチを必要としないメモリ最適化テーブルは最適な選択肢の1つです（図7.3）。

※1　データベースに対する一連の処理を1つのオブジェクトとして登録したもの。
※2　詳細は後述しますが、インメモリOLTPで使用するデータは**メモリ最適化テーブル**に格納されます。

図7.3　様々なデバイスからの膨大なデータを格納

Temp Table

クエリバッチやストアドプロシージャの処理時に一時的に必要なデータやパラメータの格納用に**Temp Table**が使用されます。Temp Tableとは、SQL Serverが内部で利用する一時領域「tempdbデータベース」内に作成する一時的なテーブルのことで、**一時テーブル**、**テンポラリテーブル**とも呼びます[※3]。

tempdbはスループットの高いディスクに配置されることが多いですが、Temp Tableをメモリ最適化テーブルへ変更することで、ディスクI/O数削減とロック／ラッチ不要のアーキテクチャとなり、より効率的なアクセスが可能になります（図7.4）。

```
CREATE PROCEDURE Proc_1
AS
BEGIN
        CREATE TABLE #temp_tbl1 (
        c1 int,
        c2 nvarchar(20)
        )

        INSERT #temo_tbl1(c1, c2)
        SELECT user_id, user_name
        FROM [Customers]

        :
        :
        :
END
```

ストアドプロシージャ内の一時データを格納するためのTemp Table

図7.4　Temp Table

※3　Temp Tableの作成にはCREATE TABLEステートメントを使います。「CREATE TABLE **#テーブル**」のようにテーブル名の前に#を指定すると**ローカルTemp Table**（作成者だけがアクセスできる）が作成され、##を指定すると**グローバルTemp Table**（ユーザー間で共有できる）が作成されます。

ETLの中間テーブル

一般的に**ETL**[※4]は、複数の処理段階を経て実行されます。それぞれの処理が生成したデータは、中間的なデータセットに保管されます。中間データの生成速度が向上すれば、ETL全体の処理時間を短くすることができます。

中間テーブルをディスクテーブルからメモリ最適化テーブルへ変更することで、ディスクI/O分のオーバーヘッドがなくなり、大幅な性能向上が期待できます。またETL処理は多くの場合、エラー発生時には処理の再実行による対処が行われるため、いったんメモリ上のデータが破棄されたとしても問題ありません（図7.5）。

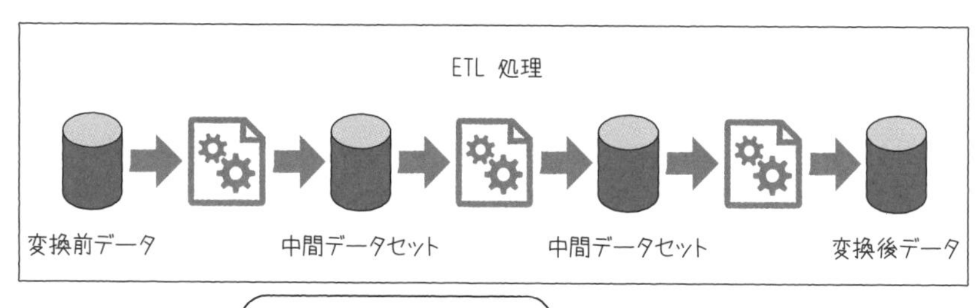

ETL処理の中間データセットをメモリ最適化テーブルに置き換えることで、I/O負荷を下げることができ、処理速度の向上につながります

図7.5　ETLの中間テーブル

※4　ETL（Extract Transform Load）とは、複数のシステムからデータを抽出し（Extract）、抽出したデータを目的に沿った形式に加工し（Transform）、データウェアハウスなどへ受け渡す（Load）処理です。

7.2 インメモリOLTPを構成するコンポーネント

インメモリOLTPを構成する要素について詳しく見ていきましょう。

7.2.1 メモリ最適化テーブル

インメモリOLTPで使用するデータは、**メモリ最適化テーブル**に格納されます。メモリ最適化テーブルのデータは、すべてメモリ上にロードされています。また、データを参照／更新する際にロックやラッチが取得されることがありません。

従来のテーブルはテーブルごとのデータが8KBのページに格納されていましたが、メモリ最適化テーブルはまったく異なる構造を持ちます。最大の違いは、格納されているデータ自体にはテーブルと関連付けられる情報を保持していない点です。個別に存在するデータは、インデックスによる関連付けによってテーブルとしての取り扱いが可能になります（図7.6）。

●テーブルのデータはすべて、メモリ上にロードされる。
メモリ上のデータに対して、読み込みや書き込みを行う

[住所録] テーブル
ハッシュインデックス:
[住所] 列

	姓	名	住所
ヘッダー情報	平山	理	福岡
ヘッダー情報	山口	一郎	東京
ヘッダー情報	渡辺	えり子	山形

図7.6　メモリ最適化テーブル

7.2.2 インデックス

メモリ最適化テーブルに定義するインデックスには、次のような特徴があります。これらの特徴はいずれも、オブジェクトの競合やディスクへのアクセス操作数を抑制し、スループットを向上させるために必要となるものです。

- **ページやエクステントなどの従来の概念を使用しない（図7.7）**

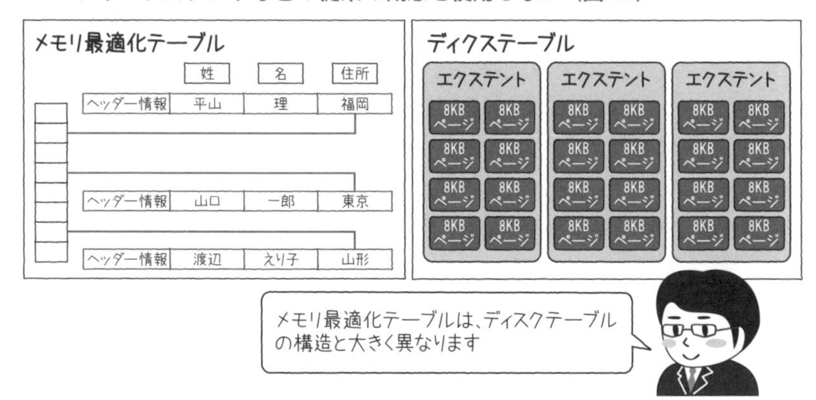

図7.7　ページやエクステントなどの概念は使用しない

- **データベースがオンラインになる際に作成される（図7.8）**

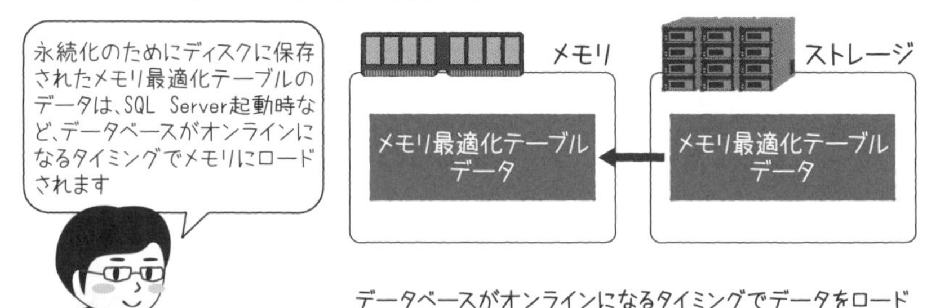

図7.8　データベースがオンラインになるタイミングでメモリにロード

- **インデックスに加えられた変更はトランザクションログとしてディスクに書き込まれない（図7.9）**

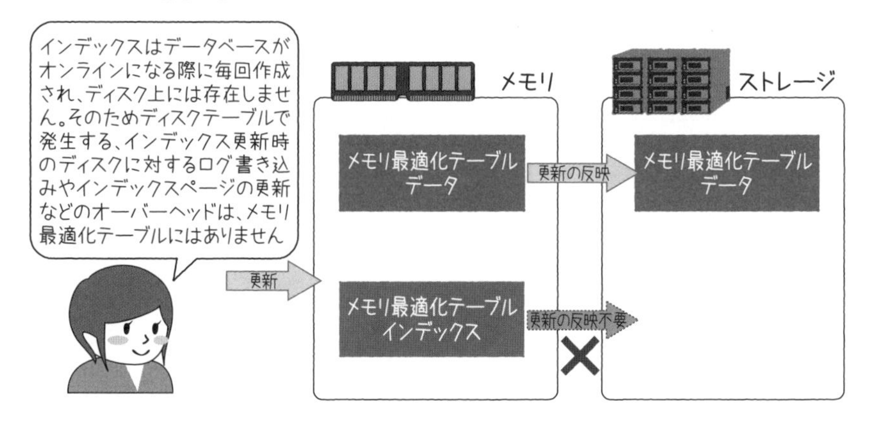

図7.9　データがメモリ上にあるため、更新のオーバーヘッドがない

メモリ最適化テーブルには、次のインデックスを作成することができます。

- ハッシュインデックス
- インメモリ非クラスタ化インデックス
- 列ストアインデックス[※5]

ハッシュインデックス

ハッシュインデックスは、メモリ最適化テーブルにのみ作成できるインデックスです。テーブルのデータはハッシュ関数によって**ハッシュバケット**[※6]に関連付けられます（図7.10）。ハッシュバケットの詳細についてはコラム（p.171）も参照してください。

※5　本書では詳しく取り上げないため、詳細については次のMicrosoft Docsサイトで確認してください。

▼メモリ最適化テーブルのインデックス
https://docs.microsoft.com/ja-jp/sql/relational-databases/in-memory-oltp/indexes-for-memory-optimized-tables

※6　ハッシュインデックスの各要素。詳細はコラム（p.171）参照。

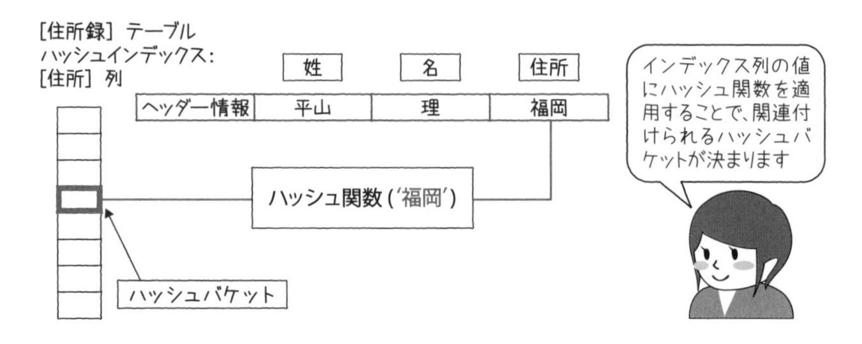

図7.10　ハッシュインデックス

また、従来のインデックスとは異なりB-Tree形式ではなく、ハッシュバケットをもとにしたデータの関連付けを行います（図7.11）。

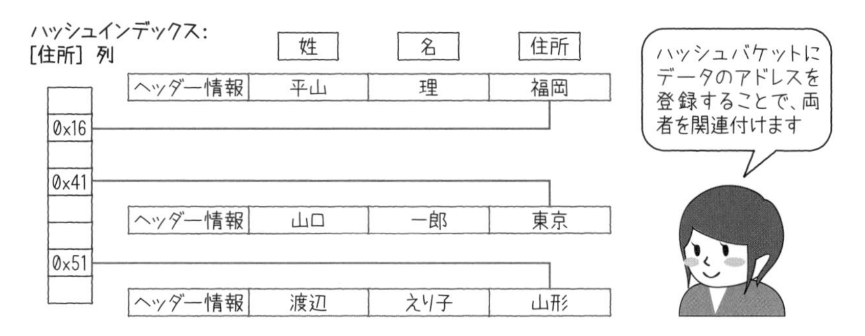

図7.11　ハッシュバケットをもとにしたデータの関連付け

データ検索の際には、条件に指定されたキー値をもとに該当するハッシュバケットを特定し、そのリンクリスト内から合致する値を取得します（図7.12）。このような動作は、非常に少ないデータ（究極的には1件）の参照に適しています。

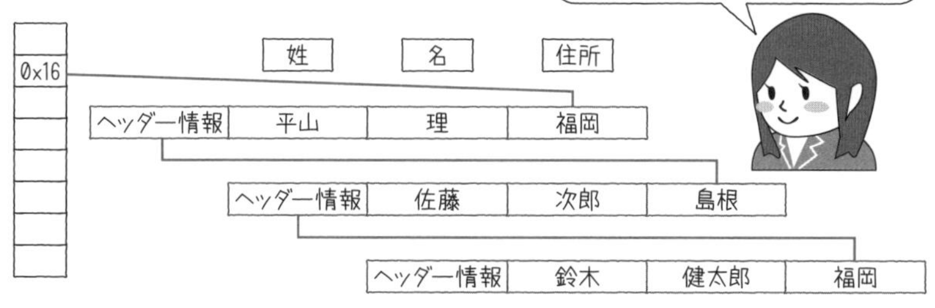

図7.12　データの検索

Column

ハッシュバケット

ハッシュインデックスに指定した列の値にハッシュ関数を適用することで、どのハッシュバケットに関連付けられるかが決まります。同じ値は常に同じハッシュバケットに関連付けられます。また、ハッシュ関数を適用した結果としてデータが均等にハッシュバケットに割り振られるわけではない点に注意が必要です。

ハッシュインデックスはメモリ最適化テーブル作成時に定義し、ハッシュバケットの数もその際に指定します（ALTER TABLEステートメントで後から変更することもできます）。

クライアントから要求されたデータの有無を確認するために、ハッシュバケットにリンクされたすべてのデータを検証する必要があります。そのため、ハッシュバケットにリンクされるデータが多くなればなるほど、データの参照速度が低下してしまいます。良好なパフォーマンスを維持するためには、バケット数はテーブルの一意の値の数と等しいか、1/2以内の範囲で指定することが推奨されています。

データを参照する場合にも、結果セットに含むべきデータがどのハッシュバケットに関連付けられているかを特定するためにハッシュ関数が使用されます（**図7.A**）。

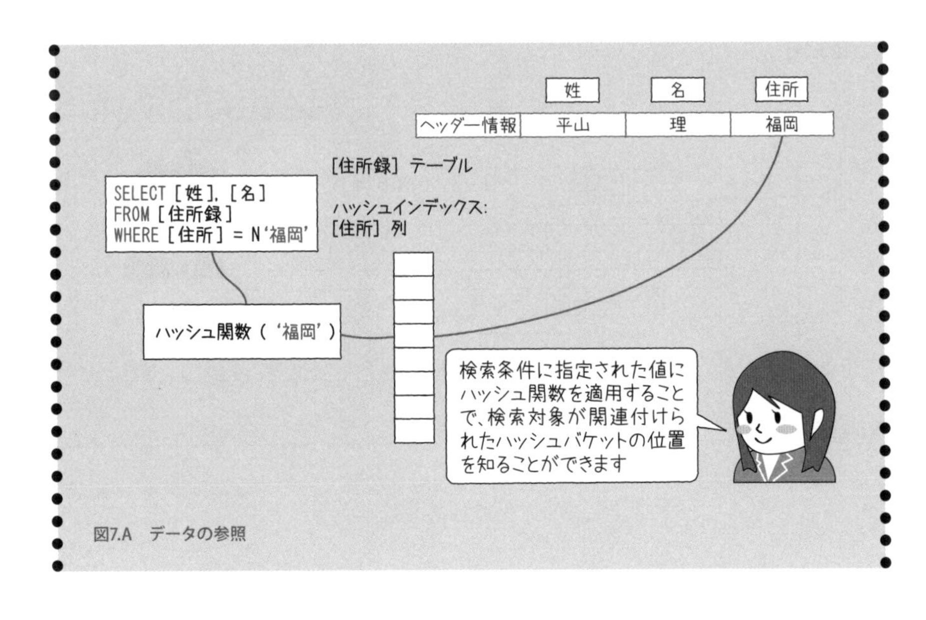

図7.A　データの参照

インメモリ非クラスタ化インデックス

ハッシュインデックスの構造は、クエリ条件に指定された値をもとに1件のデータを取得する際には非常に優れたパフォーマンスを発揮しますが、一定範囲のデータをまとめて取得することに向いていません。それは、連続する領域をスキャンするのではなく、ハッシュ値に合致する値の取得を繰り返すためです（図7.13）。

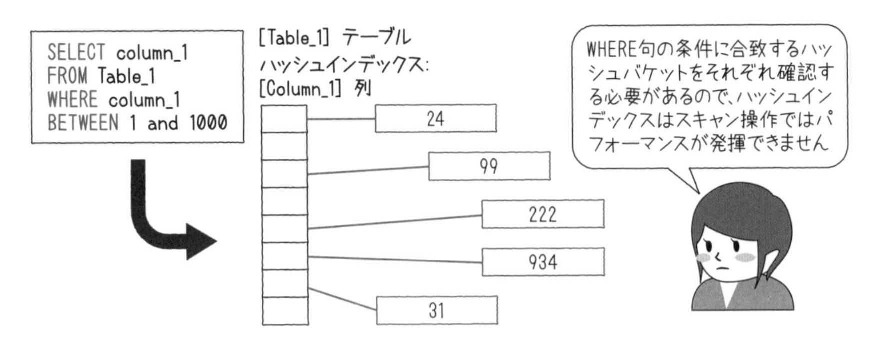

図7.13　ハッシュインデックスは一定範囲のデータ取得には向かない

OLTPのワークロードは、少量データへのアクセスが大部分とはいえ、範囲スキャンも一定頻度で発生することがほとんどです。そのようなアクセスパターンでパフォーマンスを発揮するために実装されたものが、**インメモリ非クラスタ化インデックス**です。その名が示すとおり、ディスクテーブルの非クラスタ化インデックスのB-Treeと類似した構造を持つインデックスですが、いくつかの違いがあります。

最も大きな違いは**マップテーブル**の存在です。マップテーブルは、インデックスの論理ページ番号と実際にデータが配置されているメモリ上のアドレスを結び付けるために使用されます（図7.14）。

これはB-Tree的な構造を持つデータを、ロックやラッチを使用せずに更新するためのとても重要な役割を持ちます（詳細は後述します）。

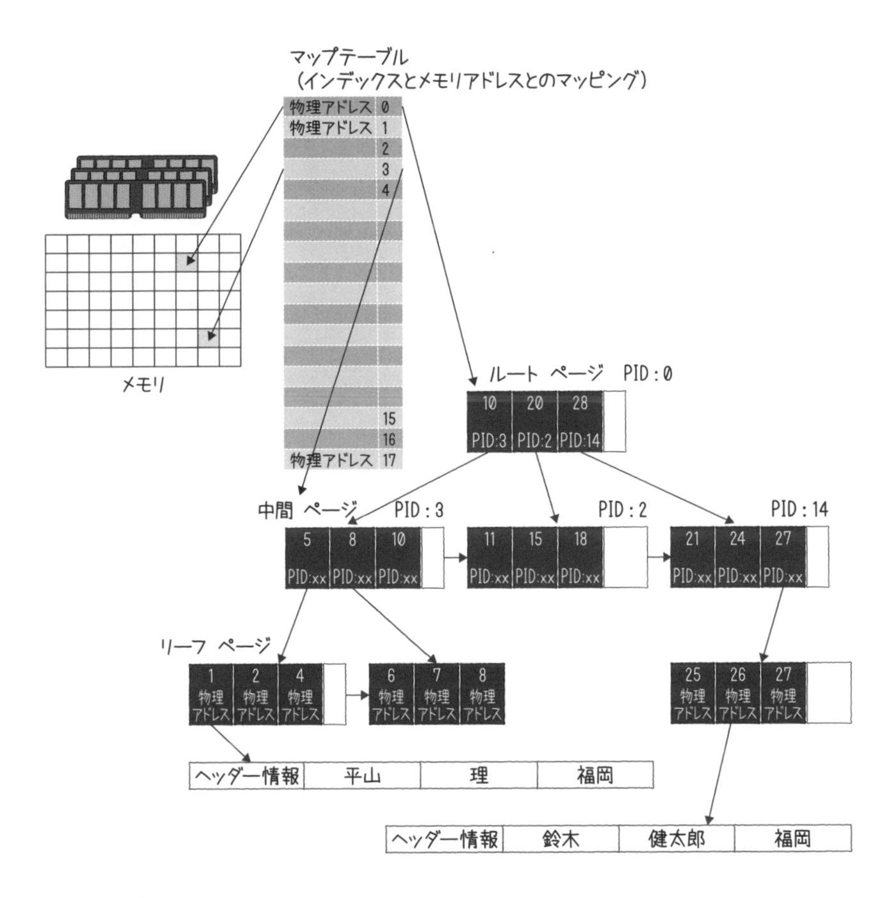

図7.14 マップテーブル

そしてもう1つの違いは、そのデータ構造的な制約から、インデックスの論理ページのリンクが片方向しか存在しないことです。つまり、インデックス定義の際に指定した並び順でのみデータを検索することができます。昇順で作成したインデックスは、降順でのアクセスに使用することはできません（図7.15）。もしも、昇順、降順の双方で検索する必要がある場合には、2つのインデックスを作成する必要があります。

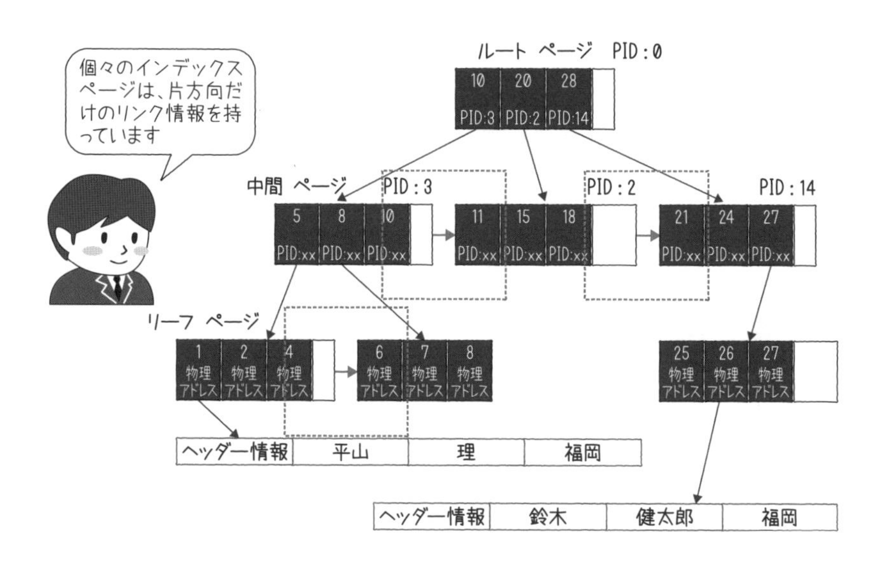

図7.15 論理ページのリンクは一方向

7.2.3 ネイティブコンパイルストアドプロシージャ

通常のTransact-SQLを使用してもメモリ最適化テーブルへアクセスすることができます。ただし、メモリ最適化テーブル専用のアクセスパスを持つ**ネイティブコンパイルストアドプロシージャ**を使用してアクセスすることで、より高速なパフォーマンスを得ることができる場合もあります。

ネイティブコンパイルストアドプロシージャを作成するためにCREATE PROCEDUREが実行されたタイミングで、ストアドプロシージャのコードをもとにしたC言語ソースコードが生成されます。さらにコンパイルおよびリンクが実行された結果として.dllファイル（動的リンクライブラリ）ができあがります（図7.16）。

```
CREATE PROCEDURE Proc_1
AS
BEGIN
          CREATE TABLE #temp_tbl1 (
          c1 int,
          c2 nvarchar(20)
          )

          INSERT #temo_tbl1(c1, c2)
          SELECT user_id, user_name
          FROM [Customers]

          :
          :
          :
END
```

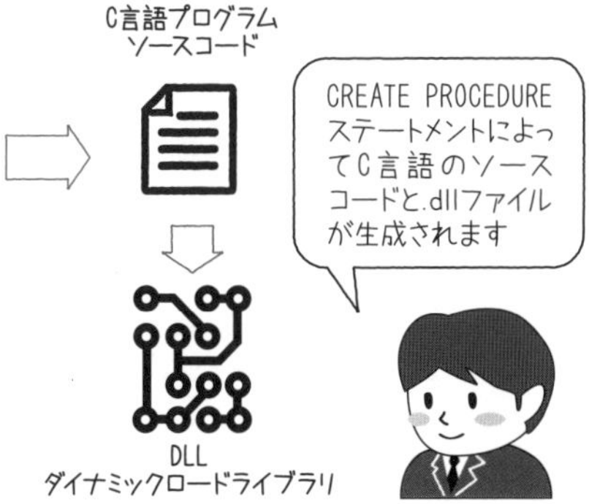

図7.16　ネイティブコンパイルストアドプロシージャの作成

ネイティブコンパイルストアドプロシージャを作成する際には、CPUリソースを使用することになりますが、実行時ごとにコンパイルされる通常のストアドプロシージャと比べると、運用時間帯のコンパイルによるCPUリソースの使用を抑制することが可能になります。それに伴い、本来優先されるべきビジネスロジックの実行などへのCPUリソース割り当てにつながります。

ただし、すべての処理において通常のストアドプロシージャよりも処理速度が速いわけではなく、一般的には次のような特徴を持つ処理実行時にパフォーマンスを発揮します。

・クエリに集計が含まれている
・クエリ内に複数階層を持つループ結合が含まれている
・サブクエリなどで複数ステートメントを含むクエリ
・複合式を含むクエリ
・条件式やループなどの手続き型処理を含むクエリ

一方で、非常に単純なクエリ（たとえばWHERE句の条件に合致する1件のデータを抽出するようなクエリ）の場合は、通常のストアドプロシージャのパフォーマンスと大差ない場合もあります。そのため、すべての場合において常にネイティブコンパイルストアドプロシージャを使用する必要はありません。上記の条件に合致するようなクエリや、大量に実行される処理に関しては、検証などで効果を見極めたうえで採用を検討することが推奨されています。

ロック／ラッチを獲得せずにデータ更新を実現する方法とは？

メモリ最適化テーブルではスループット向上のために、ディスクテーブルのリソース保護の仕組みであるロックやラッチを使用しません。それでは、どのようにしてデータ更新を実現しているのでしょうか？

まずディスクテーブルにデータを追加する場合の動作から確認してみましょう。

ディスクテーブルの場合

①追加するページに排他ロックを獲得

②ページにデータを追加

③ロックを解放

④ロックが保持されている間は互換性のないロック同士の競合（ブロッキング）が発生し、待機時間がスループットを低下させる（図7.B）

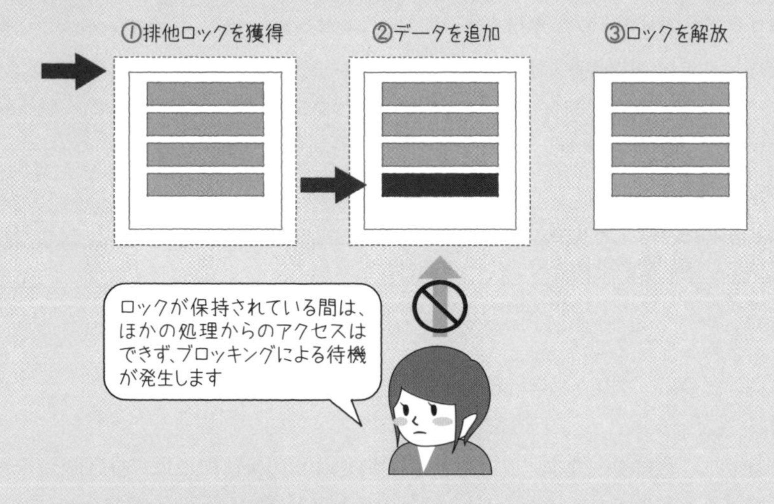

図7.B　ディスクテーブルにデータを追加する場合

続いてメモリ最適化テーブルの動作です。

メモリ最適化テーブルの場合

①メモリ上に追加データを配置

②既存データのリンク先アドレスを**アトミック操作**[※7]で更新

※7　いくつかの処理が組み合わされて、不可分なものとして実行される操作を意味します。リンク先アドレスの更新には、アセンブラのCMPXCHG命令が使用されます。CMPXCHG命令では、アトミック操作でレジスタ（AL、AX、EAX、RAXなど）値の書き換えが可能です。

③新規データ自体のメモリへの展開は、既存データと関連しない形で行われる。また、データの関連付けもアトミックに行われるため、ロック／ラッチといった整合性保護のための操作が不要となり、それらの待機時間が発生することはない（図7.C）

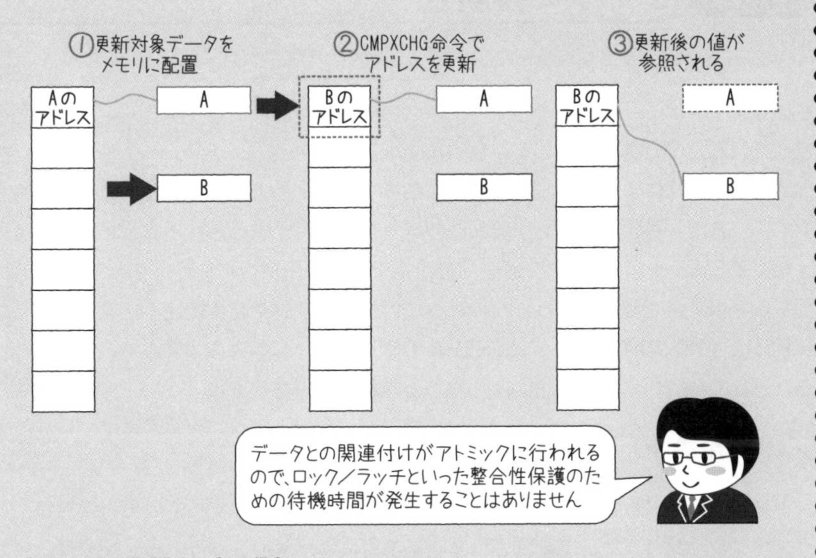

図7.C　メモリ最適化テーブルの場合

このようなシンプルな動作でデータ更新を実施することによって、従来は必要とされるロックおよびラッチの回避を実現しています。

7.3 インメモリ OLTP のデータ管理

7.3.1 データの持続性

メモリ最適化テーブルのデータは、すべてメモリ上にロードされていることが前提となります。メモリ上にしか存在していない場合、当然のことながらSQL Serverが再起動されるとデータは消失してしまいます。

データの用途によっては、そのような動作であってもまったく問題ない場合もあります。一方で、再起動の後も同じ状態のデータの使用が求められることがほとんどではないでしょうか。そのため、メモリ最適化テーブルへ格納するデータの保持方法は、どちらの場合にも対応できるようになっています。データの持続性オプションとして**SCHEMA_AND_DATA**あるいは**SCHEMA_ONLY**から一方を選択することができます。それぞれの持続性オプションには、次のような特徴があります。

SCHEMA_AND_DATA

ディスクテーブルと同様にメモリ最適化テーブルに対するすべての更新操作が、トランザクションログとして記録されます。これによりSQL Serverの再起動が行われてもデータが失われることはありません。また、永続化されたデータは、データベースのバックアップの対象に含まれるので、ハードウェア障害などによるデータベース破損が発生しても、定期的に取得したバックアップから復元することができます（図7.17）。

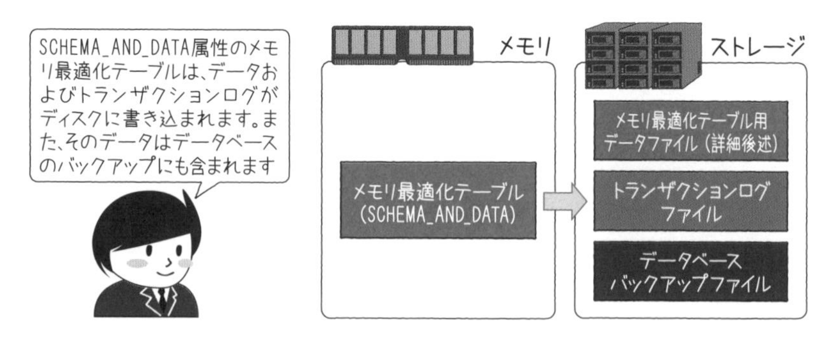

図7.17　SCHEMA_AND_DATA

その一方で、更新操作ごとに出力されるトランザクションログを書き込むためのI/O操作がディスクテーブルと同様に発生し、ボトルネックとなる場合があります（インメモリデータベースなのに、ディスクI/Oがボトルネックになってしまうのです！）。そのような状態を回避するため、高速なストレージへトランザクションログファイルを配置するなどの対処が必要になります。

SCHEMA_ONLY

SQL Serverが再起動されるとデータはすべて失われてしまい、メモリ最適化テーブルのスキーマのみが保持されます。つまり、SQL Serverがいったんシャットダウンされると、データの持続性はありません。ただし、更新操作をトランザクションログとして記録しないため、SCHEMA_AND_DATAを選択した場合と比較するとI/O操作数が大幅に減少します。それに伴って、更新操作のパフォーマンス向上が期待できます（図7.18）。

そのような特徴から、一時的なデータ保管場所としてメモリ最適化テーブルを使用する場合（ETLやバッチの中間データ格納先など）は、大きな利点となります。

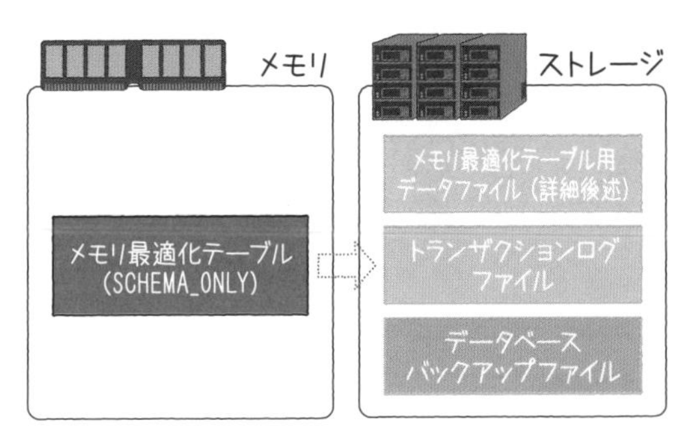

図7.18　SCHEMA_ONLY

7.3.2 メモリ最適化テーブルのデータ構造

ここからは、ディスクテーブルとは大きく異なるメモリ最適化テーブルのデータ構造について詳細に紹介します。

ディスクテーブルでは8KBの定型サイズのページにデータが格納されますが、メモリ最適化テーブルのデータは、各行が可変サイズの領域としてメモリ上に存在しています。

メモリ最適化テーブルのデータは、図7.19のように**行ヘッダー**および**ペイロード**と呼ばれる、2種類の情報から構成されます。ペイロードにはデータ自体が格納され、行ヘッダーには管理情報が格納されています。

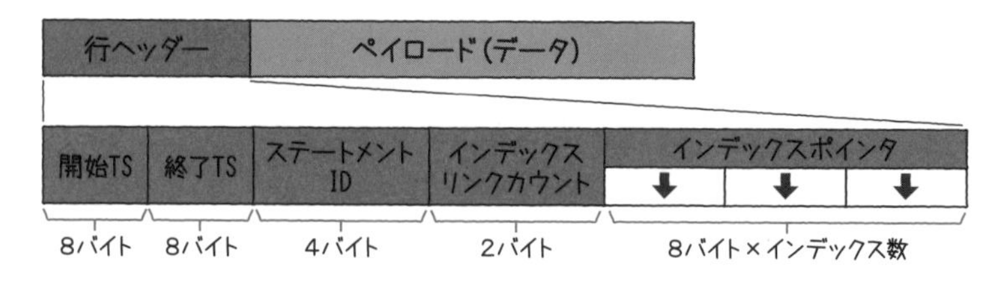

図7.19 SCHEMA_ONLY

行ヘッダーは、表7.1の情報によって構成されています。

表7.1 行ヘッダーが格納する情報

情報	説明
開始タイムスタンプ	データ生成(INSERT)が行われたトランザクションのタイムスタンプ
終了タイムスタンプ	データ削除(DELETE)が行われたトランザクションのタイムスタンプ。まだ、削除されていない行は、∞(infinity)が設定される
ステートメントID	データを生成したステートメントID(トランザクション内のすべてのステートメントが、トランザクション内で一意なステートメントIDを持つ)
インデックスリンクカウント	何個のインデックスがこの行を参照しているかを表す
インデックスポインタ	インデックスのアドレスを示すポインタ

7.3.3 データのライフサイクル

メモリ最適化テーブルのデータがどのような過程を経て生成、参照、削除、更新されるのか、内部的な動作を見ていきましょう。

ここでは、例として表7.2のような構造のテーブルにアクセスすることにします。

表7.2 テーブルの例

テーブル名	列名	データ型	インデックス
住所録	姓	nvarchar (50)	なし
	名	nvarchar (50)	なし
	住所	nvarchar (50)	ハッシュインデックス

それでは、各DML[※8]実行時の動作を確認しましょう。

INSERTの動作

インメモリOLTPには、大量に発生する小規模トランザクションの処理速度を大幅に向上させることが求められます。そのため、メモリ最適化テーブルに対して、いかに迅速にデータを追加することができるかが至上命題の1つです。その実現のために、可能な限りシンプルな処理をできるだけ少ないステップ数によってINSERTステートメントが完了できるように設計されています。

それでは、具体例とともに動作を確認してみましょう。

実行されるステートメント

```
INSERT [住所録]([姓],[名],[住所]) VALUES (N'平山', N'理', N'福岡')
```

①列を生成（図7.20①）

②開始タイムスタンプに実行時のタイムスタンプを設定（図7.20②）

③終了タイムスタンプには∞を設定（図7.20③）

④［住所］列にハッシュインデックスが定義されているので、ハッシュ関数を適用した結果、割り当てられたハッシュバケットにデータのアドレスを登録（図7.20④）

⑤もしもすでに登録済みのアドレスが存在する場合は、リンクリストの最後尾に追加（図7.20⑤）

※8 DML（Data Manipulation Language：データ操作言語）は、データベースのデータを操作するための命令のことで、代表的なものとしてSQL文のSELECT（検索）、UPDATE（更新）、DELETE（削除）、INSERT（挿入／新規登録）があります。

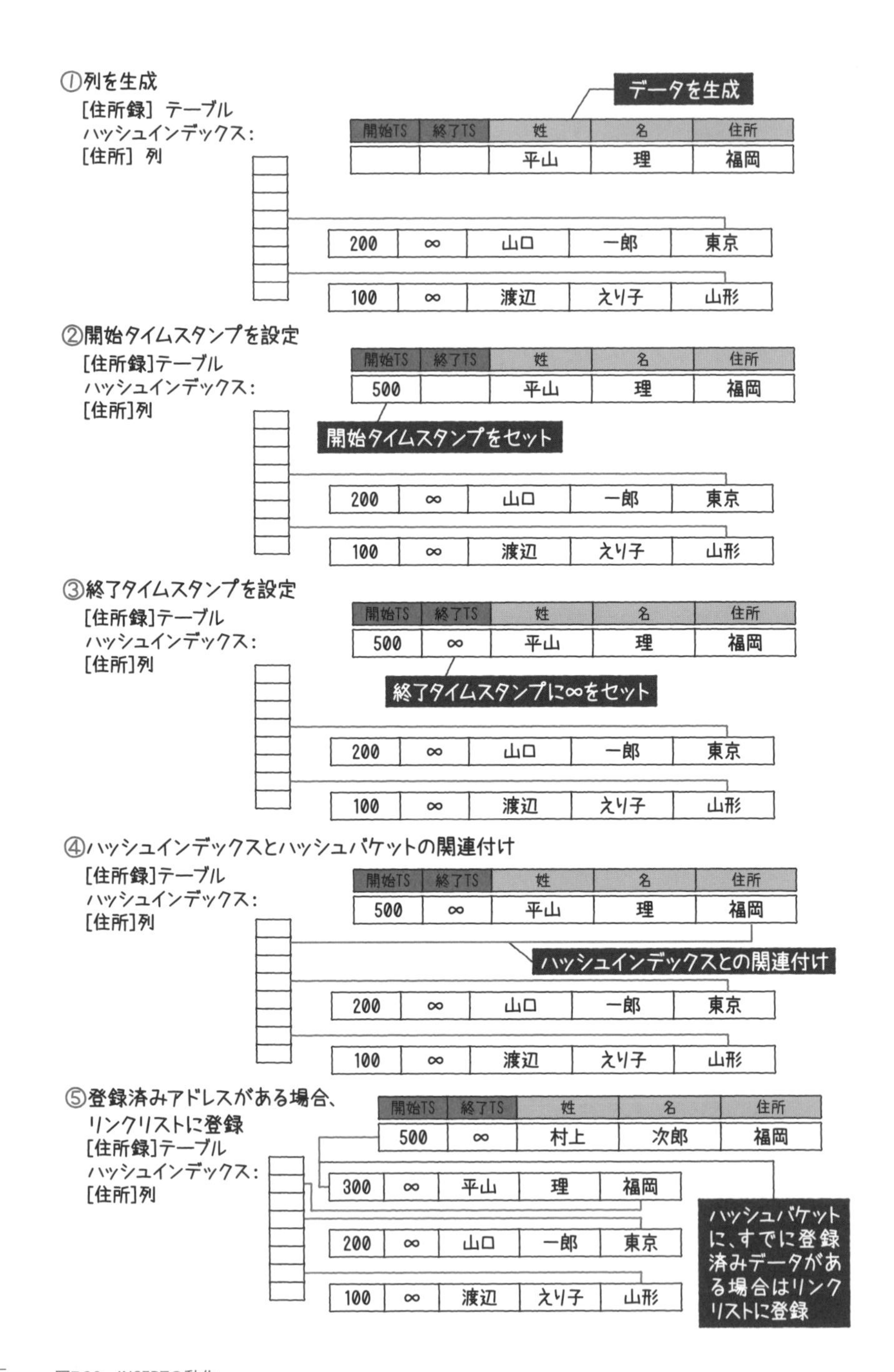

図7.20　INSERTの動作

SELECTの動作

メモリ最適化テーブルには、クラスタ化列ストアインデックス、非クラスタ化インデックスおよびハッシュインデックスを作成することができます。クラスタ化列ストアインデックスと非クラスタ化インデックスを使用したSELECTステートメントの動作は、ディスクテーブルのものと基本的には同じ原理で処理されます。そのため、ここでは最もメモリ最適化テーブルの特徴的な動作である、ハッシュインデックスを使用したデータへのアクセス方法の詳細を紹介します。

それでは、具体例とともに動作を確認してみましょう。

実行されるステートメント

```
SELECT [姓], [名], [住所]) FROM [住所録] WHERE [住所] = N'福岡'
```

①WHERE句に指定した条件をハッシュ関数に適用して、該当するハッシュバケットを確認（図7.21①）
②ハッシュバケット内を検索し、条件に合致する値のアドレスを取得（図7.21②）
③上記②のアドレスをもとにデータを取得（図7.21③）

①WHERE句に指定した条件をハッシュ関数に適用

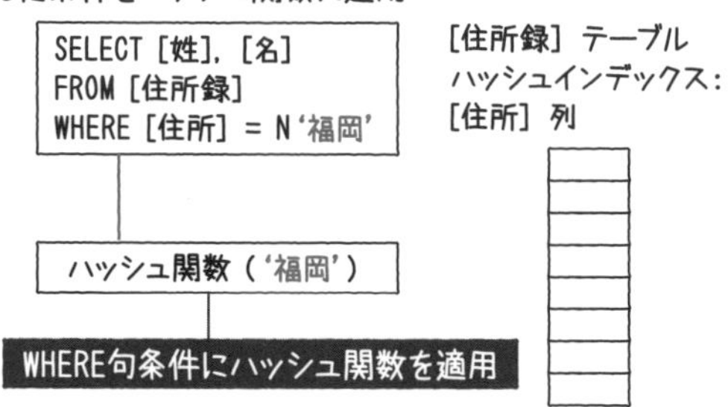

②ハッシュバケット内を検索し、検索対象を特定

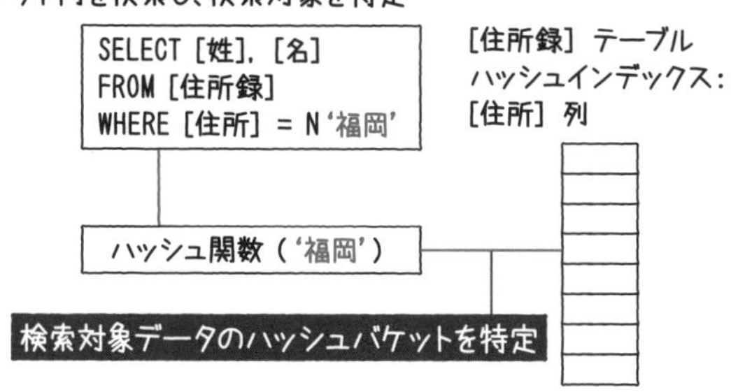

③アドレスをもとに検索対象データを取得

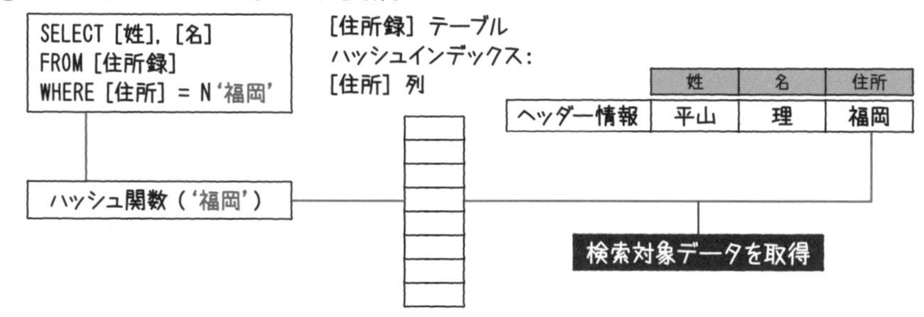

図7.21　SELECTの動作

DELETEの動作

DELETEステートメントが実行されると、対象となるデータに終了タイムスタンプが追加されて、それ以降のタイムスタンプを持つトランザクションからは、無効なデータとして認識されます。終了タイムスタンプの追加により、データは論理削除（アクセスはできないけれどデータがメモリ上に残っている状態）された後に、ガベージコレクションによってメモリ上から消去されます。

それでは、具体例とともに動作を確認してみましょう。

実行されるステートメント

```
DELETE [住所録] WHERE [住所] = N'福岡'
```

①WHERE句に指定した条件をハッシュ関数に適用して、該当するハッシュバケットを確認（図7.22①）
②ハッシュバケット内を検索し、条件に合致する値のアドレスを取得（図7.22②）
③上記②のアドレスのデータの終了タイムスタンプに、実行時のタイムスタンプを設定（図7.22③）。物理的なデータ削除は、後述のガベージコレクションによって実行される

①WHERE句に指定した条件をハッシュ関数に適用

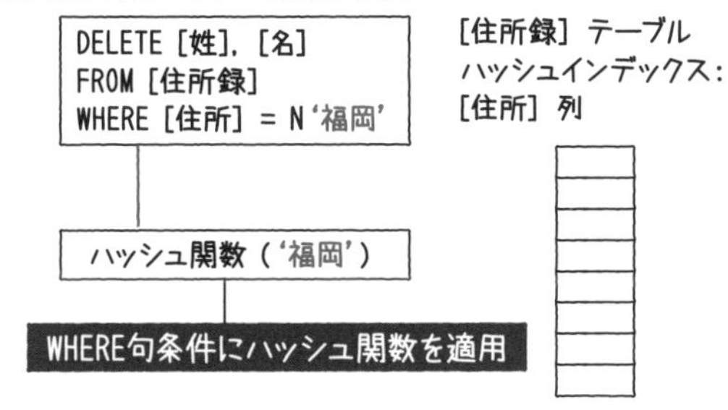

②ハッシュバケット内を検索し、削除対象を取得

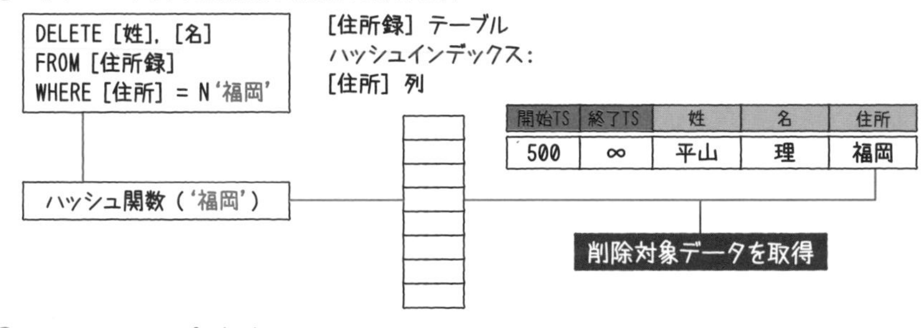

③終了タイムスタンプを設定

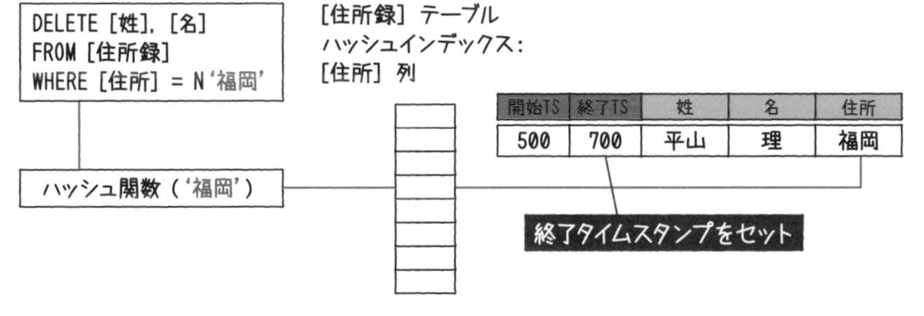

図7.22　DELETEの動作

UPDATEの動作

メモリ最適化テーブルにおいても、通常のディスクテーブルと同様に、UPDATEはINSERTとDELETEの組み合わせで実現しています。INSERTで更新後データの挿入を行い、DELETEで更新前データの削除を行います。

ディスクテーブルとの違いは、一連の作業がリンクリストの変更や管理情報の書き換えなどで構成され、非常に低負荷で実現できている点です。

それでは、具体例とともに動作を確認してみましょう。

実行されるステートメント

```
UPDATE [住所録] SET [姓] = N'山平', [名] = N'里王', [住所] = N'佐賀'
WHERE [住所] = N'福岡'
```

①更新対象列特定のために、WHERE句に指定した条件をハッシュ関数に適用して、該当するハッシュバケットを確認（図7.23①）
②ハッシュバケット内を検索し、条件に合致する値のアドレスを取得（図7.23②）
③上記②のアドレスのデータの終了タイムスタンプに、実行時のタイムスタンプを設定（更新前のデータの無効化：図7.23③）
④更新後データを生成し、開始タイムスタンプに実行時のタイムスタンプ、終了タイムスタンプには∞を設定（図7.23④）
⑤［住所］列にハッシュインデックスが定義されているので、ハッシュ関数を適用した結果、割り当てられたハッシュバケットにデータのアドレスを登録（図7.23⑤）

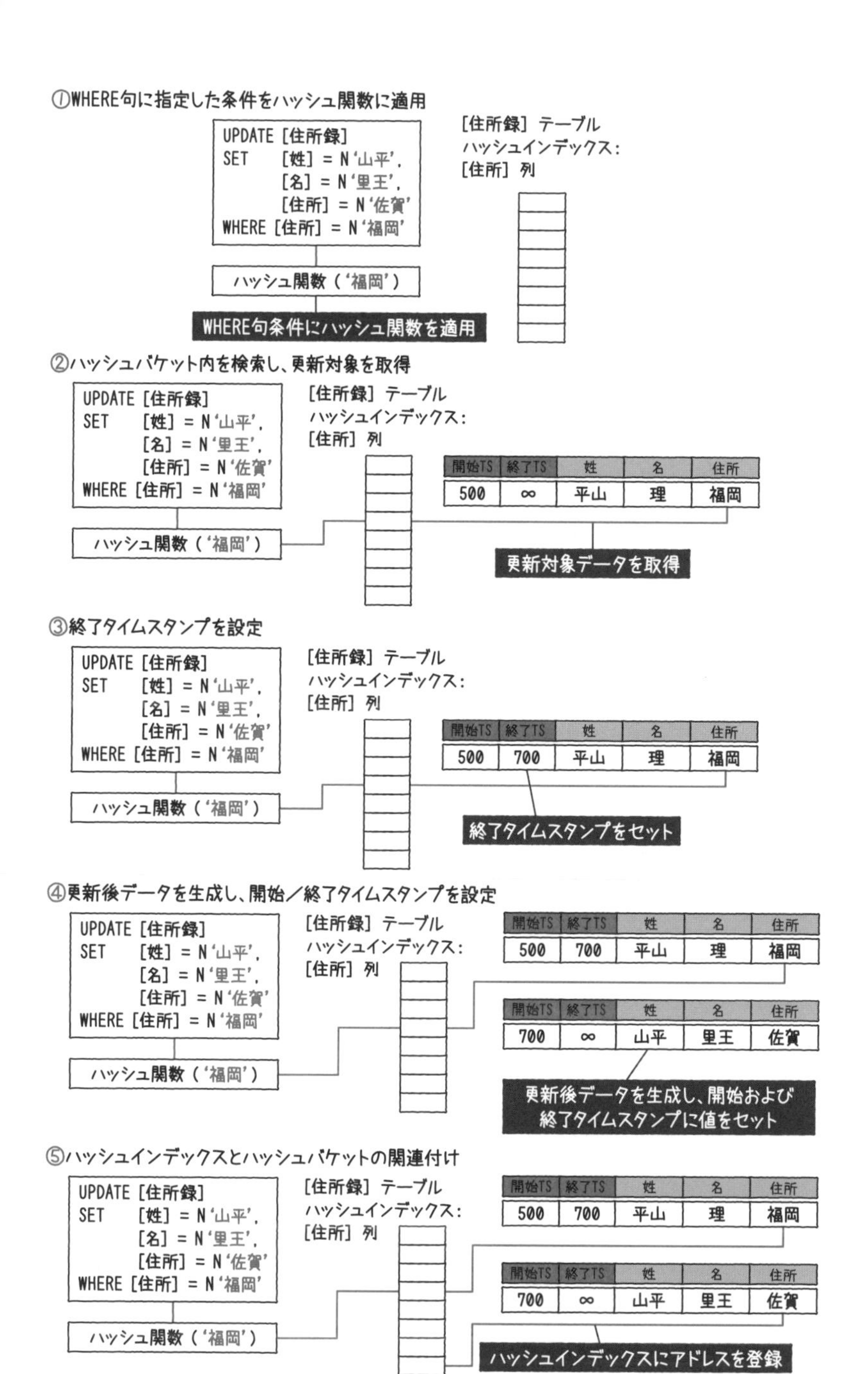

図7.23 UPDATEの動作

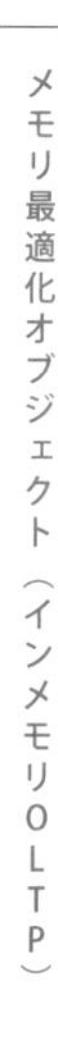

7.3.4 ガベージコレクション

メモリ最適化テーブルのデータはすべてメモリ上にロードされていて、さらに更新が発生すると複数バージョンのデータがメモリ上に存在することになります。そのため、定期的に不要になったデータをメモリから削除して、メモリ領域を解放しなければメモリリソースが枯渇してしまいます。

この不要になったメモリ領域を自動的に解放する機能が**ガベージコレクション**（garbage collection：GC）であり、SQL Serverにおいてメモリリソースの解放を担当するコンポーネントが**ガベージコレクションメインスレッド**です。

ガベージコレクションメインスレッドの動作

基本的には、1分ごとに起動されて次の動作を行います。また、多数のトランザクションが実行された場合にはガベージコレクションの必要性が高まるため、実行されたトランザクション数が内部的なしきい値を超えた場合、前回の実行からの間隔が1分未満であってもガベージコレクションメインスレッドは起動されます。

①現時点で最も実行時間が古いアクティブなトランザクションよりも、前にデータを削除あるいは更新したトランザクションを特定（図7.24①）

②タイムスタンプを使用して、上記①のトランザクションが生成した削除対象データを特定（図7.24②）

③上記②の削除対象データを16行ごとにひとまとまりにして、各スケジューラのガベージコレクションキューに登録（図7.24③）

Column

メモリ最適化テーブルとディスクテーブルのアクセス方法の違い

メモリ最適化テーブルへのアクセスは、ディスクテーブルとはまったく違う手段で行われています。

まず、テーブルの作成時点から大きく動作が異なります。メモリ最適化テーブルをCREATE TABLEステートメントで作成すると、実はバックグラウンドでC言語のソースコードが作成されます。ソースコードにはテーブルの構造定義が含まれるとともに、各DML（SELECT、UPDATE、DELETE、INSERTなど）が実行された際に呼び出されるコールバックルーチンも記述されています（図7.D）。

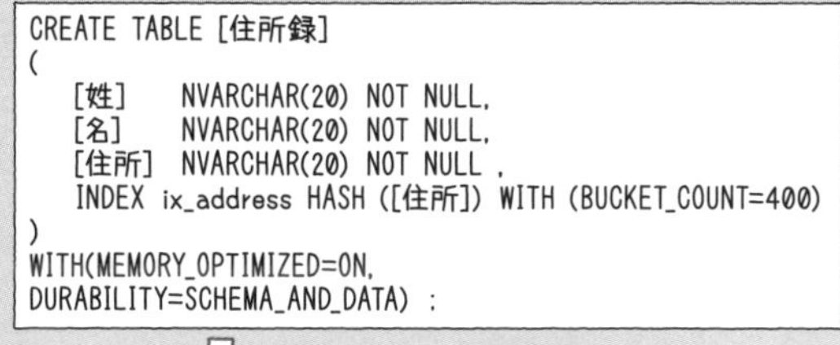

```
CREATE TABLE [住所録]
(
   [姓]    NVARCHAR(20) NOT NULL,
   [名]    NVARCHAR(20) NOT NULL,
   [住所]  NVARCHAR(20) NOT NULL ,
   INDEX ix_address HASH ([住所]) WITH (BUCKET_COUNT=400)
)
WITH(MEMORY_OPTIMIZED=ON,
DURABILITY=SCHEMA_AND_DATA) ;
```

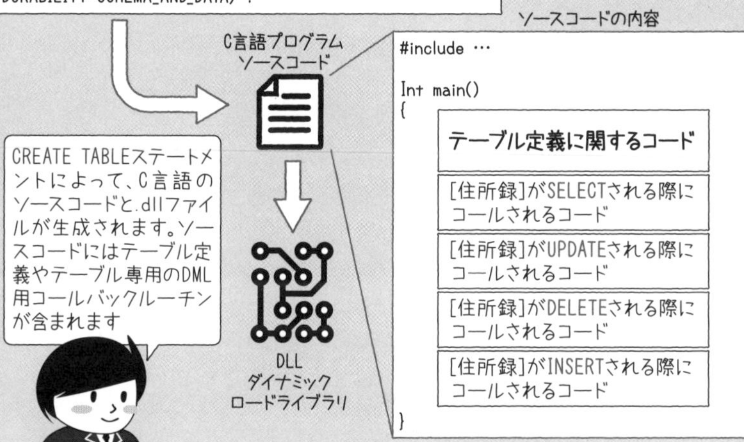

図7.D　メモリ最適化テーブルへのアクセス

これはどのような意味を持つのでしょうか?

ディスクテーブルに対してDMLが実行されると、SQL Server内ではすべてのオブジェクトに対応する汎用的なモジュールがコールされて処理を実行します。

汎用モジュールなので、操作対象となるのはどのようなオブジェクトなのかをメタデータから確認する必要があります。たとえば、テーブルに含まれる列の数、個々の列のデータ型、といった基本的な情報を得てから、実際のデータ操作を開始します（図7.E）。

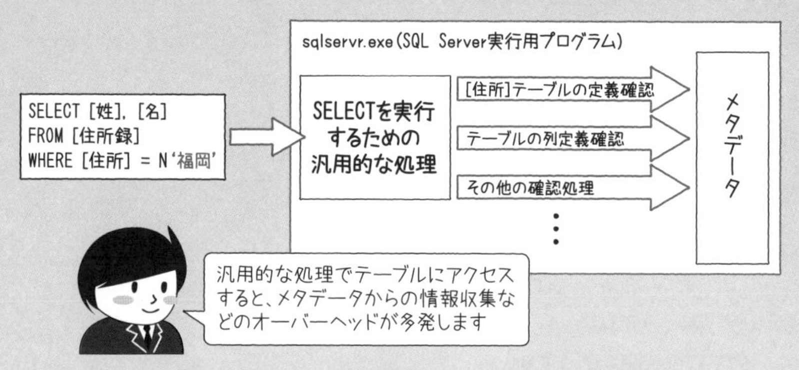

図7.E　ディスクテーブルに対してDMLを実行した場合

メモリ最適化テーブルでは、メタデータを確認する必要はありません。なぜなら、CREATE TABLEの際に作成されたテーブルごとの専用モジュールがコールバックルーチンとして用意されているからです。あるメモリ最適化テーブルに対してSELECTステートメントが実行されると、対象テーブル用のSELECTコールバックルーチンがコールされます。

コールバックルーチン内では、すでに対象テーブルの構造が考慮された処理が記述されているため、事前に確認するためのメタデータへのアクセスを省略することができます。その分だけ処理が少なくなりCPUリソース使用分の抑制につながります。

一見このような小さな処理の有無には、大した意味はないように思えるかもしれません。しかし、短時間で対象のトランザクションの処理が必要な局面では、大きな違いとなって現れてきます。

インメモリOLTPでは、このような機能の実装を積み上げることによって、単位時間当たりのトランザクション処理量の増加を実現しているのです。

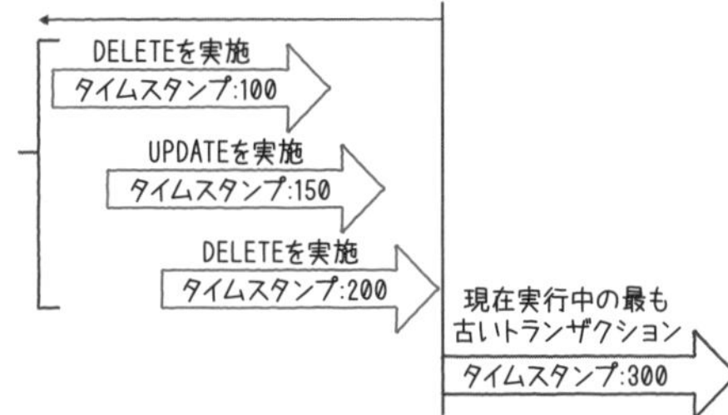

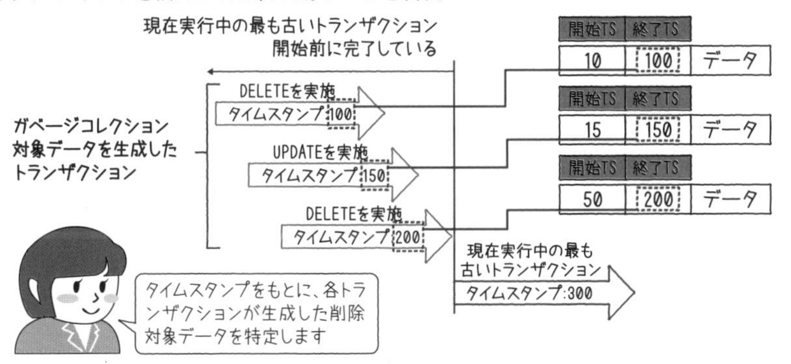

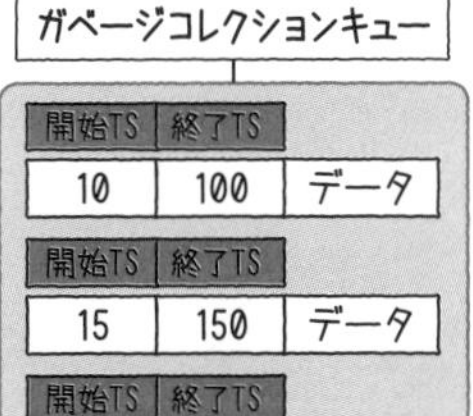

図7.24　ガベージコレクションメインスレッドの動作

メモリの解放

ガベージコレクションメインスレッドの役割は、「解放対象となるデータの整理まで」です。実際のメモリ解放は下記の流れで、個々のユーザートランザクションの後処理で実行されます。この動作はSQLOSスケジューラの動作と似ていますね。

①ユーザートランザクションはコミットが完了すると、関連付けられたスケジューラのガベージコレクションキューを確認（図7.25①）
②キューに登録された各行が使用していたメモリ領域を解放（図7.25②）
③スケジューラのキューに登録された対象が存在しなければ、スケジューラが所属するNUMAノード内の別のスケジューラのガベージコレクションキューを確認し、キューに登録された各行のメモリ領域を解放（図7.25③）

基本的には、メモリの解放はユーザートランザクションによって実施されることが多いですが、ガベージコレクションメインスレッドが担当する場合もあります。

たとえば、メモリの多くの部分が割り当て済みとなっていて、メモリリソースの圧迫が発生しているような場合、積極的に不要となったメモリ領域を解放する必要があります。そのような状況下であっても、メモリ解放を担当するユーザートランザクションが途切れなく実行されていれば何ら問題はありません。しかし、いつも都合よくユーザートランザクションが実行されているとは限りません。

そのような事態に備えてガベージコレクションメインスレッドは、すべてのガベージコレクションキューにアクセスしてメモリを解放する機能を保持しています。たとえユーザートランザクションが実行されていないときに、メモリリソースの圧迫が発生したとしても、ガベージコレクションメインスレッドがその状況を検知して対応を実施するので問題ありません。

①スケジューラのガベージコレクションキューを確認

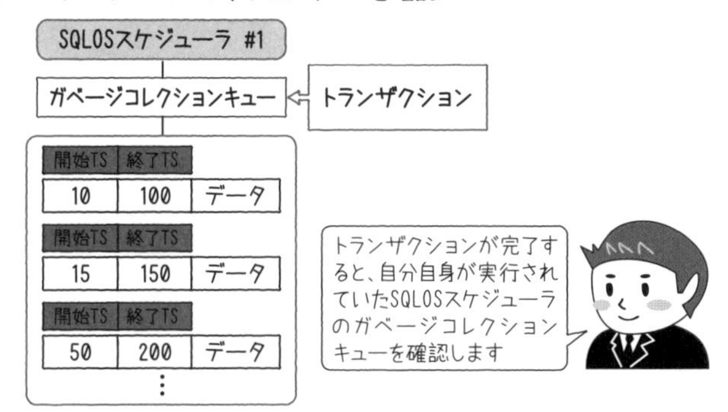

②削除対象のメモリ領域を解放

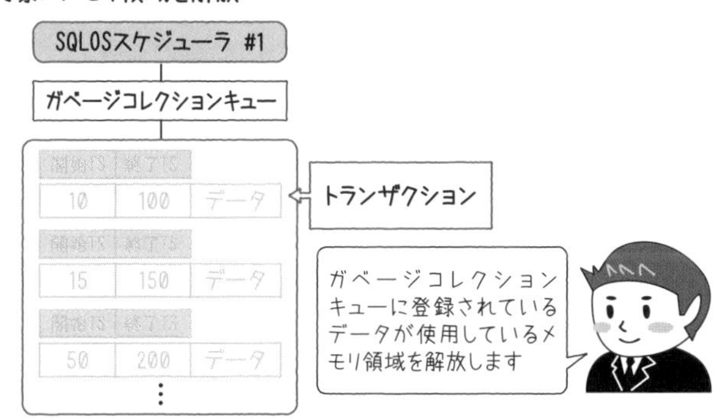

③ガベージコレクションキューが空だった場合

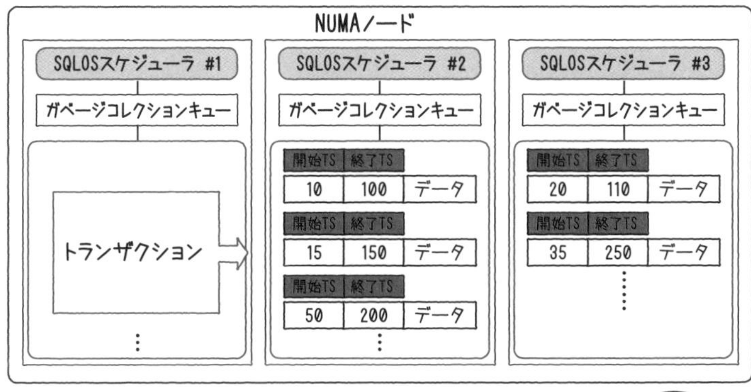

図7.25　メモリの解放の動作

7.3.5 ディスクに保存するためのオブジェクト

SCHEMA_AND_DATA属性を持つメモリ最適化テーブルは、ディスクテーブルと同様にそのデータはディスクに書き込まれます。まずこの項でメモリ最適化テーブルがディスク上でどのような形式で保存されるかを見たうえで、次項でどのような処理を通して保存されるかについて説明します。

メモリ最適化テーブルをディスクに保存するためのオブジェクトには、次のようなものがあります。

メモリ最適化ファイルグループ

メモリ最適化テーブルのデータは、ディスクテーブルとは異なる専用の領域に格納されます。専用の領域は**メモリ最適化ファイルグループ**と呼ばれ、1つ以上のコンテナによって構成されます。

このコンテナには、物理的な配置先を指定することができます。そのため、複数の異なる物理ディスクにコンテナを配置することで、ディスクI/Oの帯域を確保することができます。その利点は、SQL Server起動時などに発生するメモリ最適化テーブルのメモリへのロードが並列で実行可能になり、処理に必要となる時間を短縮できることです（図7.26）。

メモリ最適化ファイルグループは、SQL Serverに以前から実装されている**FILESTREAM**機能[※9]を使用しています。

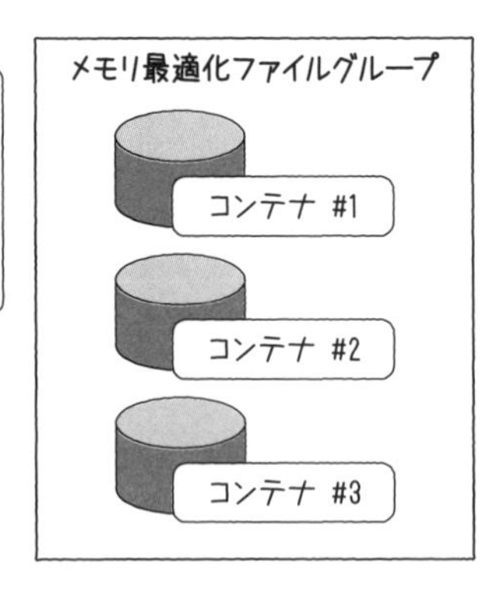

図7.26　メモリ最適化ファイルグループ

※9　FILESTREAMは、ドキュメントやイメージデータなどの非構造化データをSQL Server内のオブジェクトとして管理する機能です。メモリ最適化テーブルのデータファイルおよびデルタファイルは、従来のデータベースファイル（.mdfファイル）ではなく、非構造化データとして取り扱われます。

データファイル

メモリ最適化テーブルは、ディスクテーブルのように8KBの固定サイズのページにデータを格納するわけではありません。様々なテーブルの様々なサイズの行が、テーブルに追加された順序で混在した状態で格納されています。データは常に最後尾に追加されるため、ディスクへは**順次アクセス**を行います。これはランダムアクセスよりも順次アクセスの速度に優位性がある、ハードディスクにおいて特にパフォーマンス面での利点があります。

データファイルは、図7.27のような構造になっています。

データファイル

生成時タイムスタンプ	テーブルID	行ID	行データ
生成時タイムスタンプ	テーブルID	行ID	行データ
生成時タイムスタンプ	テーブルID	行ID	行データ
生成時タイムスタンプ	テーブルID	行ID	行データ

図7.27　データファイル

データファイルに対して常にデータが追加されますが、いったん追加されたデータが更新されることはありません。同じデータに対して変更が加えられると、新しいタイムスタンプとともに新たなデータとして追加されます（図7.28）。データファイル内のデータ量が一定数に達すると、新しいデータファイルが追加されます。

データファイル

生成時タイムスタンプ	テーブルID	行ID	行データ
生成時タイムスタンプ	テーブルID	行ID	行データ
生成時タイムスタンプ	テーブルID	行ID	行データ
生成時タイムスタンプ	テーブルID	行ID	行データ
生成時タイムスタンプ	テーブルID	行ID	行データ
生成時タイムスタンプ	テーブルID	行ID	行データ

図7.28　データファイルへのデータ追加

デルタファイル

デルタファイルは、削除されたデータに関する情報を格納するために使用されます。データファイル内のデータは、個別のDELETEステートメントなどで削除されても、物理的に削除されることはありません。デルタファイル内に削除されたデータを示す情報を登録することで、論理的に削除されたことを表現します。

デルタファイルは、図7.29のような構造になっています。データファイルは、データ自体を保持していますが、デルタファイルには行IDと削除されたタイムスタンプが格納されます。

デルタファイル

生成時タイムスタンプ	削除時タイムスタンプ	行ID
生成時タイムスタンプ	削除時タイムスタンプ	行ID
生成時タイムスタンプ	削除時タイムスタンプ	行ID
生成時タイムスタンプ	削除時タイムスタンプ	行ID

図7.29　デルタファイル

データファイルのデータはSQL Server起動時にメモリにロードされますが、デルタファイルをフィルタとして使用することで、ロードする対象を削除されていないデータに限定することができます（図7.30）。

データファイル

生成時タイムスタンプ	テーブルID	行ID	行データ
100	300	10	AAA
200	350	20	BBB
300	400	50	CCC

デルタファイルをフィルタとして使用することにより、削除されたデータがメモリ上にロードされることを防止

デルタファイル

生成時タイムスタンプ	削除時タイムスタンプ	行ID
100	500	10
200	600	20

メモリ上にロードされるデータ

生成時タイムスタンプ	テーブルID	行ID	行データ
300	400	50	CCC

データファイルのデータをメモリにロードする際に、デルタファイルの削除情報が、データのフィルタに使用されます

図7.30　デルタファイルによるデータのフィルタ

チェックポイントファイルペア

データファイルとデルタファイルは必ず一対のペアとして取り扱われ、**チェックポイントファイルペア**と呼ばれます（図7.31）。

データファイルとデルタファイルは、必ず一対のペアとして存在し、それぞれをチェックポイントファイルペアと呼びます

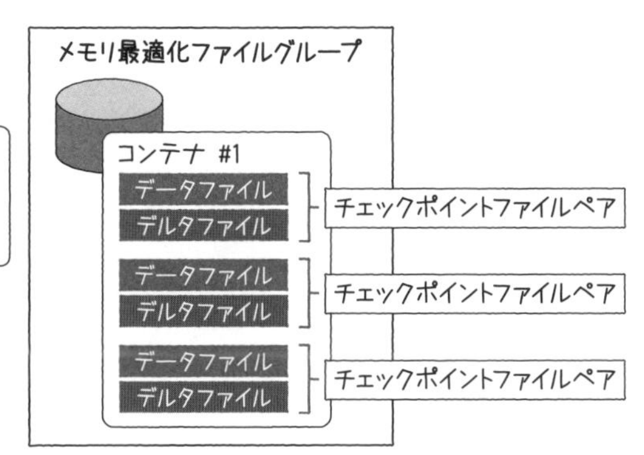

図7.31　チェックポイントファイルペア

7.3.6 ディスクへの保存の際の動作

メモリ最適化テーブルがディスクへ書き込まれる際の動作や、書き込まれた後に発生する処理はディスクテーブルと大きく異なります。それらを理解しておくことは、インメモリOLTPを活用するためにとても重要です。

メモリ最適化テーブルのチェックポイント

SCHEMA_AND_DATA属性を持つメモリ最適化テーブルの情報がディスクに書き込まれる契機（きっかけ）は、ディスクテーブルと同様にチェックポイントです。ただし、定期的にダーティページをデータベースファイルへ書き込むディスクテーブルのチェックポイントとは異なります。

チェックポイントが実行されると、メモリ最適化テーブルに対して次の操作が行われます（図7.32）。

①トランザクションログのフラッシュ
②データファイルへのデータ追加
③デルタファイルへの情報追加

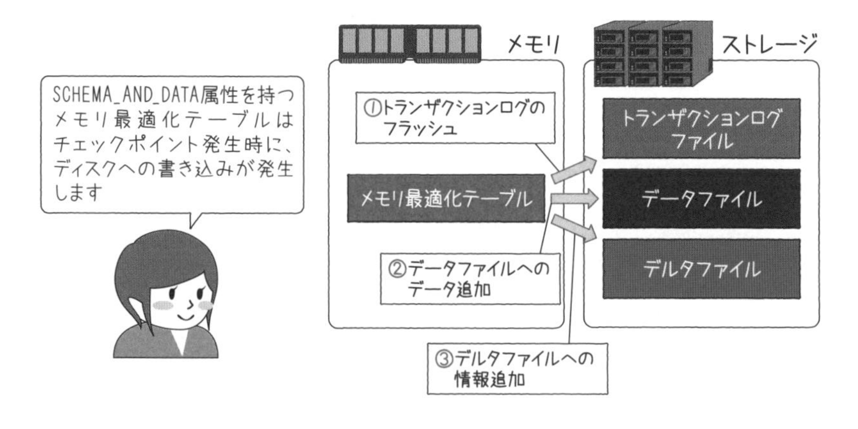

図7.32　チェックポイント発生時の動作

チェックポイントが発生するタイミングには、次の2種類があります。

自動チェックポイント

前回のチェックポイントから1.5GBのトランザクションログが生成された時点で発生します（ディスクテーブルの変更に起因したトランザクションログも含みます）。復旧時間をもとに自動チェックポイント間隔が制御されるディスクテーブルと、その発生の契機（原因）が大きく異なります。

手動チェックポイント

手動で**CHECKPOINT**ステートメントを実行することでチェックポイントを発生させることもできます。CHECKPOINTステートメントが実行されると、メモリ最適化テーブルとディスクテーブルの双方に対して、チェックポイント操作が発生します。

チェックポイントファイルペアのマージ

メモリ最適化テーブルのデータに対して、DELETEステートメントやUPDATEステートメントが実行されると、削除されたデータ（UPDATEステートメントでも更新前データの削除が発生）の情報はデルタファイル内に蓄積されます。その一方で、デルタファイルの情報に対応するデータファイル内のデータは不要となりアクセスされることはなくなります。

このような状態を放置しておくと、データファイル内のアクセスされないデータの割合がどんどん増えていきます。つまり、ディスク上に不要なデータが数多く残ってしまい、その結果として様々なオーバーヘッドが生じることになります。

最もわかりやすいのは、不要となったデータによってディスクが占有されてテーブルのサイズが肥大化する点です。さらに、データファイル読み込みの際には、削除済みデータを含むデータファイル全体が読み取られて、その後でデルタファイルを使用したデータの選別（削除されたデータの除外処理）が行われます。そのため、読み取り量の増加によるディスクリソースへの負荷や、削除データの除外処理によるCPUリソースの負荷も増します（図7.33①②）。

①不要なデータによるディスクサイズの占有

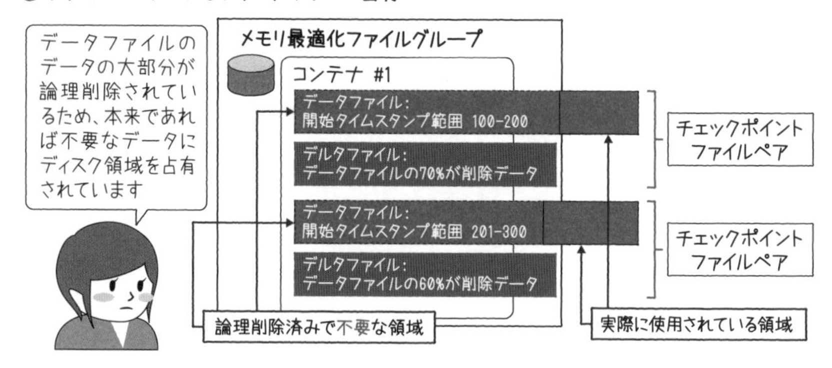

②メモリにロードする際の不要なディスク操作

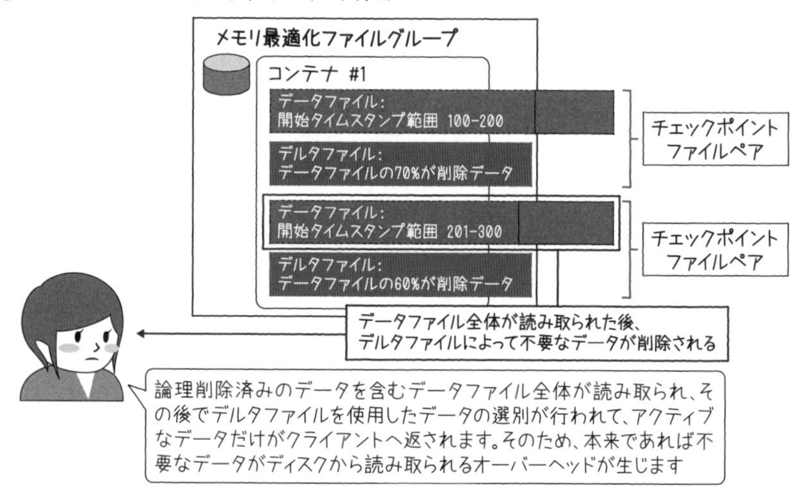

図7.33 データファイル内の不要なデータによるオーバーヘッド

このような状態を防止するために実行されるのが、**チェックポイントファイルペアのマージ**です。

デルタファイルの情報量が一定数を超えた、複数のチェックポイントファイルペアを1つに統合することによって、効率的な運用を続けることができます（**図7.34**①②）。

チェックポイントファイルペアのマージはしきい値をもとにして自動的に行われますが、sp_xtp_merge_checkpoint_filesシステムプロシージャを実行することで、手動での管理も可能になっています。

①データファイルの情報量が一定数を超えると…

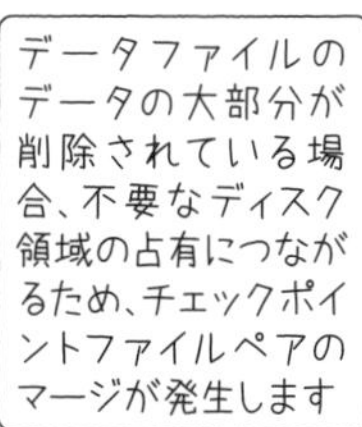

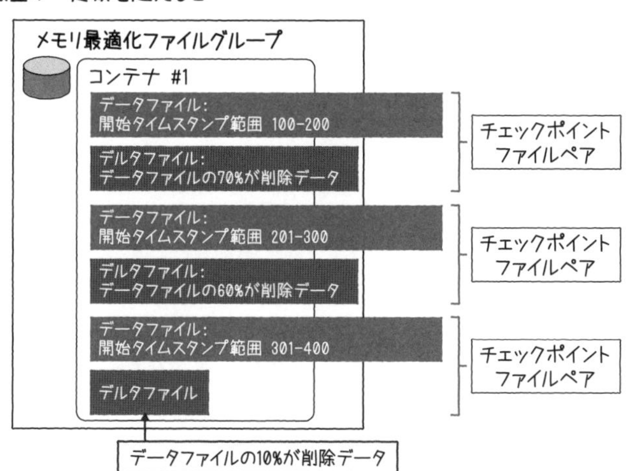

②チェックポイントファイルペアのマージが行われる

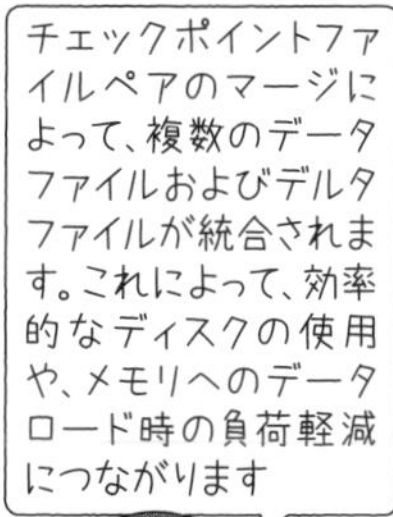

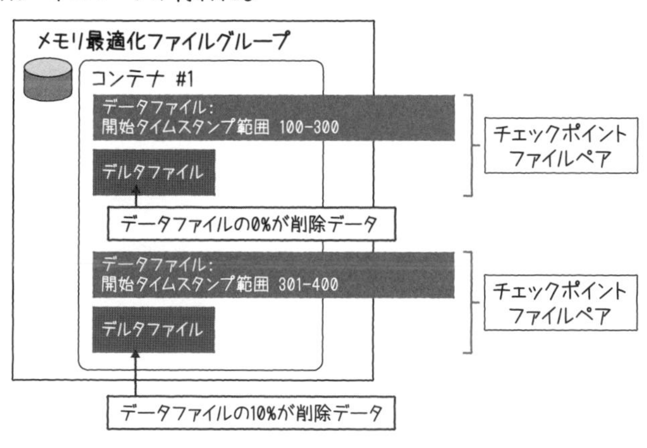

図7.34　チェックポイントファイルペアのマージによる負荷軽減

7.3.7 サイジング

メモリ最適化テーブルの**サイジング**は、ディスクテーブルよりも慎重を期する必要があります。

これまで説明してきた通りメモリ最適化テーブルは、ディスクテーブルのように使用頻度の低いデータをメモリ上から排除することができません。テーブルのデータとインデックスはすべて、常にメモリ上にロードされています。メモリ最適化テーブルのデータ量の見積もりが少なかった場合、SQL Serverが確保しているメモリリソースが想定を超えてメモリ最適化テーブルに消費されてしまいます（その領域は解放されることはありません）。これに伴い、それ以外のメモリを必要とするコンポーネント（バッファプール、作業用メモリ、コンパイル用メモリなど）への割当量が制限され、様々な悪影響を及ぼします。

データサイズ

次の各計算式の合計でデータのサイズを求めることができます。

タイムスタンプ + 行ヘッダー	24バイト
インデックスポインタ	8バイト × インデックス数
データ	各列のデータ長の合計

例として、リスト7.1のような構造を持ち、500万行のデータを格納するメモリ最適化テーブルが必要とするメモリサイズを求める場合を考えてみましょう。

リスト7.1　メモリ最適化テーブルの定義例

```
CREATE TABLE thk
(
  col1 int NOT NULL PRIMARY KEY NONCLUSTERED,
  col2 int NOT NULL INDEX t1c2_index HASH WITH (bucket_count = 5000000),
  col3 int NOT NULL INDEX t1c3_index HASH WITH (bucket_count = 5000000),
  col4 int NOT NULL INDEX t1c4_index HASH WITH (bucket_count = 5000000),
  col5 int NOT NULL INDEX t1c5_index NONCLUSTERED,
  col6 char (50) NOT NULL,
  col7 char (50) NOT NULL,
  col8 char (30) NOT NULL,
  col9 char (50) NOT NULL
) WITH (memory_optimized = on);
```

この場合、メモリ最適化テーブルが必要とするメモリサイズは、次の式で求めることができ、約1.28GBとなります。

24バイト（タイムスタンプ + 行ヘッダー）+ 32バイト（8バイト × インデックス数）+ 200バイト（各列のデータ長の合計4 + 4 + 4 + 4 + 4 + 50 + 50 + 30 + 50）× 5,000,000（行数）= 1,280,000,000バイト

Int型データのデータ長は4バイトなので、テーブル定義（リスト7.1）のcol1からcol5を上記式内で各4バイトとして加算しています。

インデックスサイズ

メモリ最適化テーブルはデータのみで構成されているわけではなく、インデックスサイズも考慮する必要があります。インデックスサイズは、次の式で求めることができます。

ハッシュインデックス	ハッシュバケット数 × 8バイト[※10]
非クラスタ化インデックス	行数 × インデックス長

7.4 インメモリOLTP使用時の留意点

これまで紹介してきたとおり、インメモリOLTPは従来のディスクテーブルとすべての点において大きく異なります。そのためインメモリOLTPを使用するにあたっては、その特性を十分に理解しておく必要があります。ディスクテーブルや従来のストアドプロシージャと同様の認識で設計を行うと、期待した動作やパフォーマンスを発揮することができません。

そこでここでは、特に注意したほうがよい留意点について紹介します。詳細や最新の情報については次のMicrosoft Docsサイトを参照してください。

▼SQL Server でのインメモリ OLTP 機能の採用計画
https://docs.microsoft.com/ja-jp/sql/relational-databases/in-memory-oltp/plan-your-adoption-of-in-memory-oltp-features-in-sql-server

※10　もし「ハッシュバケット数 × 8バイト」の値が2のべき乗ではない場合、値よりも大きく最も近い2のべき乗サイズのメモリが確保されます。

7.4.1 最初に採用すべきインデックス

インメモリOLTPの経験がまだ十分ではない段階では、まず非クラスタ化インデックスの作成を検討してください。ハッシュインデックスは特定の検索パターンで大きな効果を発揮しますが、ハッシュバケットの数を適正に見積もることが難しいなどの理由から、パフォーマンスを安定させるには経験に基づく知見が必要です。

非クラスタ化インデックスは、汎用性が高くパフォーマンスのブレも少ないため、比較的容易に安定した性能をもたらすことができます。

7.4.2 メモリ最適化テーブルでサポートされない機能

ディスクテーブルではサポートされるいくつかの機能がメモリ最適化テーブルではサポートされない、あるいは、制限事項付きでのみサポートされます。下記はサポートされない主な機能です。

- データ圧縮
- パーティション分割
- 最少／一括ログ記録
- 複数データベースにまたがるトランザクション
- 包含データベース

サポートされないすべての機能については次のMicrosoft Docsサイトを参照してください。

▼メモリ最適化テーブルに対してサポートされていない SQL Server の機能
https://docs.microsoft.com/ja-jp/sql/relational-databases/in-memory-oltp/unsupported-sql-server-features-for-in-memory-oltp

7.4.3 ネイティブコンパイルストアドプロシージャ使用時の留意点

ネイティブコンパイルストアドプロシージャは、「OLTPスループットの最大化」という処理特性の実現に重点を置くため、いくつかの機能が通常のストアドプロシージャと動作が異なります。下記はその主な例です。

- 並列処理では動作せず、常にシングルスレッドで実行されるため、大規模データの処理には不向き
- テーブルの結合の際にはループ結合のみで動作し、ハッシュ結合／マージ結合が使用されることがないため、大規模データの処理には不向き
- 使用できるT-SQLステートメントに制限がある。詳細は次のMicrosoft Docsサイトを参照

  ▼ネイティブ コンパイル T-SQL モジュールでサポートされる機能
  https://docs.microsoft.com/ja-jp/sql/relational-databases/in-memory-oltp/supported-features-for-natively-compiled-t-sql-modules

7.5 第 7 章のまとめ

本章では、SQL Serverのインメモリ機能について紹介しました。多くの場合、ディスクテーブルで十分なパフォーマンス／スループットを得ることができますが、もう一段階上の処理性能が必要となった場合にインメモリOLTPは有力な選択肢になります。

ただし実際に採用する前に、ディスクテーブルとの構造の違い、留意点などを踏まえたうえで、入念な事前検証の実施が必要です。

第 8 章

リレーショナルエンジンの動作

この章では、SQL Serverがクライアントからのクエリを受け取ってから、データにアクセスするまでの内部的なステップを紹介します。

クエリが実行されるまでの一連の処理の流れや、その過程で決定されるデータアクセス方法は、クエリ実行時のパフォーマンスに大きな影響を与えます。そのため、数多く存在するSQL Serverのコンポーネントの中でも特に重要な部分だと言えます。この処理を行うコンポーネント群を総称して、**リレーショナルエンジン**もしくは**クエリプロセッサ**と呼んでいます。

リレーショナルエンジンの動作を理解することによって、パフォーマンス関連のトラブルシューティングを行う際に、様々な事象の中から重要な問題点を絞り込むことが可能になります。

8.1 リレーショナルエンジンの構成

リレーショナルエンジンは、大きく分けて次の3つのコンポーネントで構成されています。それぞれのコンポーネントは、さらに数多くのサブコンポーネントによって構成されています（図8.1）。

- Language Procedure Execution：クライアントから受け取ったクエリの構文解析や、クエリのパラメータ化など
- Query Optimization：クエリの最適化
- Query Execution：クエリの処理に必要なリソースの獲得や、クエリの実行

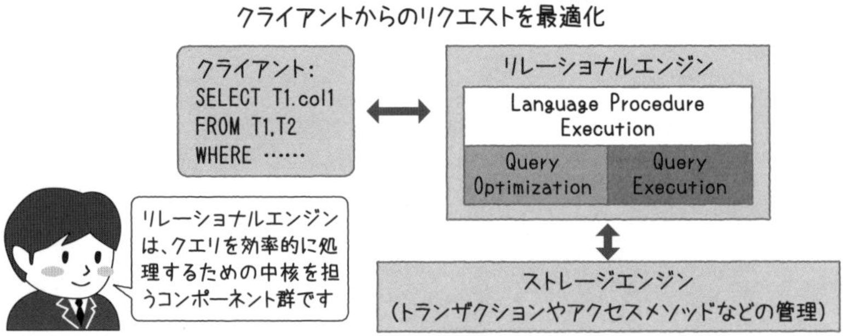

図8.1　リレーショナルエンジン

8.2 クエリのライフサイクル

クライアントから受け取ったクエリの処理要求は、リレーショナルエンジン内で図8.2のようなステップを経て実行されます。

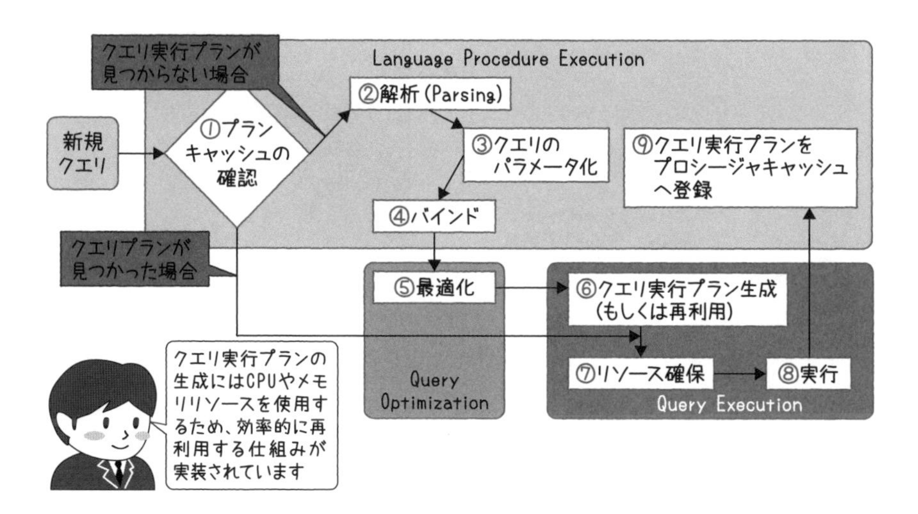

図8.2　クエリのライフサイクル

①プランキャッシュの確認

プランキャッシュ（あるいは**プロシージャキャッシュ**）には、これまでに実行されたクエリの実行プランが一定期間格納されています。また、格納されたクエリ実行プランは、クエリ実行プラン生成のもととなった実際のクエリテキスト（SELECTステートメントなど）も保持しています。

もしも、クライアントから受け取ったクエリが、すでにプランキャッシュに存在するクエリと合致する場合は、多大なコストを必要とする最適化などの処理を省くことができます。そのため、クライアントからクエリを受け取ったら、まずプランキャッシュに合致するものが存在するかを、クエリテキストの比較によって確認します。

②解析（Parsing）

クライアントから受け取った**クエリの解析**を行います。クエリの解析とは、クエリの構成要素を入力データソースとしてのテーブルや、入力データのフィルタリングとしてのWHERE句、データの処理に影響を与える**ORDER BYオペレータ**[※1]などにいったん分類し、それらをツリー構造に再構成することを意味します。再構成されたツリーは**クエリツリー**（または**リレーショナルオペレータツリー**）と呼ばれ、その後のステップでクエリの最適化が行われる際に使用されます（図8.3）。

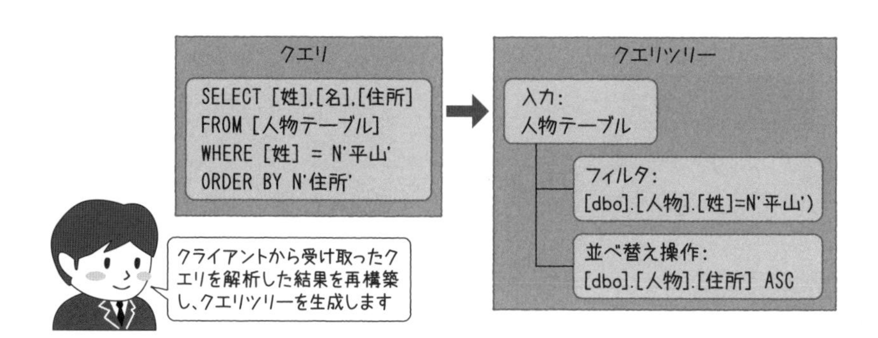

図8.3　クエリツリー

③クエリのパラメータ化

将来的にクエリが再実行されることに備えて、プランキャッシュに格納するための準備を行います。具体的には、クライアントから受け取ったクエリテキストを**パラメータ化クエリ**に変換します（図8.4）。

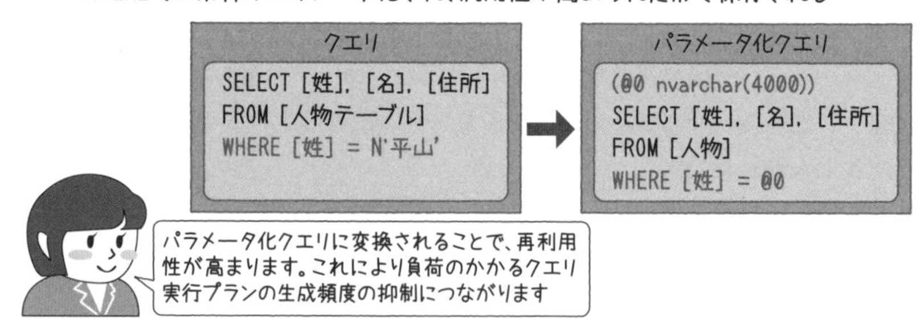

図8.4　パラメータ化クエリへの変換

④バインド

クエリで操作されるテーブルなどの列と、クライアントへ返される結果セットのバ

※1　結果セットを任意の列で並べ替える際に使用するオペレータです。

インド（関連付け）が行われます。

⑤最適化

クエリの解析結果として受け渡されたクエリツリーをもとに、クエリオプティマイザによってクエリ実行プランが生成されます。クエリオプティマイザの動作は、パフォーマンスチューニングの際にとても重要な意味を持つため、次節で詳細を説明します。

⑥クエリ実行プラン生成（もしくは再利用）

クエリ実行プランがプランキャッシュに存在する場合は、再利用が行われます。存在しない場合は、クエリオプティマイザによって生成されたコンパイル済みプランをもとに実行可能プランが生成されます。

⑦リソース確保

クエリ実行プランに基づいて、クエリを処理するために必要なリソースを確保します。たとえば、結果セットの並べ替えが必要な場合は、並べ替え用のメモリの獲得を要求します。あるいは、並列で処理されるべきクエリには、並列処理に必要な内部スレッドの獲得要求を行います。

⑧実行

クエリ実行プランに基づいたリソースの確保が完了すると、クエリの実行が開始されます。

⑨クエリ実行プランの登録

クエリ実行プランがプランキャッシュに存在しない場合は登録します。

8.3 クエリオプティマイザ

SQL Serverが実装しているクエリオプティマイザのアルゴリズムは、Goetz Graefe氏によってIEEEの刊行物[※2]で発表された**Cascades**フレームワークを基本としています。Cascadesフレームワークについての仕様が掲載されたドキュメントは、現在も様々な教育機関などのサイト[※3]からダウンロードできるので、興味のある方はぜひ参考にしてください。

クエリオプティマイザのアルゴリズムに同じくCascadesフレームワークを採用しているRDBMSとしては、旧タンデム社（現HP）のNonstop SQLが存在します（両者を結び付ける存在は、双方の開発に携わったJim Gray氏[※4]と言えるのではないでしょうか）。

SQL Serverにおけるクエリオプティマイザの役割は、「論理的」なクエリツリーをLanguage Procedure Execution（LPE）から受け取り、実行可能な「物理的」クエリツリーに変換して、クエリプロセッサへ受け渡すことです。その過程において、クエリは必要に応じて何段階にもわたって変換されます。ここでは、クエリオプティマイザが実施する処理の過程を紹介します（図8.5）。

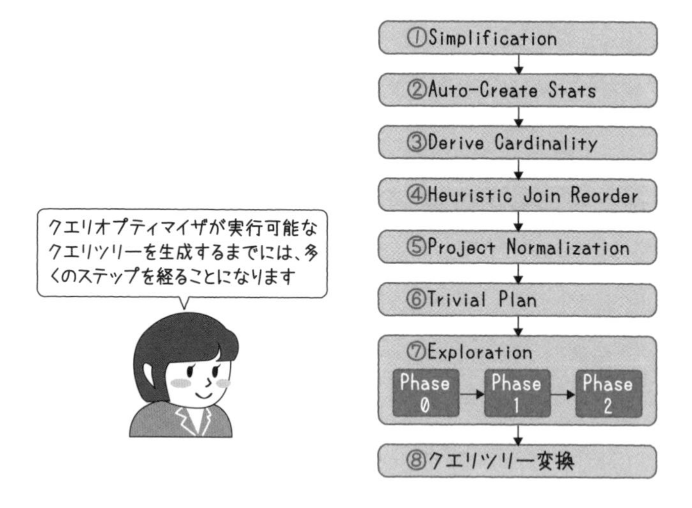

図8.5　パラメータ化クエリへの変換

※2　G.Graefe. The Cascades Framework for Query Optimization. Data Engineering Bulletin 18 (3) 1995.
※3　http://jslegers.github.io/cascadeframework/
※4　IBM、DEC、タンデム、マイクロソフトなどでソフトウェアアーキテクトや研究者として、主要なデータベース管理システムやトランザクション処理の開発に関わった、それらの分野での第一人者。http://jimgray.azurewebsites.net/

①Simplification

LPEから受け取った「論理的」クエリツリー内の入力テーブルを明確にしたり、重複箇所を取り除いたりして、ツリーの単純化、正規化を行います。

②Auto-Create Stats

クエリの実行に必要な統計情報（詳細は後述）が存在しない場合は、この段階で作成します。

③Derive Cardinality

統計情報のメモリへのロードが行われます。

④Heuristic Join Reorder

クエリがテーブルの結合を行っている場合に、クエリ実行プランを検討する際の基本となる最初のテーブル結合順を決定します。クエリ内で同じテーブルが複数回結合されているような場合は、この段階で単純化されて、不要な結合は取り除かれます。

⑤Project Normalization

クエリに含まれる計算列などが、非決定的であるなどの理由によって、プラン生成の考慮に含まれない場合は、以降のTrivial PlanステップやExplorationステップで、プラン生成を行う際に除外します。

⑥Trivial Plan

実行されるクエリや対象となるテーブルのスキーマが非常に単純な場合、この段階でコストを考慮しないプラン生成が行われます。その結果として、生成可能なクエリ実行プランの選択肢が1つしかない場合は、次のExplorationステップが省略され、この段階で生成されたクエリ実行プランがクエリツリー変換ステップに受け渡されます。非常に単純なクエリとは、結合にも並べ替えなどが含まれないようなクエリのことです。たとえば、次のようなクエリです。

```
SELECT co1 FROM Table1
```

⑦Exploration

SQL Serverのクエリオプティマイザの動作の中で、コストをもとにプランを考慮する唯一のステップです。ほとんどのクエリは、Explorationステップの中のいずれかのフェーズで生成されたクエリ実行プランを使用します。

Phase 0

並列プランは考慮しない、結合方式はNested Loop[※5]のみを考慮するなどの条件下で、限定的なプランの検討を行います。そのような条件に当てはまらないようなクエリは、このフェーズをスキップして、次のPhase 1からプランの検討を開始します。この段階で0.2よりも低いコストのクエリ実行プランの生成が可能であった場合は、次のフェーズには進まずに、この段階で生成されたクエリ実行プランがクエリツリー変換ステップに受け渡されます。

Phase 1

比較的使用頻度が高いクエリ実行プランと、実行対象のクエリツリーのパターンが合致するかどうかを確認します。合致するパターンが確認できて、そのパターンを適用した場合のコストが1.0よりも低い場合は、次のフェーズには進まずに、この段階で生成されたクエリ実行プランがクエリツリー変換ステップに受け渡されます。

Phase 2

すべての可能性を検討して、実行対象クエリに特化したクエリ実行プランの生成が検討されます。クエリオプティマイザに割り当てられた時間を超えてしまった場合は、プランの検討は打ち切られ、その段階で最も低いコストのクエリ実行プランがクエリツリー変換ステップに受け渡されます。

⑧クエリツリー変換

Trivial PlanステップまたはExplorationステップから受け渡されたクエリ実行プランをもとに、「物理的」クエリツリーが生成されます。生成されたクエリツリーは、クエリの実行を制御するコンポーネントであるクエリプロセッサへ受け渡されます。

※5　最もシンプルなテーブルの結合方法です。一方のテーブルのデータをもとに、もう一方のテーブル内で合致する値の検索を行います。

8.4 クエリオプティマイザとクエリ実行プラン

かつてSQL Serverのクエリオプティマイザの動作に関して調べる必要があった際に、いろいろな資料を読みあさっていたら、次のような一文を目にしました。

> SQL Serverのオプティマイザはoptimal（最適）なクエリ実行プランを生成するのではなく、制限時間内にreasonable（妥当）なクエリ実行プランを生成することを目的とする

常に最適なクエリ実行プランが生成されるものと信じて疑わなかった筆者としては、一読しても、その内容にとうてい納得することはできませんでした。しかし、しばらくその理由についてあれこれと考えをめぐらせていると、ようやく意味するところがわかってきました。最適なクエリ実行プランを生成する最も確実な手段は、クエリで使用されているすべてのテーブルのデータの状況を把握し、すべてのテーブルのあらゆるインデックスの状況を把握し、テーブル結合順序、使用するインデックス、テーブル結合の種類などのすべての組み合わせパターンを比較した結果、最もコストが低いものを選択することです。

しかし、それらのすべてのパターンについて比較検討するのは、クエリに関与するテーブルの数やテーブルに作成されたインデックスの数が増えるにつれて、多くの時間を必要とするようになります。

時間を無尽蔵に使えるのならば、最適なクエリ実行プランを生成するのに、そのような手順をとっても問題はありませんが、SQL Serverにはクエリに対して速やかに結果セットを返すことが期待されています。たとえば、次のような2つのレスポンスタイムの例について考えてみましょう。

A.最適なクエリ実行プラン生成（10秒）＋クエリ実行時間（1秒）＝クライアントから見たレスポンスタイム（11秒）
B.妥当なクエリ実行プラン生成（2秒）＋クエリ実行時間（2秒）＝クライアントから見たレスポンスタイム（4秒）

ほとんどの場合、ユーザーが求めるものはBだと考えられます。

クエリ実行時間を短くするために、クエリ実行プランに必要以上に時間を要するのでは、本末転倒になってしまいます。そのため、SQL Serverでは実行されるクエリの

内容に応じて、クエリ実行プランの生成に使用できる時間を自ら設定します。そして、その範囲内で妥当なクエリ実行プランを生成することを重要な使命としています。

8.5 統計情報

SQL Serverが実装しているのは、クエリ実行プランを生成するときの評価基準としてコストを使用する、コストベースのオプティマイザです。そして、コストを算出する際にとても重要な意味を持つのが**統計情報**です。また、コストの算出に大きな影響を与えるのが、クエリ実行時の操作対象となる行数です。

たとえば、図8.6のように同じクエリを実行する場合でも、対象テーブルにインデックスが定義してあれば、とても少ない行を操作するだけで目的のデータに到達できます。しかしインデックスが存在しない場合は、テーブル全体をスキャンしなければならず、操作する必要のあるデータ件数も多くなります。そのため、インデックスが定義されたテーブルのほうが低いコストで結果を得ることができます。

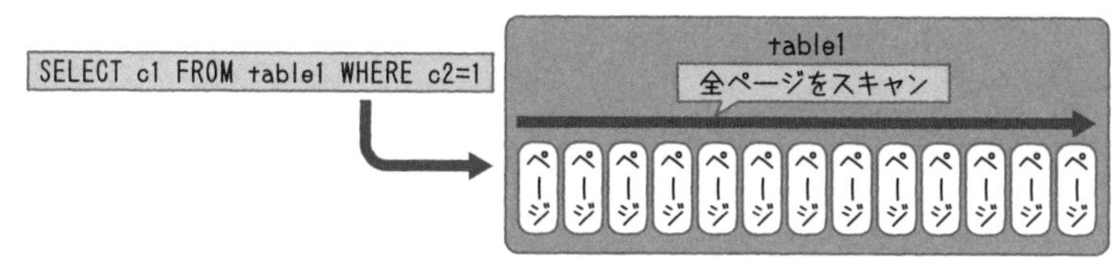

インデックスが存在しない場合は、テーブル全体を確認する必要があり、
相当数のI/Oが必要になるためコストは高い

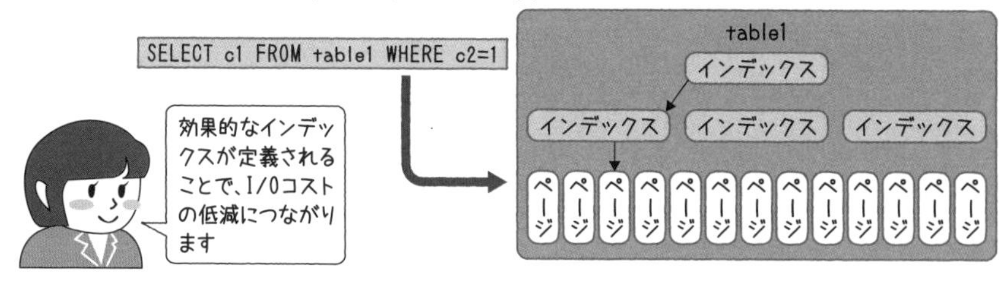

図8.6　クエリコスト

それでは、インデックスが定義されている列の値が図8.7のような場合はどうでしょうか？

①「役職」列にインデックスを作成

社員番号	役職	住所
111	課長	世田谷
112	一般	練馬
113	一般	三鷹
114	一般	あきる野
115	一般	府中
116	一般	世田谷
117	一般	江戸川
118	一般	目黒

②次のクエリを実行すると、テーブルのほぼすべての行をスキャンしなければならない

社員番号	役職	住所
111	課長	世田谷
112	一般	練馬
113	一般	三鷹
114	一般	あきる野
115	一般	府中
116	一般	世田谷
117	一般	江戸川
118	一般	目黒

インデックスを定義する場合、対象となる列のデータ分布に注意を払う必要があります

図8.7　選択性の低いインデックス

このようなデータ分布状況では、必要なデータを得るためには結局のところ、テーブル全体を検索する必要があり、必要なコストは図8.6のインデックスが存在しないテーブルと大差なくなってしまいます。

これらの例から明らかなことは、クエリで使用されている各列のデータ分布状況を考慮しなければ、コストの算出はできないという点です。そして、各列の値を実際に確認しなくても、データの分布状況を把握するための仕組みが統計情報です。統計情報は、オプティマイザがクエリ実行プランを生成する、ごく初期段階でメモリにロードされます。そしてその後、コストの算出が必要になった段階でその値が使用されます。それでは、統計情報として格納されている各種情報について紹介します。

8.5.1 ヒストグラム（histogram）

ヒストグラムは、データの度数分布を表すための統計学の手法です。分析対象を一定の基準に基づいて分割し、それぞれの分割単位ごとに属するデータの数を保持します（図8.8）。

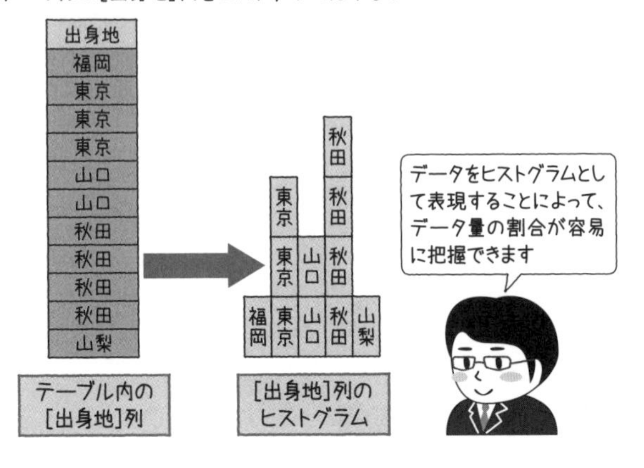

図8.8　ヒストグラム

SQL Serverでは、統計情報は列やインデックスの状態を表す際に使用されるため、その分析対象は列に含まれるデータになります。どのような状態でSQL Serverが統計情報としてヒストグラムを格納しているかは、「統計情報の確認」の節で具体的に紹介します。

8.5.2 密度（density）

統計情報を保持する列が持つデータの一意性の状態に関する情報として、**密度**が格納されています。この情報はインデックスを使用してデータを検索することによって、どの程度対象を絞り込むことができるか（選択性：selectivity）を判断する際に使用されます。密度は次の式で求めることができます。

1 / 列が保持する一意の行数

それでは、密度として示される値が高いほうが選択性は高いのでしょうか？　あるいは、密度が低いほうが選択性は高いのでしょうか？

すべてのキーが異なる値を持つユニークインデックスとユニークではないインデックスを例に考えてみます。列Aにユニークインデックスが定義されているテーブル1が、1000行のデータを保持しているとします。列Aに含まれるデータはすべて一意なので、インデックスの密度は1/1000、つまり0.001です。

一方、列Bにユニークではないインデックスが定義されているテーブルBが、1000

行のデータを保持しているとします。また、列Bには3種類のデータ（たとえば優先度を表す「high」「middle」「low」といったコード）のみが同じ割合で含まれています。その場合の密度は1/3、つまり0.333です。

図8.9のようにクエリを実行すると、テーブルAのユニークインデックスを使用することで、データの検索対象は全件数の0.001（密度の値です）に絞ることができます。つまり、1件のみにアクセスすれば良いということになります。しかし、テーブルBのインデックスを使用すると、データのアクセス範囲は全件数の0.3なので、333件までしか絞り込むことができません。そのため、統計情報の密度が低いほど選択性が高く、アクセス範囲が絞り込めるということになります。

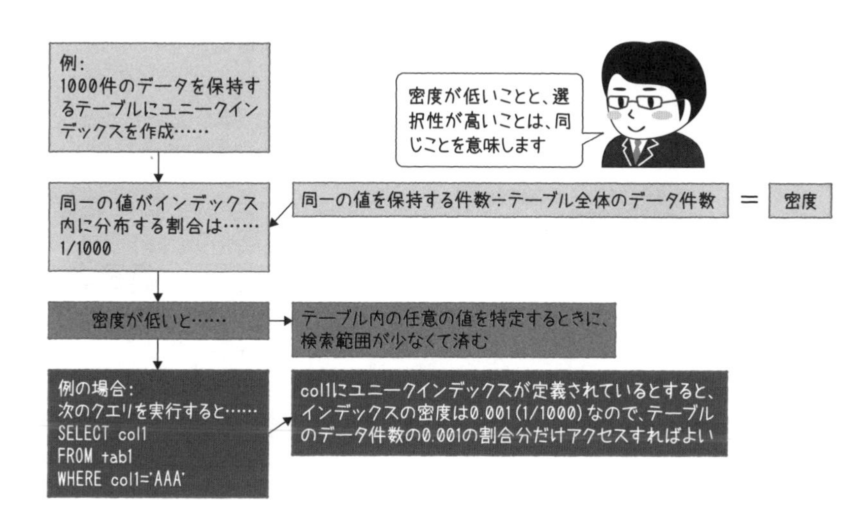

図8.9　密度で判断できること

一般的には、0.1以下の密度であれば、選択性は高いとされています。つまり、特定の値へアクセスするために必要な検索件数が、テーブル全体の1/10以下であれば、妥当なテーブルのデザインであるということになります。

8.5.3 その他

統計情報には、次の情報も含まれます。

- 統計情報が作成された日付
- 統計情報を保持する列の平均データ長

・ヒストグラムと密度に関する情報を作成するために使用したサンプル数

サイズの大きなテーブルの場合、3番目の「サンプル数」が重要な意味を持つことがあります。統計情報を作成する際には、必ずしもテーブルが保持するすべてのデータを検証するわけではありません。テーブルが非常に大きな場合にすべてのデータを検証すると、統計情報の作成作業自体がシステムに大きな負荷を与え、スループットを低下させます。そのため、デフォルトではサンプル数は非常に低い割合に抑えられています（図8.10①）。

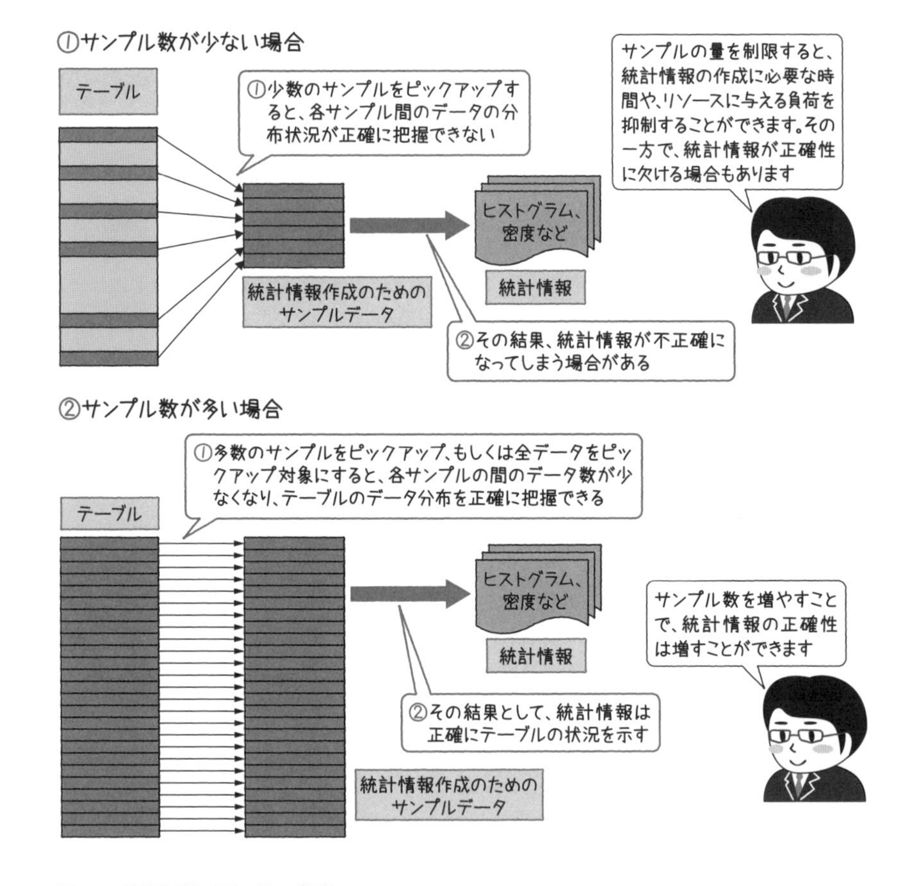

図8.10　統計情報作成時のサンプル数

しかし、その低い割合が災いして、データ分布などの実態を正確に表さない統計情報が作成されることがあります。そのような場合、効率的ではないクエリ実行プランが生成される原因にもなり得ます。

クエリ実行プランが非効率的だと考えられる場合や、意図したインデックスが使われないなどの問題がある場合は、関連する統計情報のサンプル数を確認してください。テーブルの全体件数とサンプル数があまりにかけ離れている場合は、統計情報の作成時にテーブル全体をスキャンするように指定すると、それらの問題を回避できることがあります（図8.10②）。具体的な手段を次の節で紹介します。

8.6 統計情報が作成される契機

統計情報は次の3つのいずれかの手段で作成されます。

- 明示的に作成
- 自動作成プロパティ設定による作成
- インデックス作成時に作成

8.6.1 明示的に作成

次のT-SQLステートメントを実行することによって、任意の列の統計情報を作成できます。

```
CREATE STATISTICS 統計情報名 ON テーブル名（列名）
```

また、統計情報を作成する際に使用するサンプル行数は、次のように制御できます。

・テーブル内の50%の行をサンプルとして使用する

```
CREATE STATISTICS 統計情報名 ON テーブル名（列名）WITH sample 50 percent
```

・テーブル内のすべての行をサンプルとして使用する

```
CREATE STATISTICS 統計情報名 ON テーブル名（列名）WITH FULLSCAN
```

8.6.2 自動作成プロパティ設定による作成

データベースの統計情報自動作成プロパティが有効化されている場合、クエリ実行時に必要な統計情報が存在しないと自動的に作成されます。

- **統計情報自動作成プロパティの有効化（デフォルト設定では有効）**

```
ALTER DATABASE データベース名 SET AUTO_CREATE_STATISTICS ON
```

- **統計情報自動作成プロパティの無効化**

```
ALTER DATABASE データベース名 SET AUTO_CREATE_STATISTICS OFF
```

8.6.3 インデックス作成時に作成

すでにデータ格納されているテーブルに対してインデックスを作成すると、インデックスに使用された列に関する統計情報が作成されます。

8.7 統計情報の確認

統計情報に格納されている内容を確認するには、次のコマンドを実行します。

```
DBCC SHOW_STATISTICS(テーブル名, 統計情報名)
```

このコマンドを実行すると、「ヘッダー情報」「密度情報」「ヒストグラム」の各項目が出力されます。ここでは、それぞれの情報を理解しやすいように、**リスト8.1**のサンプルテーブルを使用します。

リスト8.1　サンプルテーブル

```
-- サンプルテーブル定義
CREATE TABLE [ 人物] ([ 姓] nvarchar(50), [ 名] nvarchar(50),
                                        [ 住所] nvarchar(50))
GO
-- データのインサート
INSERT [ 人物] VALUES(N' ひらやま', N' おさむ', N' 東京')
INSERT [ 人物] VALUES(N' ひらやま', N' おさむ', N' 東京')
INSERT [ 人物] VALUES(N' あかさか', N' たろう', N' 秋田')
INSERT [ 人物] VALUES(N' かにやま', N' たろう', N' 福島')
INSERT [ 人物] VALUES(N' さとう', N' こうた', N' 山口')
INSERT [ 人物] VALUES(N' ながの', N' まもる', N' 和歌山')
GO
-- インデックスの作成
CREATE INDEX [ 索引氏名] ON [ 人物]([ 姓], [ 名])
GO
```

このサンプルテーブルは、明示的に統計情報を作成したわけではありませんが、データが格納された後でインデックスを作成したので、インデックスで使用されている列に対する統計情報が作成されています。次のコマンドを実行して内容を確認します。

```
DBCC SHOW_STATISTICS(人物, 索引氏名)
```

8.7.1 ヘッダー情報

統計情報名[※6]、統計情報の最終更新日、テーブルの行数、統計情報作成時に使用されたサンプル行数などの情報が出力されます。今回のサンプルは6件のデータをインサートしたため、「Rows」に6という値が示されています。また、「Rows Sampled」にはサンプルとして使用したデータ件数である6が示されています（リスト8.2）。

※6　インデックス作成時に作成されたものはインデックスと同じ名前です。

リスト8.2 ヘッダー情報の出力

```
 Name              Updated              Rows      Rows Sampled      Steps    Density
--------- -------------------- ------- ----------------- ------ --------
 索引氏名     12 14 2007 2:04PM        6              6             4        1

Average key length    String Index
-------------------- --------------
     13.33333             YES
```

8.7.2 密度情報

列の密度(density)情報が出力されます。統計情報が複数の列で構成される場合は、列を組み合わせた場合の密度も含まれます。今回の場合は、「姓」のみのパターンと「姓」「名」が組み合わされたパターンの情報が存在します。一般的には複数の列が組み合わされた場合の密度は低い傾向にありますが、今回はデータ数が少ないために、変化がありませんでした(リスト8.3)。

リスト8.3 密度情報の出力

```
All density    Average Length       Columns
----------- ------------------   ----------
    0.2           7.333333          姓
    0.2           13.33333          姓, 名
```

8.7.3 ヒストグラム

データの分布状況は、表8.1の項目を使用して表現されます。今回のサンプルでは、リスト8.4のように出力されました。

表8.1　ヒストグラムの項目

RANGE_HI_KEY	ステップの上限キー値
RANGE_ROWS	ステップ範囲内の行数。RANGE_HI_KEYは含まない
EQ_ROWS	RANGE_HI_KEYとまったく同じ値の行数
DISTINCT_RANGE_ROWS	ステップ範囲内の一意なキー値の数。RANGE_HI_KEYは含まない
AVG_RANGE_ROWS	ステップ範囲内の一意な値ごとの平均行数

リスト8.4　ヒストグラムの出力

```
RANGE_HI_KEY    RANGE_ROWS   EQ_ROWS   DISTINCT_RANGE_ROWS   AVG_RANGE_ROWS
--------------  -----------  --------  --------------------  ---------------
あかさか             0           1              0                   1
さとう               1           1              1                   1
ながの               0           1              0                   1
ひらやま             0           2              0                   1
```

ヒストグラムの内容を理解しやすいように実際のデータを例として使いながら、図8.11で再度その内容を解説します。このような情報をもとにSQL Serverはデータの分布状況を推測します。

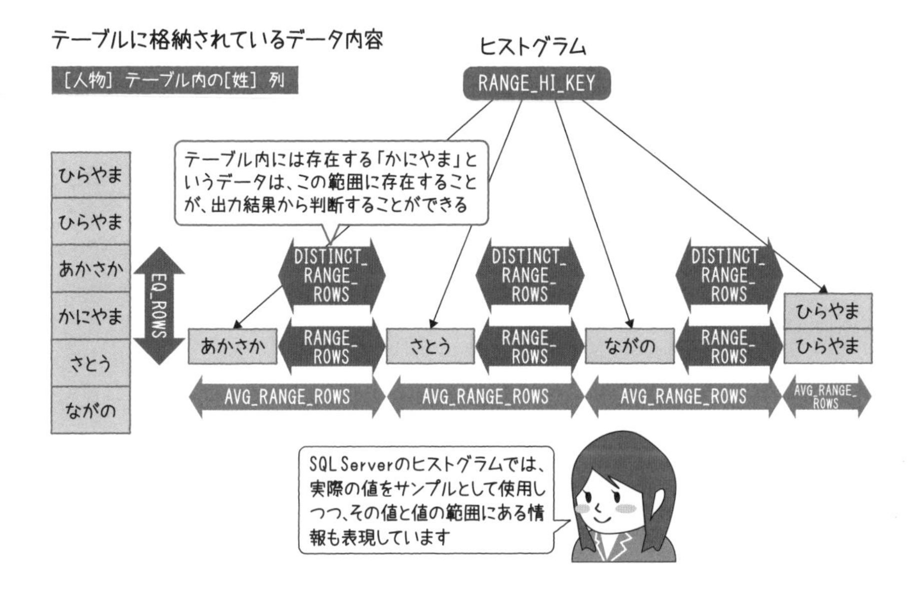

図8.11　サンプルテーブルのヒストグラム

8.8 第8章のまとめ

この章では、SQL Serverがクライアントからクエリを受け取ってから、クエリを実行するまでの間の動作を制御するリレーショナルエンジンと呼ばれる内部コンポーネントについて紹介しました。また、その中でもパフォーマンスチューニングの際に意識することの多い、クエリオプティマイザや統計情報について詳しく取り上げました。かなり難解な内容だと感じられるかもしれませんが、たとえばクエリが思ったとおりのクエリ実行プランで実行されないときなどに、この章の内容を思い出していただければ、解決の糸口を見つけることができるかもしれません。ぜひ、この内容を頭の片隅に入れておいてください。

第9章

ネットワーク

この章では、SQL Serverとクライアントがネットワークを介して行っているコミュニケーションについて取り上げます。クライアントがSQL Serverにアクセスする際の動作に関する基礎的な情報や、SQL Serverへの接続を行う際に知っておいたほうがよい点を紹介していきます。それに加えて、SQL Serverがクライアントとの通信時に使用しているアプリケーション層の**プロトコル**[※1]であるTDS（Tabular Data Stream：表形式データストリーム）について詳しく説明します。

9.1 クライアントとの通信に必要な作業

9.1.1 オペレーティングシステムとネットワーク

SQL Serverがクライアントと通信を行うためには、まず大前提として、インストールされているコンピュータ同士がネットワークを介して問題なく通信できる状態にある必要があります。

そのためには、それぞれのコンピュータのWindowsオペレーティングシステムに、TCP/IPや名前付きパイプ（後述）といったネットワークコンポーネントがインストールされている必要があります。また、ネットワーク上にファイアウォールが存在する場合には、双方が問題なく通信できるように設定しておかなければなりません。

SQL Serverコンポーネント

SQL Serverはクライアントとデータの通信を行う際に、独自のフォーマット形式や抽象化アルゴリズムを使用しています。それらを使用するためには、クライアント側にもSQL Server用の接続コンポーネントをインストールする必要があります。

また、SQL Serverのエディションによっては、デフォルト設定では待ち受けを行っていないプロトコルがあります。そのため、必要に応じてSQL Server構成マネージャなどを使用して、プロトコルを有効化してください。

※1　コンピュータ同士がデータを通信するための手順や規約。

9.2 SQL Serverとクライアントとの通信

SQL Serverは、クライアントと通信する際に**SNI**（**SQL Server Network Interface**）と呼ばれる層がTCP/IPや名前付きパイプなどの各プロトコルを抽象化します（各プロトコルの詳細はp.231：**表9.1**参照）。そのため、SNIの上位層ではプロトコル間の差異を意識する必要はありません（**図9.1**）。

図9.1　SQL Serverネットワークコンポーネント（SQL Server側）

また、SQL Serverと通信を行うクライアントもSNIを使用するため、先述のとおり接続コンポーネントをクライアント側にもインストールする必要があります（**図9.2**）。

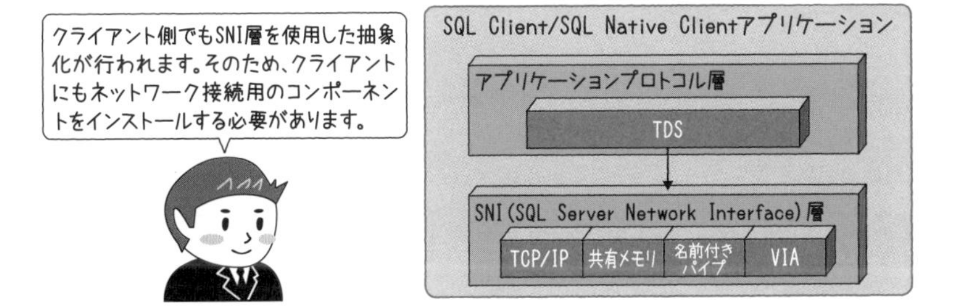

図9.2　SQL Serverネットワークコンポーネント（クライアント）

SQL Serverおよびクライアントは、送信するデータを**TDS**（**Tubular Data Stream**）形式と呼ばれるフォーマットに成型し、SNI層に受け渡します（TDSの詳細は9.2.1項で改めて説明します)。SNI層では、接続の際に使用されているプロトコルごとに必要となるヘッダー情報を、受け取ったデータに付加します(図9.3)。

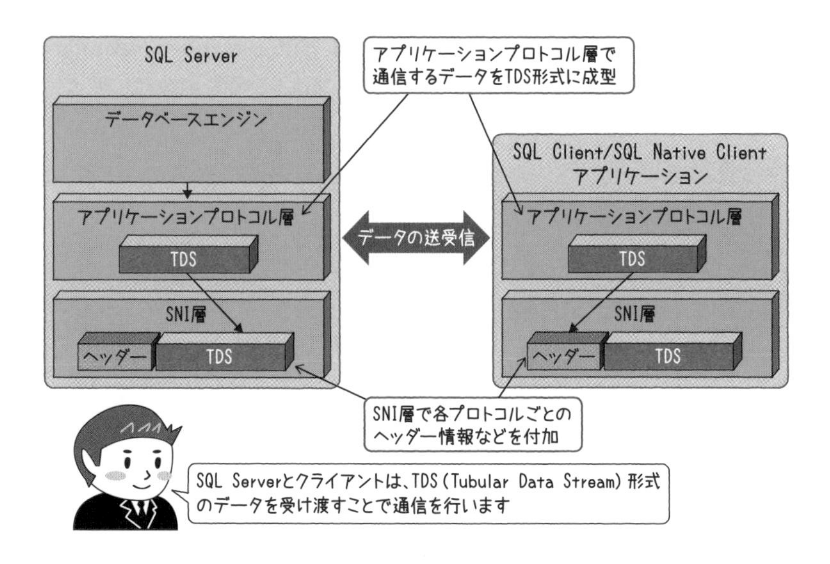

図9.3　TDS (Tubular Data Stream)

各クライアントはSQL Serverと通信を行う際に、1つのプロトコルだけを使用します。しかしながら、SQL Server構成マネージャを使用して、複数のプロトコルの優先順位を設定して有効化できるようになっています(図9.4・表9.1)。

このように設定しておくと、何らかの問題で特定のプロトコルでの接続ができない場合でも、別のプロトコルでの接続を試行します。もしも、2番目に使用したプロトコルでSQL Serverに問題なく接続できた場合は、処理の継続が可能となります。

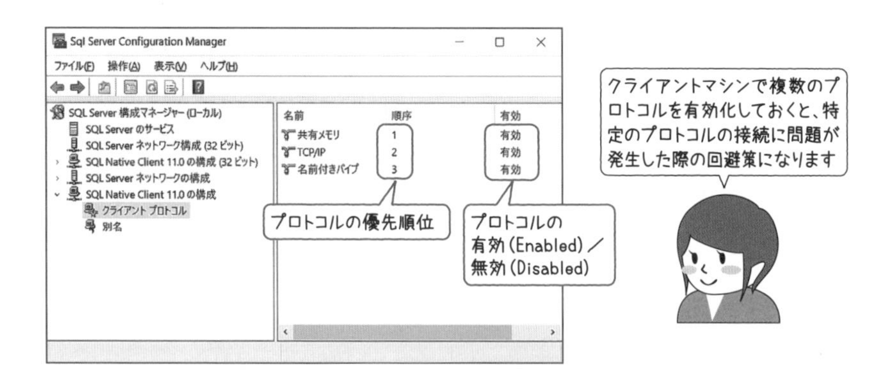

図9.4　SQL Server構成マネージャ

表9.1 SQL Serverがクライアントとの通信で使用できるプロトコル

プロトコル	機能／用途
TCP/IP	インターネット（や業務）で広く使われている一般的なプロトコル。様々なコンピュータが相互に接続されているネットワーク上の通信を実現する
名前付きパイプ（Named Pipes）	LANのために開発されたプロトコル。同一コンピュータ内、もしくはネットワーク接続されたコンピュータで実行されている複数のプロセス間で、共有メモリ領域を使用して双方向にデータをやり取りする
共有メモリ（Shared Memory）	SQL Serverが使用できる中で最も単純なプロトコル。ローカル接続（SQL Serverとクライアントが同一コンピュータ）の場合のみ使用される
VIA	仮想インターフェイスアダプタ（Virtual Interface Adaptor）を意味し、仮想化専用ハードウェアで動作するプロトコル。SQL Server 2016以降ではサポートされない。SQL Server 2014以前のバージョンで使用している場合は、将来的に別のプロトコルへの変更が必要

SQL Serverは、複数種のプロトコルを待ち受けできます。そのため、あるクライアントがTCP/IPで接続要求を行い、別のクライアントが名前付きパイプで接続してきても問題なく対応できます（図9.5）。

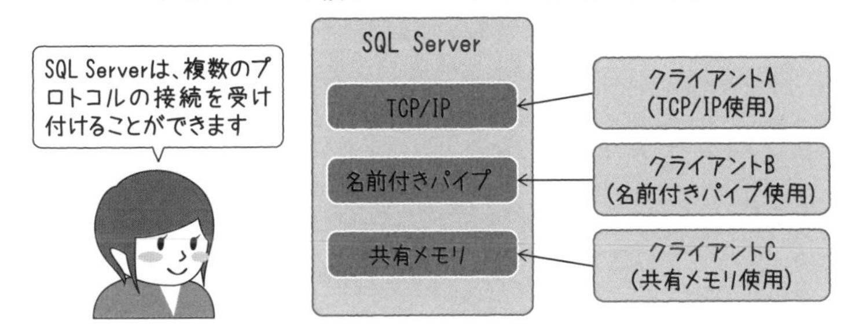

図9.5 複数プロトコルからの接続

9.2.1 TDS（表形式データストリーム）

TDS（**Tubular Data Stream：表形式データストリーム**）とは、SQL Serverとクライアントがリクエストや戻り値を受け渡すために使用している、アプリケーションレベルのプロトコルです。いったん、SQL Serverとクライアントがいずれかのトランスポート／セッションレベルのプロトコル（TCP/IPや名前付きパイプなど）を使用して接続が確立されると、TDSのルールに従ったメッセージの送受信が開始されます。

TDSはメッセージ送受信の際の、ログインやセキュリティに関する機能も備えています。また、SQL Serverから返されるTDSのデータには、戻り値に含まれる行の名前や形式などの情報が含まれています。

9.2.2 クライアントから送信されるメッセージ

ログイン

クライアントがSQL Serverとの接続を確立する際に送信するログインのために必要な情報を含むメッセージです。

SQLコマンド

SQLコマンドやSQLコマンドバッチを含むメッセージです。ASCII文字列で記述されたSQLコマンドやSQLコマンドバッチはバッファにコピーされ、SQL Serverに送信されます。SQLコマンドバッチは、複数のバッファに分割されることがあります。

バイナリデータを含むSQLコマンド

BULK INSERTのような、ASCII文字列のSQLコマンドとともにバイナリデータを含むメッセージです。

リモートプロシージャコール

リモートプロシージャコール（RPC）[※2]実行時に使用されるデータストリームです。RPCの名前、実行オプションやパラメータを含みます。RPCはSQLコマンドと同じメッセージ内で送信されることはありません。

アテンション

クライアントが、すでにSQL Serverに対して送信済みのリクエストをキャンセルすることを示すために送信するメッセージです。

トランザクションマネージャリクエスト

クライアントが分散トランザクションに参加する必要がある場合に、**MSDTC（分散トランザクションコーディネータ）**[※3]へエンリスト（登録）を行うためのメッセージです。

※2 一般的な意味のRPC（ネットワークを介して別のコンピュータのプログラムを呼び出す）ではなく、SQL Server独自の用語です。パラメータに関する作業や構文解析などを省くことによって、パフォーマンスを向上させた処理の名称です。
※3 複数のリソースマネージャ（SQL Serverなど）を使用して実行されるトランザクションの整合性を保つためのサービスです。

9.2.3 SQL Serverから送信されるメッセージ

ログインレスポンス

クライアントからのログイン要求に対するレスポンスメッセージです。ログインの完了もしくはエラーメッセージなどが含まれています。

行データ

クライアントが実行したSQLコマンドなどの結果セットです。テーブルのデータやカラム名、データタイプなどの情報によって構成されています。

戻り値ステータス

クライアントからのリクエストとしてRPCが実行された際の結果を含むメッセージです。

リターンパラメータ

UDF（User Defined Function：ユーザー定義関数）、RPC、ストアドプロシージャのリターンパラメータをSQL Serverからクライアントへ受け渡すために使用されるメッセージです。

リクエストの終了

「DONE」データストリームと呼ばれるSQL Serverからのメッセージ送信が完了することを示すために使用されるメッセージです。

エラーメッセージと情報メッセージ

SQL Serverがクライアントからのリクエストを処理する際に、エラーや何らかの情報をクライアントに送信する必要がある場合に使用されるメッセージです。

アテンション

SQL Serverがクライアントから受け取ったアテンションメッセージを認識した時点で、クライアントに送信されるメッセージです。「DONE」データストリームなどが含まれます。

Column

TDSの変遷

TDSを理解するDBMSは、Microsoft SQL Server以外にも存在します。データベースの経験が長い方はご存じだと思いますが、それはサイベース社（現SAP社）の「Sybase Adaptive Server Enterprise」（かつてのSQL Server）です。

当初、TDSはサイベースによって制定された仕様に基づいており、Sybase System 10以前のSQL ServerやMicrosoft SQL Server 6.5はTDSバージョン4.2という同一フォーマットのプロトコルを使用していました。しかし、サイベースはSybase System 11以降のSQL ServerやAdaptive Server Enterpriseで使用するために、TDSバージョン5.0を独自開発しました。

また、マイクロソフトも独自の機能を実現するために、Microsoft SQL Server 7.0以降から変更を加え始め、両者の互換性は断たれることになりました。たとえば、SQL Server 2005用のTDS開発時に、**MARS**（Multiple Active Row Sets：複数のアクティブな結果セット）を実装するための仕様変更が実施されています。

9.3 SQL Server とクライアントのデータの受け渡し

SQL Serverがクライアントとデータの送受信を行う際には、**バッファ**と呼ばれる構造体を使用します。あまりにも一般的なので、バッファという呼び名に違和感があるかもしれませんが、一種のパケットのようなものと考えてください。

バッファに対して一度に行える操作は、「書き込む」もしくは「読み込む」のどちらかです。SQL Serverとクライアントは1つ、もしくはそれ以上の数のバッファを使用してメッセージをやり取りします。また、バッファサイズはSQL Serverとクライアントが接続のネゴシエーションを行う際に変更することもできます（コラム「バッファサイズの変更」を参照）。

バッファは、必ず**バッファヘッダー**と**バッファデータ**の組み合わせで存在します。バッファヘッダーには、各種の管理情報が含まれます。たとえば、バッファの受け渡しを行っているSQL Server内のプロセスの**SPID**（Server Process ID）や、バッファデータに含まれるメッセージタイプなどです。バッファデータには、前節で紹介したメッセージのうちのいずれかのデータが含まれています（**図9.6**）。

図9.6　バッファ

Column バッファサイズの変更

デフォルト設定では、バッファサイズ（パケットサイズ）は4096バイトです。SQL Server全体の設定を変更する場合は、SQL Server Management Studioなどのクエリツールから次のコマンドを実行するか、管理ツールのGUIを使用してサーバーのプロパティの値を変更してください（xxxxには、バイト単位でバッファサイズを指定します）。

```
EXEC sp_configure network packet size, xxxx
GO
RECONFIGURE
GO
```

また、個々のクライアントの設定を変更する場合は、各アプリケーションの接続文字列などの変更を行う必要があります。たとえば、BULK INSERTなどで大量のデータをSQL Serverに受け渡す際に、バッファサイズを変更することでパフォーマンスが向上することがあります。しかし、ネットワークトラフィックに与える影響などがあるため、十分に検証してから変更を行うことをお勧めします。

9.4 トークンなしデータストリームとトークン付きデータストリーム

TDSで受け渡すメッセージは、**トークンなしデータストリーム**と**トークン付きデータストリーム**の2種類に分かれています。先ほどのバッファに続いて、このトークンも広範に使われている言葉であるため、その名称から実体を推測することが難しいでしょう。

TDS用語として使用されている**トークン**は、バッファデータ内に含まれているデータを、より詳細に識別する必要がある際に付加される情報を意味します。トークンは1バイトで構成され、各ビットの配列でバッファデータの内容を示します。

それでは、双方のメッセージについて詳しく見ていきましょう。

9.4.1 トークンなしデータストリーム

トークンなしデータストリームは、SQL Serverとクライアントが受け渡すメッセージの内容がシンプルな場合に使用されます。それは、バッファデータに含まれるデータの内容について、バッファヘッダーの情報以上に詳細な解説が必要ない場合です。そのような場合、複数のバッファに分割されて送信が行われたバッファデータでも、受信後に容易に結合して使用することができます（図9.7）。

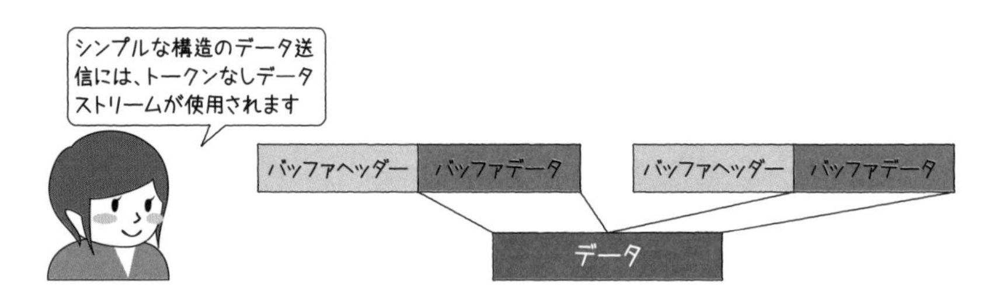

図9.7　トークンなしデータストリーム

具体的には、表9.2のメッセージの送受信でトークンなしデータストリームが使用されます。

表9.2　トークンなしデータストリームが使われるメッセージの送受信

種類	メッセージ
クライアントからのメッセージ	ログイン
	SQLコマンド
	アテンション
	トランザクションマネージャリクエスト
SQL Serverからのメッセージ	アテンション

9.4.2 トークン付きデータストリーム

SQL Serverでクエリが実行され、その結果セットをクライアントへ送信するような場合、ローデータTDSメッセージタイプが使用されます。その際のローデータメッセージには、複数の行、複数の列、列のデータ型、データ長などが含まれています。

これは、複数のバッファに分割されて送信されてきたデータを、クライアントが受け取った後に、クエリの実行結果の形式に復元するために必要となるからです。そのような情報は、各バッファのバッファヘッダー部分で記述するには情報量が多いため、バッファデータ内のデータへトークンという形式で付加されます。そのため、トークンなしデータストリームと比べると、複雑なデータの送受信の際に、トークン付きデータストリームが使用されています。

トークン付きデータストリームでは、バッファデータ内がトークンとトークンデータの組み合わせに分割されます。また、データの送受信に複数のバッファが使用される場合、必ずしもトークンデータはトークンと同じバッファに含まれる必要はなく、トークンデータの一部が後続のバッファによって送信されることもあります（**図9.8**）。

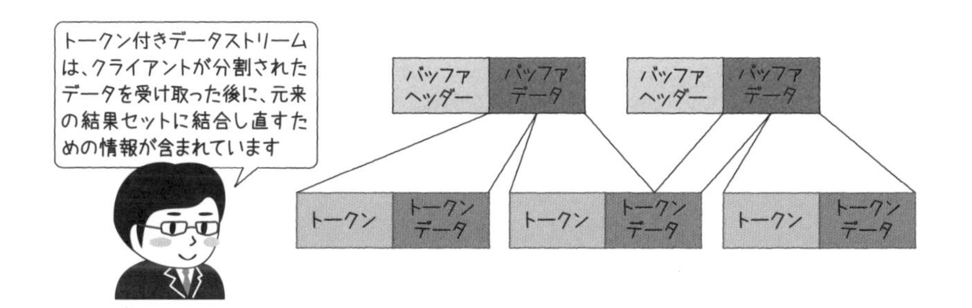

図9.8　トークン付きデータストリーム

トークン付きデータストリームが使用されるのは、**表9.3**のメッセージの送受信の際です。

9
ネットワーク

表9.3　トークン付きデータストリームが使用されるメッセージの送受信

種類	メッセージ
クライアントからのメッセージ	バイナリデータを含むSQLコマンド
	リモートプロシージャコール
SQL Serverからのメッセージ	ログインレスポンス
	ロー（行）データ
	戻り値ステータス
	リターンパラメータ
	リクエストの終了
	エラーメッセージ、情報メッセージ

9.5 クライアントが接続時に使用するプロトコルの管理

通常、クライアントがSQL Serverに接続する際には、クライアントアプリケーションの接続文字列などにSQL Server名を指定します。その場合に、次のように「プロトコル名:インスタンス名」の形式で指定を行うことによって、接続時のプロトコルを明示的に設定できます（以下は、sqlcmd使用時の例です）。

- **TCP/IPの場合（プロトコル名「tcp」を指定）**

```
sqlcmd -E -Stcp：SQL1¥Instance1
```

- **名前付きパイプの場合（プロトコル名「np」を指定）**

```
sqlcmd -E -Snp：SQL1¥Instance1
```

- **共有メモリの場合（プロトコル名「lpc」を指定）**

```
sqlcmd -E -Slpc：SQL1¥Instance1
```

この方法を使用することによって、クライアントからの接続時に使用されるプロトコルの管理がとても簡単になります。その一方で、次のような考慮点が発生します。すでに紹介したように、SQL Serverは複数のプロトコルでクライアントからの接続を待ち受けすることができます。また、接続時にクライアントも複数のプロトコルの中から使用するものを選択できます。

前述の方法でクライアントが接続する際のプロトコルを指定すると、何らかの原因でそのプロトコルを使用した接続が確立できないときは、問題が解決するまでの間、SQL Serverと接続できません。しかし接続時にSQL Server名だけを指定していれば、優先順位の高いプロトコルでの接続が何らかの原因で失敗した場合でも、クライアント側で優先順が次に高いプロトコルを使用して接続を再度試みます。そのため、接続ができない状態であり続けるリスクを軽減できる可能性があります（図9.9）。

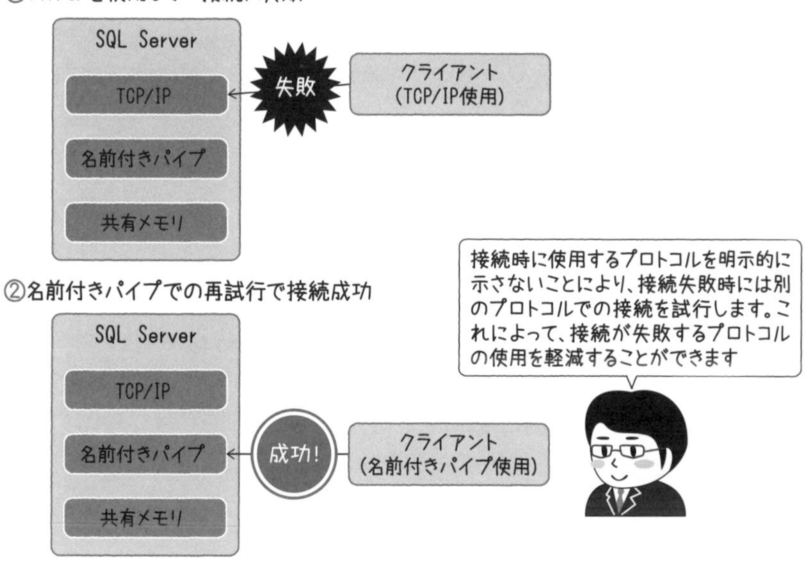

図9.9　プロトコルを変更してのリトライ

前述のように、クライアントが使用する各プロトコルの優先順位の設定や、有効化／無効化はSQL Server構成マネージャで設定できます。

9.6 接続先情報のキャッシュ

9.6.1 デフォルトインスタンスへの接続

SQL Serverの**デフォルトインスタンス**は、明示的に変更しなければ、常にポート番号1433を使用してクライアントからの接続要求を待ち受けています。そのため、クライアントが接続要求を行う場合に必要な作業はとてもシンプルです。

何らかの手段で、接続しようとしているSQL Serverが稼働しているコンピュータをネットワーク上で見つけることができれば、ポート番号1433に対して接続要求を行うことで、SQL Serverとのコミュニケーションを開始できます。

9.6.2 名前付きインスタンスへの接続

名前付きインスタンスの場合は、もう少し複雑な作業が必要になります。なぜなら、名前付きインスタンスがクライアントからの接続要求を待つために使用するポート番号は常に同じわけではないからです。

名前付きインスタンスが使用するポート番号は、動的に決定されます。具体的には、インスタンス起動時にコンピュータ上ですでに使用されているポート番号を確認して、未使用の番号を自身に割り当てます。

通常の場合は、一度使用したポート番号を次の起動時にも再利用を試みます。しかし、そのポート番号がほかのアプリケーションによってすでに使用されている場合は、新たに未使用のポート番号を探して自らに割り当てます（図9.10）。

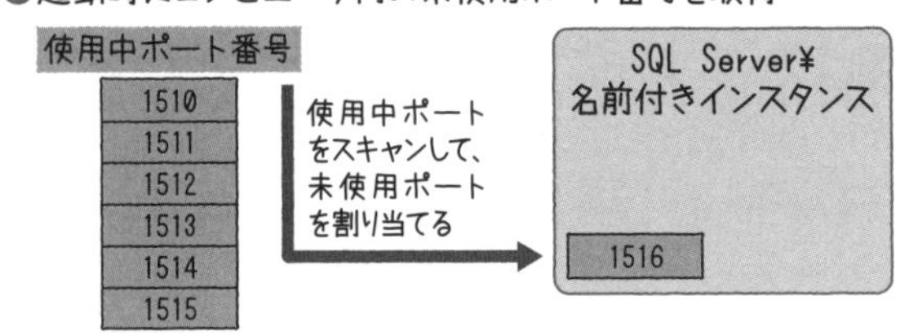

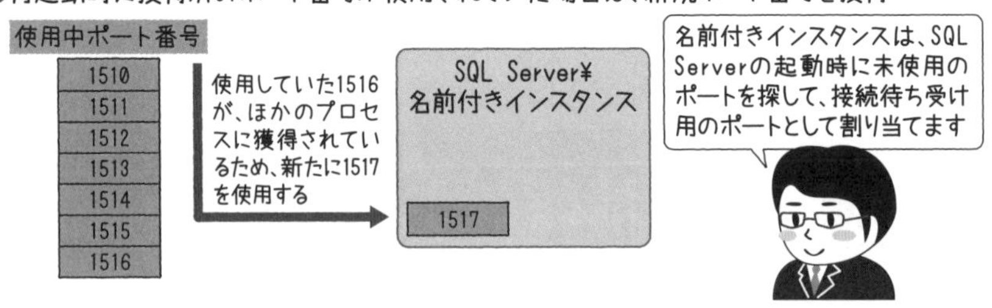

図9.10　名前付きインスタンスとポート番号

このような動作が行われているため、クライアントが接続先のインスタンスを発見するのは容易ではありません。そこで、ポート番号などの問い合わせに使用されるのが**SQL Server Browserサービス**です。

名前付きインスタンスに接続を行うクライアントは、最初にSQL Server Browserサービスに問い合わせを行い、ポート番号などの情報を得ます。その情報をもとに本来の接続対象である名前付きインスタンスへ到達することができます（図9.11）。

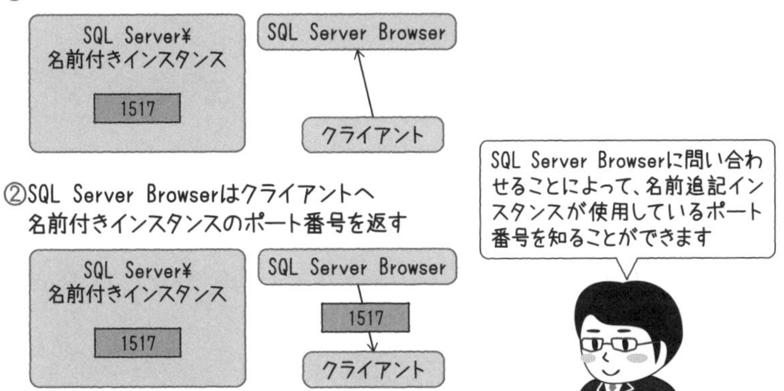

③クライアントはSQL Server Browserから返された
ポート番号を使用して名前付きインスタンスへ接続する

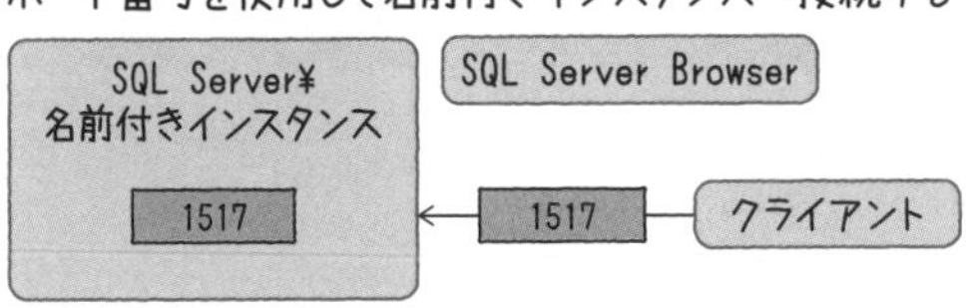

図9.11　SQL Server Browserサービス

9.6.3 接続情報キャッシュ

名前付きインスタンスへ接続するたびにSQL Server Browserサービスに必要な情報を問い合わせていると、当然のことながら不要な遅延を発生させるオーバーヘッドとなります。その遅延を回避するために、クライアントは、接続情報の履歴をキャッシュする動作を実装しています。**接続情報キャッシュ**には、次のレジストリが使用されます。

```
HKEY_LOCAL_MACHINE\SOFTWARE\Microsoft\MSSQLServer\Client\SNI11.0\
LastConnect
```

クライアントがSQL Serverとの接続に成功すると、上記のレジストリに次の値を格納します。

- 接続に使用したプロトコル名
- SQL Serverのインスタンス名
- SQL Serverが待ち受けをしているポート番号

それ以降の接続試行時には、最初にローカルコンピュータのレジストリ内にキャッシュした情報を確認します。そのため、サーバーコンピュータで動作しているSQL Server Browserサービスとのやり取りの手間を省くことができます。

ただし、接続先の名前付きインスタンスが再起動され、さらに使用していたポート番号が変わってしまった場合は、キャッシュした情報での接続はできなくなります。そのような場合は、SQL Server Browserサービスから再度情報を得て接続を確立し、キャッシュ情報も新たな値を使用して書き換えます。

9.7 第9章のまとめ

SQL Serverの様々な設定やオブジェクトのデザイン、SQL Serverに接続するクライアントアプリケーションのデザインなどに比べると、ネットワークに関する様々な事項は、やや後回しにされているような感じを受けます。その原因の1つは、ネットワークに注意を払うきっかけとなるための情報不足であるように感じています。そのため、この章の説明がSQL Serverとネットワークとの関係に関心を向けるきっかけとなればうれしく思います。

第10章

データベースのバックアップと復元

SQL Serverだけではなく、コンピュータ上に存在する“消えてしまっては困る”すべてのファイルのバックアップの必要性については、いまさら声高に何かを語る必要はないと筆者は考えています。しかしながら、テクニカルサポートへの問い合わせ内容などを吟味してみると、特にSQL Serverに関しては多くのユーザーがバックアップについてあまり熱心に取り組んでいないように思えてなりません。この章では、そのような状況を踏まえて、改めてバックアップの重要性や、バックアップに関するSQL Serverの内部構造について紹介します。

10.1 バックアップファイルの出力形式

SQL Serverのバックアップファイルには、どのような形式でデータが出力されているか想像できますか？　その形式は、少し意外なことに**MTF**（Microsoft Tape Format）形式と呼ばれる、磁気テープへ出力するためのフォーマットが採用されています。おそらくディスクの価格が高額で、データベースで使用するような大規模なファイルのバックアップはテープに出力して保管しておくことが当たり前だった時代の名残だと考えられます（もはやテープ読み込み／書き込み用デバイスを目にすることもほとんどなくなってしまいました）。

MTF形式は、Windows Serverオペレーティングシステムがテープにバックアップを行う際にも使用されています。そのため、SQL Serverのバックアップファイルと、Windowsオペレーティングシステムに付属しているNTBackupユーティリティ（Windows Server 2003までの標準バックアップツール）で取得したバックアップは、同じテープの中に共存できます。また、バックアップファイルをディスクへ出力する場合であっても、テープと同じフォーマットが使用されています。

10.2 バックアップファイルの内容

SQL Serverのバックアップファイルは、MTF形式に準拠するために、バックアップの開始部分と終了部分にMTF形式用の管理情報を含んでいます。それらの管理情報に挟まれる形で、データベース内のデータやトランザクションログが格納されています。

ここでは、データベースの完全バックアップを例にして、バックアップファイルの実際の中身の概要を紹介します（図10.1）。

●データベースの完全バックアップ

メディアヘッダー	データセット開始ブロック	SQL Server設定情報	SQL Serverデータストリーム	SQL Serverログストリーム	データセット終了ブロック	メディア終了

メディアヘッダーはMTF形式のバックアップの開始点を、メディア終了は終了点を示します

図10.1　バックアップファイルの中身

メディアヘッダー

MTF形式のバックアップに必要となる、バックアップファイルの管理情報を格納するための領域です。バックアップファイルのラベルやバックアップファイル出力時のブロックサイズ、パスワード保護をしている場合には、パスワードなどが書き込まれます。

データセット開始ブロック

MTF形式に準拠した実際のバックアップ対象のデータが、これ以降の領域に格納されることを示します。

SQL Server設定情報

バックアップ対象のデータベースの管理情報が格納される領域です。格納される情報は、次のとおりです。

・データベース名
・データベースID
・サーバー名
・データベース互換性レベル
・照合順序

SQL Serverデータストリーム

データベースのデータファイル内の使用されている領域が、エクステント単位で格納されます。

SQL Serverログストリーム

データベースのログファイルが**仮想ログファイル**[※1]ごとに格納されます。

データセット終了ブロック

MTF形式での、実際のバックアップ対象のデータが格納されている領域の終了点を示します。

メディア終了

MTF形式のバックアップファイルの終了ポイントを示します。

10.3 バックアップの種類

SQL Serverには、いくつかの種類のバックアップ方式が用意されています。ご存じの方も多いと思いますが、それぞれの違いなどを簡単におさらいしておきましょう。

10.3.1 完全バックアップ

すべての割り当て済みのエクステントとトランザクションログの一部をバックアップします。完全バックアップ実行時にはすべての**GAMページ**[※2]がスキャンされ、割り当て済みのバックアップすべきエクステントが判別されます。また、**DCMページ**[※3]

※1 SQL Serverは、ログファイルの管理を容易にするために、いくつかの論理的なブロックに分割します。そのブロックを**仮想ログファイル**と呼びます。詳細は第4章を参照。
※2 データベースのエクステント使用状況管理に使用している8KBページです。1ビットが1エクステントを示しています。1ページで64000エクステント（約4GB）を管理できます。
※3 直近の完全バックアップ取得以降に変更された、エクステントの情報を管理するためのデータベースページです。8KBのページの各ビットが1つのエクステントの状態を表しています。そのため、1ページ分のDCMページで64000エクステント（約4GB）の情報を保持できます。完全バックアップ取得以降に変更されたエクステントに関連付けられたビットには、1が設定されます。

のビットがクリアされます。さらに、バックアップが実行されている間に行われたデータベースへの更新処理の変更分もバックアップに含めるため、バックアップ開始時からバックアップ終了までの間のトランザクションログのバックアップも一緒に取得されます。

10.3.2 差分バックアップ

完全バックアップを取得した後に、変更が行われたエクステント分のみをバックアップします。差分バックアップ実行時にはDCMがスキャンされ、バックアップが必要なエクステントを特定します。また、完全バックアップと同様に、バックアップ実行中のトランザクションログのバックアップが取得されます。

10.3.3 ファイルバックアップ

データベースの任意のファイルのみのバックアップです。完全バックアップと同様に、割り当て済みエクステントとトランザクションログの一部をバックアップします。また、ファイル内に存在するDCMのクリアも行います。

10.3.4 ファイル差分バックアップ

データベース内の任意のファイルのみに対して行う差分バックアップです。DCMを使用して、変更されたエクステントだけがバックアップされます。それ以外の点もデータベース差分バックアップと同様です。

10.3.5 トランザクションログバックアップ

物理ログファイル内の仮想ログファイルを順次バックアップします。もしもデータベースが一括ログモデルを選択していた場合は、一括操作が行われたエクステントもバックアップに含まれます。一括操作が行われたエクステントは、**BCMページ**[※4]で確認します。

※4　直近の完全バックアップ取得以降に、一括操作で変更されたエクステントの情報を管理します。

10.4 バックアップ処理の流れ

バックアップを実行した際に、内部的に行われている処理を紹介します。

①GAMを使用してデータベースファイルをスキャンする（図10.2）

図10.2 処理①GAMページをスキャンして割り当て済み（ビットに1が設定されている）エクステントを確認

②データベースファイルが複数存在する場合は、すべての読み込みは並列で処理される（図10.3）

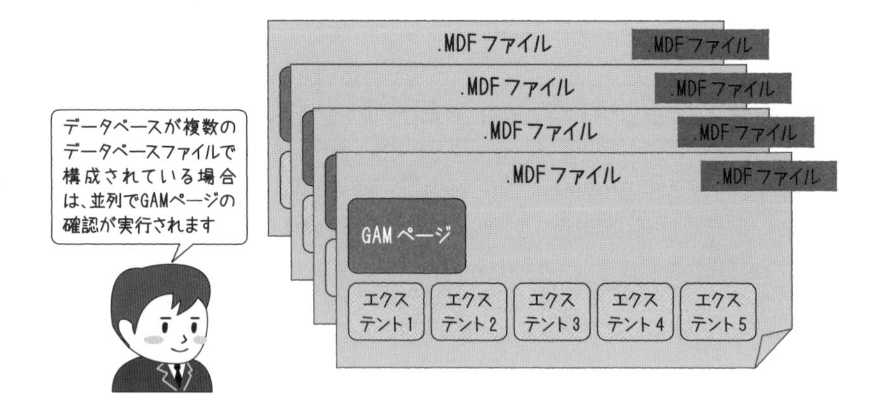

図10.3 処理②各データベースファイルで並列に処理される

③割り当て済みのエクステントを、物理的な並び順で読み込む（図10.4）

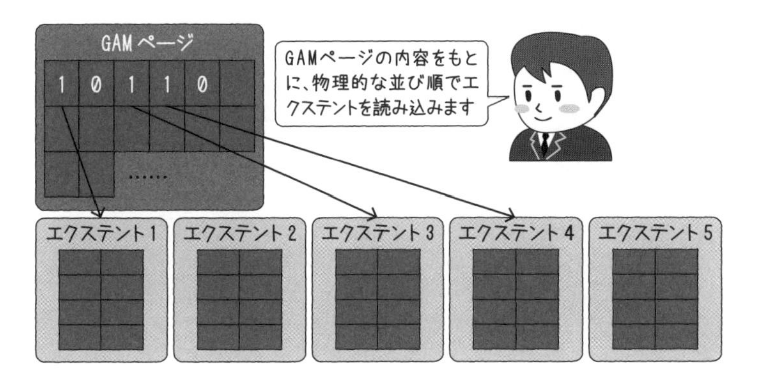

図10.4　処理③割り当て済みエクステントを順次スキャン

④読み込んだエクステントを、バックアップファイルに転送する（図10.5）

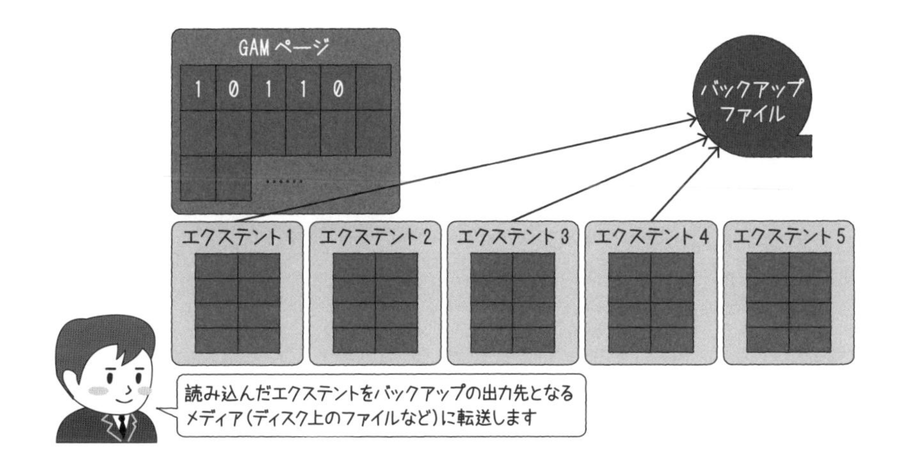

図10.5　処理④読み込んだエクステントをバックアップファイルに転送

10

データベースのバックアップと復元

⑤バックアップファイルが複数存在する場合は、並列で処理される（図10.6）

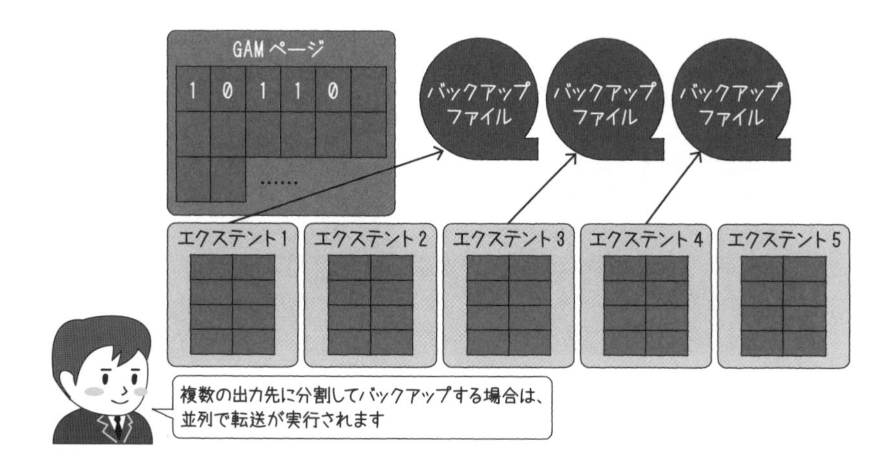

図10.6　処理⑤バックアップファイルが複数存在する場合は並列で転送実施

それ以外にも、バックアップ処理では様々な作業が行われています。いくつかの処理は並行で実行され、またいくつかは順次実行されます。それらの中で代表的な処理をいくつか紹介します。

- バッファキャッシュ上のダーティページをフラッシュするために、チェックポイント処理を実行する。このチェックポイント処理の実行には、データファイル上のデータとバッファキャッシュ上のデータの差異を少なくする効果がある（図10.7）
- 次回のバックアップのために必要な情報を、バックアップファイルのヘッダーに書き込む
- msdbシステムデータベースのバックアップ履歴を更新する。msdbシステムデータベースのバックアップ関連の情報を格納するテーブルには、各データベースに対して実行したバックアップの種類や履歴情報が格納されている

①ディスクに変更が反映されていないデータがキャッシュ上にダーティページとして存在する

②このままでは、バックアップ対象のデータベースファイルとの差異が大きい

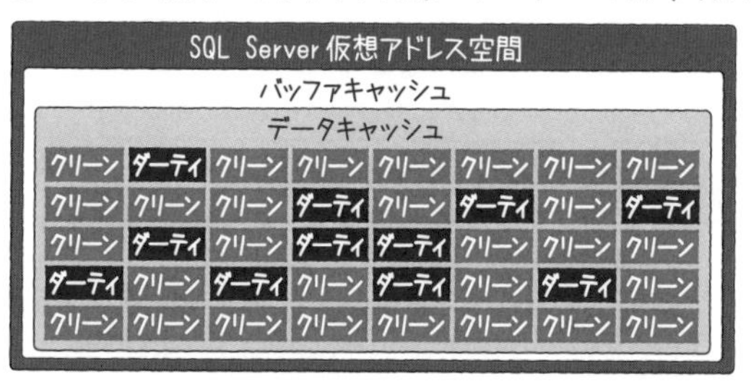

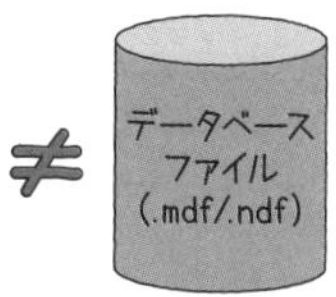

③バックアップ前にチェックポイントによってダーティページをディスクにフラッシュ

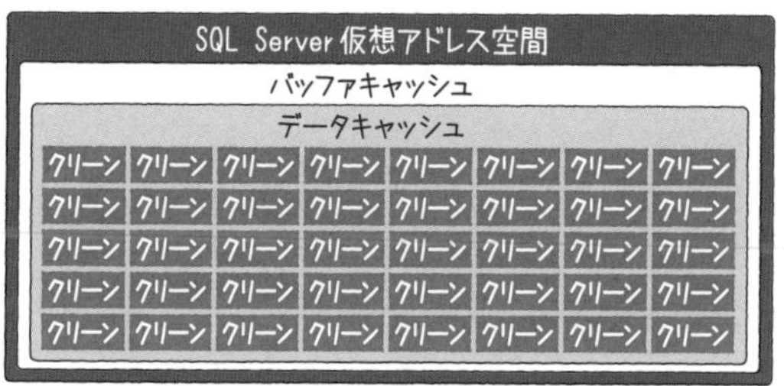

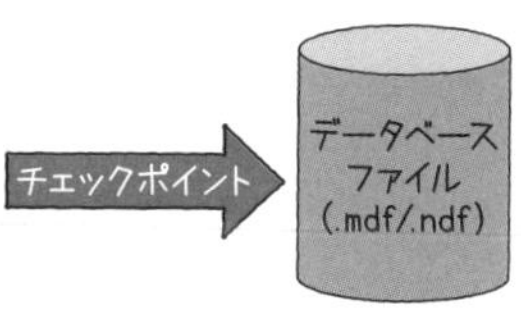

④バッファキャッシュとデータベースファイルの差異がなくなり最新のバックアップが可能になる

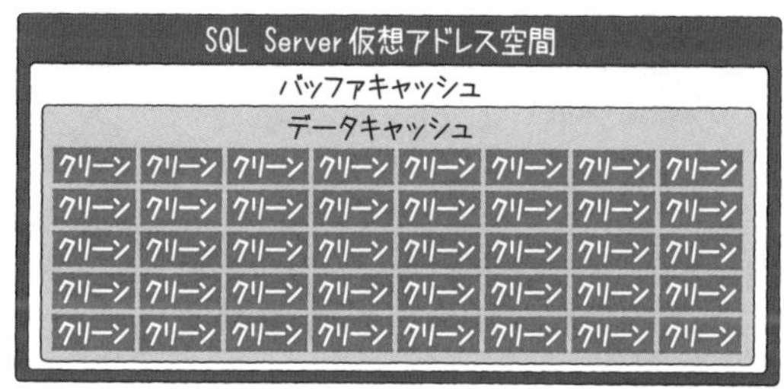

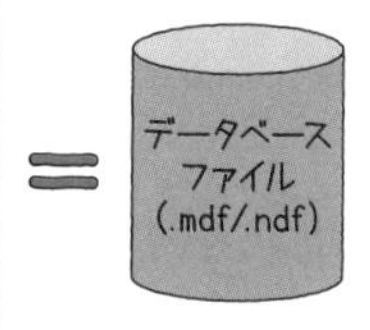

図10.7　チェックポイントの効果

10.5 バックアップメディアの破損

データベースに何らかの問題が発生したときのためにバックアップを用意しているわけですが、そのバックアップが破損していることもあります。これは、システムの可用性を著しく損ない、データ復旧に多大な時間を要するため、なんとしても防止したい障害です。次に代表的な2つの発生原因と予防措置を紹介します。

- データベース自体が壊れている
- バックアップファイルの生成時にエラーが発生している

10.5.1 データベース自体が壊れている

バックアップを取得するデータベースが壊れていると、当然それをもとに作成されるバックアップも破損した状態になります。これは、定期的にDBCC CHECKDBコマンドでデータベースの整合性を確認していない場合に陥りがちな問題です。

定期的にDBCC CHECKDBを行っていないと、数世代分のデータベースバックアップを持っていたとしても、どの時点で破損が発生していたのか判断できなくなります。そのため、直近のバックアップを復元して破損が発覚した場合、一世代前のバックアップを復元したとしても同じ問題が発生する可能性があります（図10.8）。

●破損したデータベースからは破損したバックアップが生成される

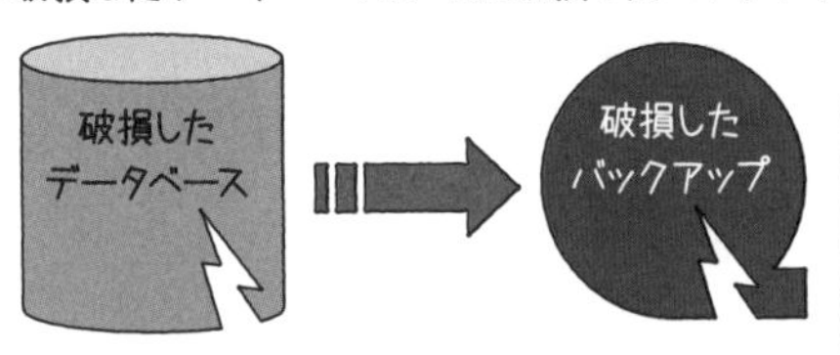

図10.8　破損したバックアップの復元

一方、予防措置は非常にシンプルです。データベースのバックアップを実行する前に、必ずDBCC CHECKDBを実行してください。その際に整合性のエラーが検出されなければ、これからバックアップしようとしているデータベースはクリーンな状態であると確認できます。

10.5.2 バックアップファイルの生成時にエラーが発生している

データベースのバックアップ実行時に、バックアップファイルの出力先メディア（ディスクやテープなど）の不良によって、正しい内容でバックアップファイルの生成が行われないことがあります。正しく生成されなかったバックアップファイルは、当然のことながら正しく復元することができず、障害発生時の対策とはなり得ません。

有効な予防措置としては、バックアップチェックサムの使用が挙げられます。バックアップ実行時に、バックアップファイルに出力されるデータをもとにチェックサム（誤り検出符号）を生成し、バックアップファイルのヘッダーに格納します。格納した値と、実際のバックアップファイルの内容を比較することで、生成したファイルの妥当性を検証できます（図10.9）。

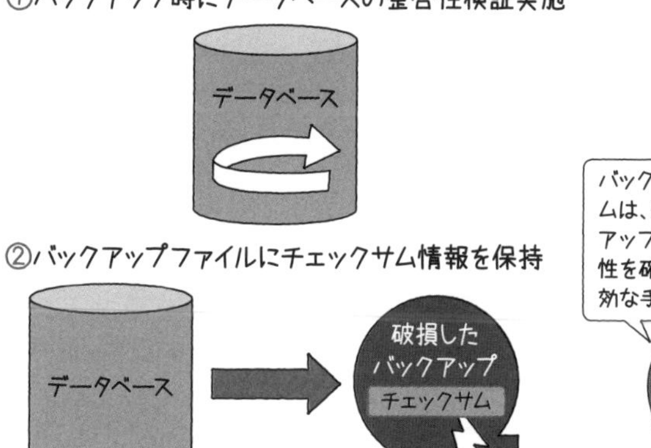

図10.9　バックアップチェックサム

BACKUPコマンドを、CHECKSUMオプションとともに実行するための構文は、次のとおりです。

```
BACKUP DATABASE N' データベース名 ' TO DISK = N' バックアップファイルのフルパス'
WITH CHECKSUM
```

Column

破損したバックアップファイルからの復元

CHECKSUMオプションを指定すると、バックアップ時にデータベースの検証も行うため、システムに与える負荷が大きくなります。そのため、デフォルトではオフに指定されています。しかし、バックアップファイルの内容の正当性を確認することは、システムの安定運用にとても重要な意味を持ちます。そのため、バックアップ実行時には、可能な限りCHECKSUMオプションを指定することをお勧めします。

不幸にも、何らかの原因でバックアップファイルが破損してしまった場合、どのような対処が考えられるでしょうか？　ひと口にバックアップファイルの破損と言っても、バックアップファイルを保存していたディスクやテープ自体に物理的にアクセスできないような障害や、アクセスは可能でもバックアップファイルの内容に一部不正な箇所が含まれるような障害もあります。

前者のようなハードウェア障害の場合は、SQL Serverでは対処できません。後者の場合もSQL Server 2000までは、破損したバックアップファイルに存在している正常な部分のデータを救済するための手段は存在しませんでした。しかし、SQL Server 2005からは、たとえ破損している箇所があったとしても、利用できる部分に関してはデータを使用可能にするための機能が実装されました。

具体的には、復元の実行時にデータの不整合が検出されると、SQL Server 2000までは復元を停止してしまい、バックアップからの復旧が行われませんでした。SQL Server 2005以降でもデフォルトの動作は同じですが、次の例のようにCONTINUE_AFTER_ERRORオプションを指定することによって、破損が検出された後も復元処理を継続します。この実装によって、少なくともバックアップファイル内の使用可能なデータにはアクセスができるようになりました（図**10.A**）。

```
RESTORE DATABASE データベース名
FROM DISK = N' バックアップファイルのフルパス '
WITH CONTINUE_AFTER_ERROR
```

●SQL Server 2000までの動作

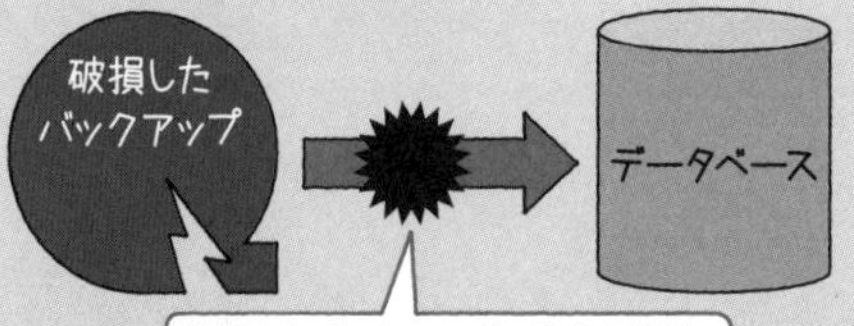

●SQL Server 2005以降の動作
CONTINUE_AFTER_ERROR オプションとともに実行

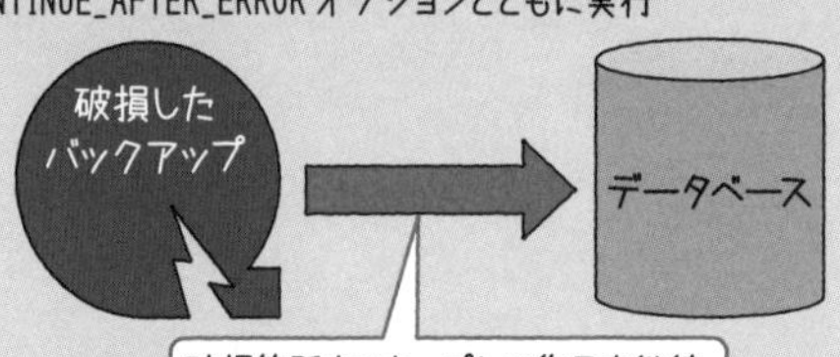

現行のSQL Serverでは、バックアップファイルが破損していても、バックアップファイル全体が使用不可能になることを避けることができます

図10.A　復元時の動作の違い

障害発生時にはとても利用価値の高い機能ですが、いくつか念頭に置いておいてほしいことがあります。

1つ目は、消失したページに関しての懸念です。破損箇所をスキップして復元を継続するということは、データベース内にページの欠落が発生することを意味します（図10.B）。必要なページが存在しないため、そのページに含まれていたデータは消失し、データベース内のページ間のリンクも整合性がとれない状態になっています。そのため、何らかの対処が必要となります。

●破損箇所をスキップするとページの欠落発生

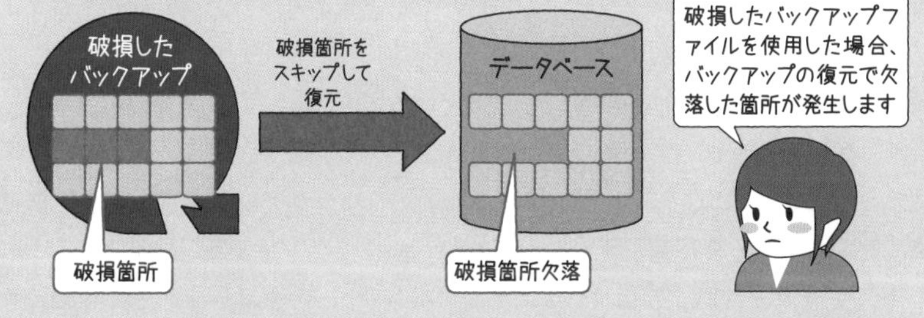

図10.B　ページの欠落

2つ目は、不整合からの復旧方法についてです。復旧方法の基本は、DBCC CHECKDB コマンドです。このコマンドを実行することによって破損の発生箇所や破損範囲を特

定して、必要な対処を検討します。実際に必要となる対処に関しては次章で詳しく紹介しますが、多くの場合、修復オプション付きのDBCC CHECKDBコマンドや、インデックスの再作成といった対処が必要になります。

なお、それらの対処を実施しても復旧できない場合には、SELECT INTOコマンドなどで使用可能なデータのみを一時データベースや外部ファイルへ抜き出し、欠落したデータに関しては手動で再作成するなどの対処が必要です。そのような状況に陥らないために、バックアップの出力メディアやバックアップファイルの内容の正当性などには、十分な注意を払うことがとても重要となります。

10.6 バックアップファイルの圧縮

SQL Serverのデータベースのバックアップ経験がある方は気づいたかもしれませんが、データベースのバックアップファイルのサイズは、バックアップ対象となったデータベースのサイズ（データファイルとログファイルのサイズの合計値）よりも小さいことがほとんどです。

実際のデータベースよりも小さいサイズということは、SQL Serverがバックアップ実行時に圧縮操作を行っているのでしょうか？

残念ながら答えはNOです。サードパーティ製のバックアップソフトウェアには圧縮機能を備えたものも存在しますが、SQL Serverバックアップ機能はデフォルトの設定で実行すると、特に圧縮を行いません。GAMページを確認しながら、単純に使用済みのエクステントをバックアップファイルへ書き出しているだけです。そのため、データベースのサイズに対して格納しているデータ量が少ないと、データベースサイズとバックアップファイルのサイズの差異は大きくなります。一方、データベースの使用率が100％に近づくほど、両者のサイズも近づくことになります（図10.10）。

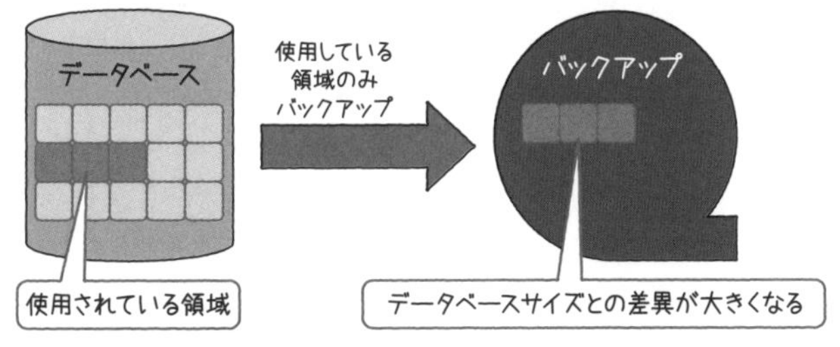

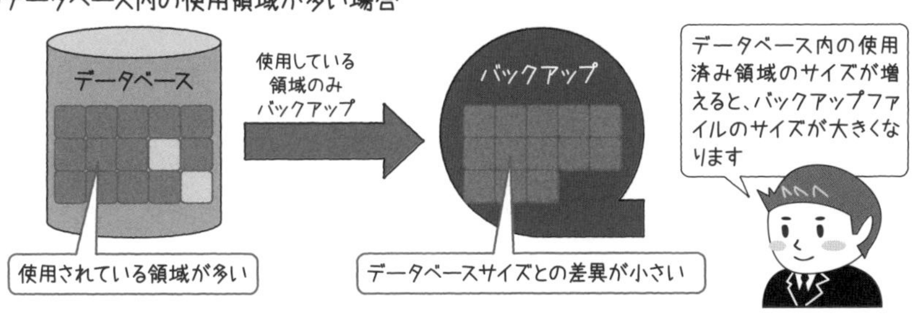

図10.10　バックアップファイルのサイズ

なお、明示的にオプションを指定することで、バックアップファイルの圧縮が可能です。圧縮機能のメリットは、まずバックアップファイルのサイズ自体が従来よりも小さくなることです。ファイルサイズが小さいということは、ディスクI/Oに必要な時間が短くて済むことを意味し、データベースバックアップ時のファイルの書き出しや、バックアップファイルからの復元の際のディスクI/Oに必要となる時間がより短くなります。

ただし、バックアップファイルへの圧縮時や、圧縮されたバックアップファイルからの復元時には、これまでよりも多くのCPUリソースを消費する可能性が若干高くなると考えられます。そのため、圧縮操作を伴うデータベースのバックアップを導入する際には考慮すべき点があります。

たとえば、これまでバックアップと同時間帯に実行していた処理がある場合、処理完了までに要する時間が長くなる可能性があります。そのようなときには、双方の処理の開始時間などの調整が必要になります。

10.7 BACKUP/RESTORE以外のバックアップ

この章では、主にSQL ServerのBACKUP/RESTOREコマンドによるバックアップについて紹介しました。ただし、データベースのバックアップを保持する手段は、それ以外にも存在します。ここでは、その一例であるデータベースファイルのコピーを紹介します。

データベースの実体であるデータファイル（.mdfファイル）／ログファイル（.ldfファイル）をコピーしておき、データベースのバックアップとして使用します。データベースに障害が発生した場合には、問題のあるデータベースを**sp_detach_db**を実行してデタッチし、コピーしてあったファイルを**sp_attach_db**を使用してアタッチします。これにはBACKUP/RESTOREコマンドと比較した場合に、次のような利点と注意点があります。

利点

- ほとんどの場合、RESTORE DATABASEコマンドよりもアタッチのほうが復旧のために必要な時間が少なくて済む
- ほとんどの場合、BACKUP DATABASEコマンドよりもデータベースファイルのコピーのほうがバックアップのために必要な時間が短くて済む

注意点

- データベースファイルをコピーする際に、データベースをオフラインにする必要がある
- BACKUP DATABASEコマンドと比較すると、必要なディスク領域が大きくなる可能性がある（BACKUP DATABASEコマンドは、未使用の領域はバックアップしないため）

10.8 第10章のまとめ

この章では、バックアップと復元について紹介しましたが、いかがでしたでしょうか。一見、地味な機能ではありますが、バージョンアップされるたびに確実に使い勝手が良くなっています。

特にバックアップファイル自体の破損に関して、数々の対処方法が実装されています。かつては復旧をあきらめるしかなかったデータベース自体およびバックアップファイルも破損しているような状況であっても、冷静に対処方法を考えることで復旧できる可能性がとても高まりました。

しかしその前に最も重要なことは、何よりもデータベースのバックアップを計画的に取得することです。まだ実行に移されていないユーザーの方は、これを機会にぜひ検討していただければと思います。

Column

最適なクエリ実行プランへ近づくために

第8章8.4節の冒頭（p.215）で「SQL Serverのオプティマイザはoptimal（最適）なクエリ実行プランを生成するのではなく、制限時間内にreasonable（妥当）なクエリ実行プランを生成することを目的とする」と解説しましたが、可能な限り「最適なクエリ実行プラン」に近づけるための取り組みが行われています。**インテリジェントクエリ処理**[※5]と呼ばれる機能改善の中で実装された次の新機能は、その成果の一部です。

メモリ許可フィードバック

クエリ実行プラン生成時には、クエリを処理するのに必要なメモリサイズが計算され、その値がクエリ実行プランのプロパティとして保持されます。クエリ実行時にはその値に基づいてメモリが獲得されますが、何らかの理由でその値が適切ではなかった場合、次のような問題が発生する可能性があります。

- **メモリサイズの値が小さすぎる場合**

  メモリに収まりきらなかったデータがtempdbへ書き込まれ、その結果としてディスクI/Oが発生してクエリのパフォーマンスが劣化します。

※5 ▼SQLデータベースでのインテリジェントなクエリ処理
https://docs.microsoft.com/ja-jp/sql/relational-databases/performance/intelligent-query-processing?view=sql-server-ver15#batch-mode-memory-grant-feedback

・メモリサイズの値が大きすぎる場合

本来であれば、ほかのクエリで使用可能なメモリまで確保してしまい、メモリリソースを必要とするほかのクエリのメモリ獲得待機を発生させてしまう可能性があります。これによりSQL Serverインスタンス全体の観点で考えた場合、クエリの同時実行性を損なってしまうことにつながります。

メモリ許可フィードバック機能は、上記のような問題がクエリ実行時に発生した場合に、クエリに必要なメモリサイズの再計算を行い、クエリ実行プランのメモリサイズに関する情報を書き換えます。この動作によって、クエリが繰り返し実行されることでメモリ使用量の最適化が行われます。SQL Server 2017で、まずバッチモードでのメモリ許可フィードバックが実装され、SQL Server 2019で行モードへの対応が行われました。

アダプティブ結合

従来の方式では、クエリを実行する際のテーブル結合方式（ネストループ結合、ハッシュ結合など）は、クエリ実行プラン生成時に決定されていました。たとえその結合方式がクエリ実行時に最適ではないことが判明しても、後から変更されることはありませんでした。

SQL Server 2017以降では、テーブルの結合方式がクエリ実行時に決定されるアダプティブ結合[※6]が実装されました。クエリ実行時に結合対象のテーブルのデータ量などをもとに、ネストループ結合あるいはハッシュ結合のどちらか適する方が選択されます。これによって、より適切な結合形式が選択されるようになり、リソースの効率的な利用やクエリパフォーマンスの安定化につながります。

上記の2つの機能が実装される前は、いったん生成されたクエリ実行プランは、再度コンパイルされるまで再利用され続けていました。その結果として（統計情報が最新ではないなどの理由によって）生成されたクエリ実行プランの精度が高くない場合などは、パフォーマンス劣化の原因になることも少なくありませんでした。その問題への対処方法として、従来の考え方を覆すクエリ実行プランの動的な調整機能が登場したことに大きな可能性を感じます。

まだまだ、クエリ実行プランに関して改善すべき点は多くありますが、一見地味に思えるこのような品質向上の取り組みを通して、これからも最適なクエリ実行プランに到達するための努力が続けられます。

※6 ▼アダプティブ結合について
https://docs.microsoft.com/ja-jp/sql/relational-databases/performance/joins?view=sql-server-ver15#understanding-adaptive-joins

第 11 章

トラブルシューティング

常日頃から何も問題が発生しないまま、SQL Serverを運用し続けることができるのであればとても理想的です。しかし多くの場合、様々なトラブルが発生しそれぞれへの対処が必要になります。

本章では、アプリケーション開発者やデータベース管理者が直面する機会が多いトラブルと、それに対する対処方法を紹介します。

11.1 パフォーマンス問題解決の難しさ

「SQL Serverで実行するクエリが思うような処理時間で完了しない」「ある時点までは快調に動作していたものが、突然とても処理時間がかかるようになってしまった」といった悲劇は、多くの皆さんが経験することでしょう。このような事態に向き合わなければならないときに、その対処を困難にしている要因は間違いなく次の3点です。

①情報収集に手間がかかる

思うようなパフォーマンスが実現できないときには、クエリ実行プランをはじめ、様々な情報を吟味する必要があります。そのような情報をひとつひとつ集めるのはとても面倒で手間がかかります（そもそも、どのような情報が必要になるのかの判断も難しい）。一定数の皆さんは、この作業の困難さのためにパフォーマンスチューニングを断念してしまうかもしれません（図11.1）。

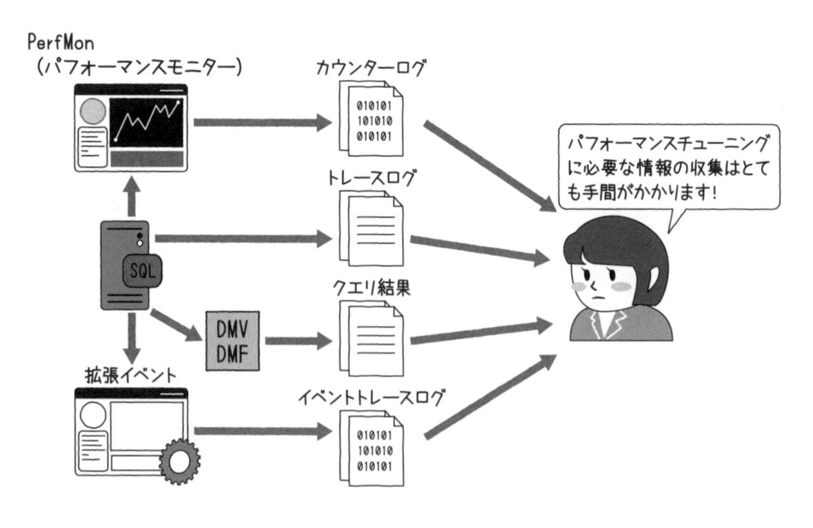

図11.1　情報収集がたいへん！

②パフォーマンスの比較が難しい

ある時点以降にパフォーマンスが悪化してしまった場合の最も効果的なチューニング手法は、**パフォーマンスが良好だった時点とパフォーマンスが悪化した後の情報を比較して、その変化点を確認する**ことです。

ただし、ほとんどすべての場合、パフォーマンスが良好だった時点の情報が保持されていることはありません（①の「解析に必要な情報収集の困難さ」がこの情報保持をはばみます）。それゆえに、良好な時点と悪化後の各種情報の比較ができない、ということになります。

③情報の解析が難しい

先述の2つのハードルをクリアして必要十分な情報が手元にあったとしても、それらをもとに的確な解析を実施するためには、ある程度の経験／知見が必要になります。これがパフォーマンスチューニングやパフォーマンストラブルシューティングを実施する際の、最後にして最大のハードルになります。

SQL Server開発チームは、このような状況に関していたずらに手をこまねいていたわけではありません。パフォーマンス関連の上記のハードルを取り払うために、SQL Server 2016から**クエリストア**と呼ばれる機能を実装しています。

11.2 クエリストア

11.2.1 実現できること

クエリストアとは、クエリの実行履歴やクエリ実行プランを保存し、解析を行うことができる機能です。クエリストアを使用することで、次のことが可能になります。

情報収集の自動化

データベースのユーザーが手間をかける必要なく、必要な情報を収集することができます。（図11.2）

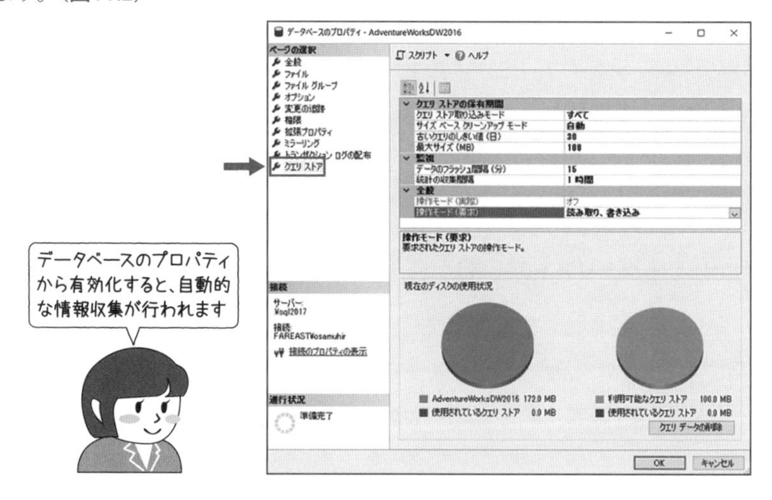

図11.2　クエリストア

パフォーマンスの比較

必要な情報を自動的に収集し続けるので、ある時点からパフォーマンスが悪化した場合も、良好な時点と悪化後の、両方の情報が保持されています。そのため、両者の比較が可能になります。

スムーズなクエリの解析／問題点の発見

収集した情報をグラフィカルなレポートとして確認することができるので、クエリの解析および問題点の発見が従来に比べると短時間で可能です（図11.3）。

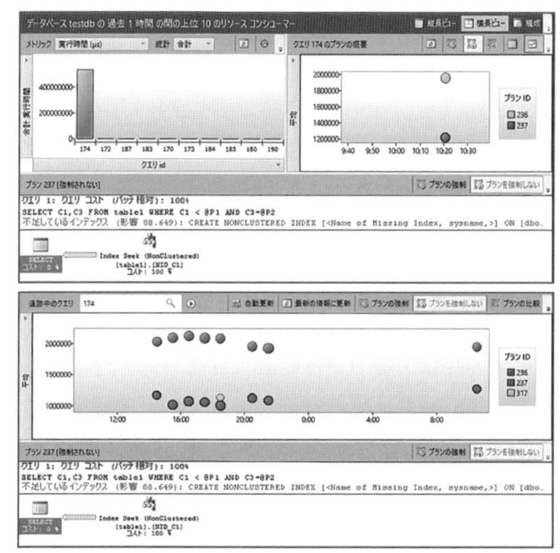

図11.3　クエリの解析

クエリ実行プランの強制

　あるクエリテキストが複数のクエリ実行プランを保持している場合、クエリの実行時間などに大きな差があることがあります。その中に明らかにほかのものよりも効率の良いクエリ実行プランが存在する場合は、それ以降は、そのクエリ実行プランのみを使用するように強制することができます。

11.2.2 クエリストアの仕組み

　クエリストアは、次の情報を継続的に収集することで実現されています（図11.4）。

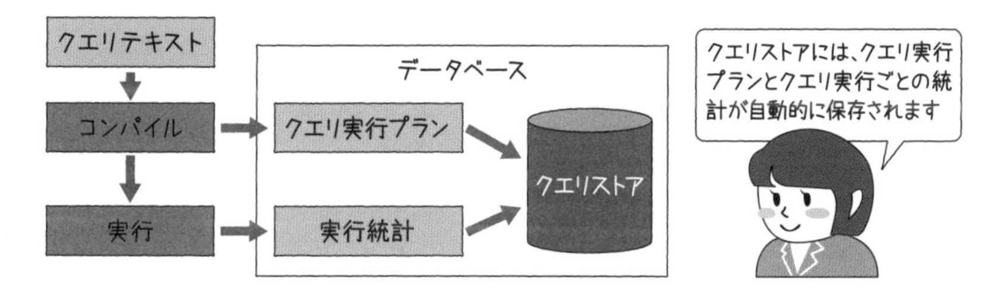

図11.4　クエリストアの動作

クエリテキスト

実行されたSQL文のテキストを保存します。

クエリ実行プラン

クエリテキストをもとに生成されたクエリ実行プランが保持されます。1つのクエリテキストに対して複数のクエリ実行プランが存在する場合[※1]は、それらもあわせて保持します。

クエリ実行統計

クエリを実行した際の実行統計（クエリの処理時間、CPU使用時間、論理読み込みページ数など）が、クエリ実行プランごとに収集／保持されます。

11.2.3 クエリストアの使用例

クエリストアの代表的な使用例を紹介します。

シナリオ1

ある日突然、特定のクエリのパフォーマンスが悪くなったので対策を実施したい

①SQL Server Management Studioのオブジェクトエクスプローラーで［データベース名］→［クエリストア］→［後退したクエリ］レポートを表示する（図11.5）

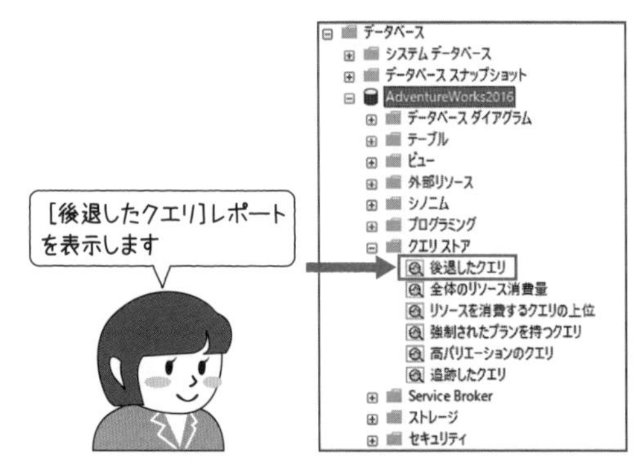

図11.5 ［後退したクエリ］レポートを表示

※1 クエリ実行時のアクセス対象状況や指定するパラメータの内容によっては、すでに存在するクエリ実行プランが使用されずに、新たなものが生成されることがあります。そのような場合、1つのクエリテキストに対して複数のクエリ実行プランが保持されます。

②メトリックを［実行時間（ミリ秒）］に指定する（図11.6）

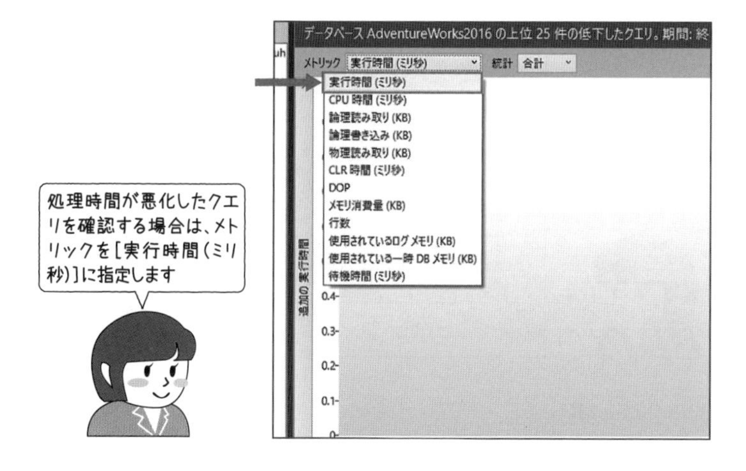

図11.6　メトリックを［実行時間（ミリ秒）］に指定

③実行時間が上位のクエリのクエリ実行プランを確認する（図11.7）

図11.7　クエリ実行プランを確認

④必要に応じてパフォーマンスが良かった時点のクエリ実行プランを強制する（図11.8）

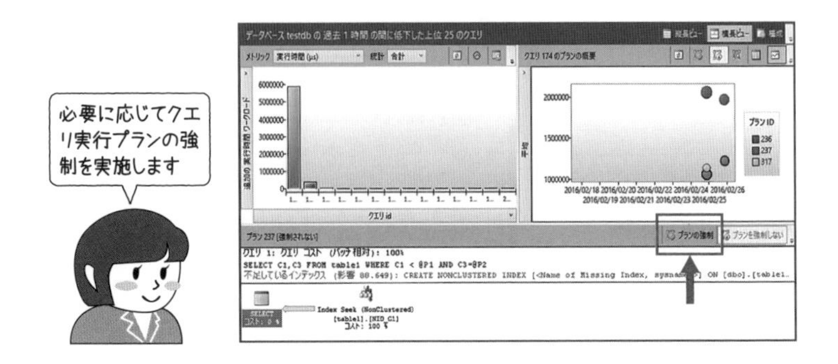

図11.8　クエリ実行プランを強制

シナリオ2

サーバーのCPU負荷が高いので、原因となるクエリを発見したい

①SQL Server Management Studioのオブジェクトエクスプローラーで［データベース名］→［クエリストア］→［リソースを消費するクエリの上位］レポートを表示する（図11.9）

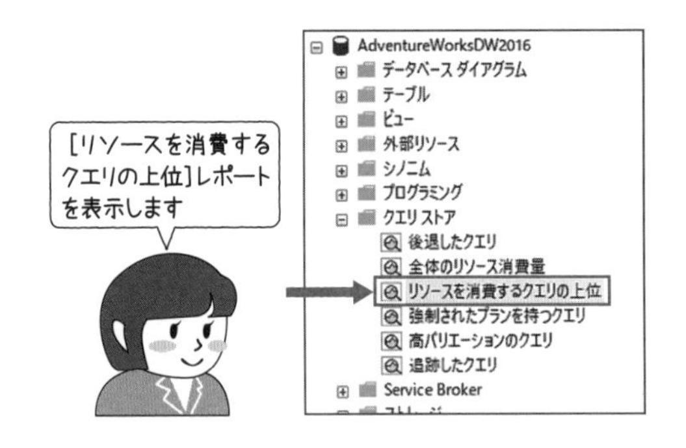

図11.9　［リソースを消費するクエリの上位］レポートを表示

②メトリックを［CPU時間（ミリ秒）］に指定する（図11.10）

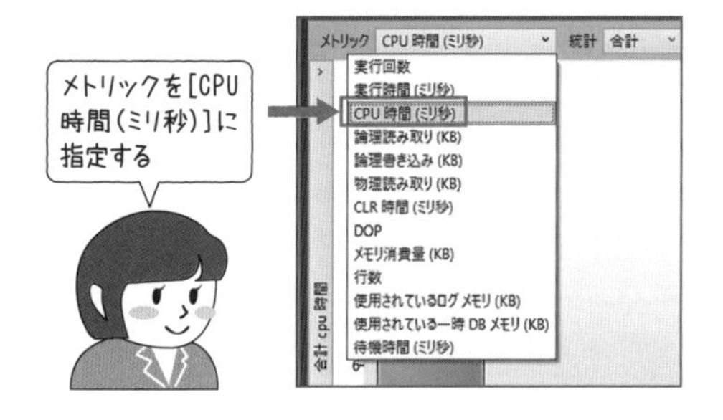

図11.10　メトリックを［CPU時間（ミリ秒）］に指定

③上位のクエリの内容やクエリ実行プランの内容を確認する（図11.11）

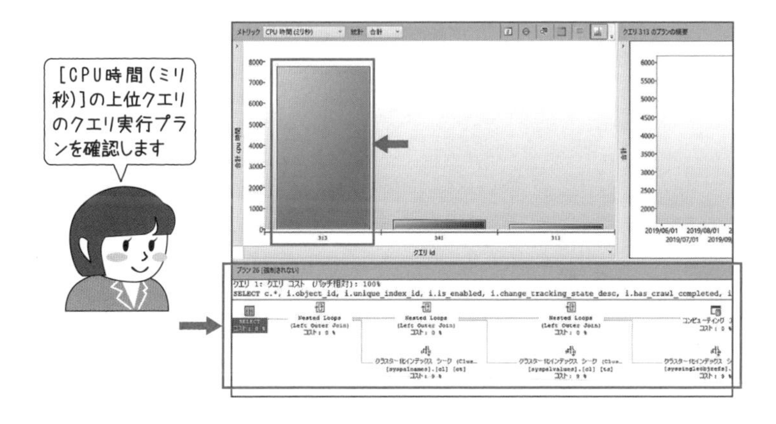

図11.11　［CPU時間（ミリ秒）］上位のクエリ実行プランを確認

実際にありがちな2つのシナリオについて紹介しましたが、より詳細なクエリストアの活用方法は次のMicrosoft Docsサイトを参照してください。

▼クエリストアを使用する際のベストプラクティス
https://docs.microsoft.com/ja-jp/sql/relational-databases/performance/best-practice-with-the-query-store?view=sql-server-2017

11.2.4 クエリストアの有効化と注意点

クエリストアはデフォルト設定では無効化されているため、使用するには次の作業が必要です。

クエリストアの有効化

①SQL Server Management Studioで［データベース名］を右クリックして［プロパティ］ダイアログボックスを開き、［クエリストア］ページを選択する（図11.12）

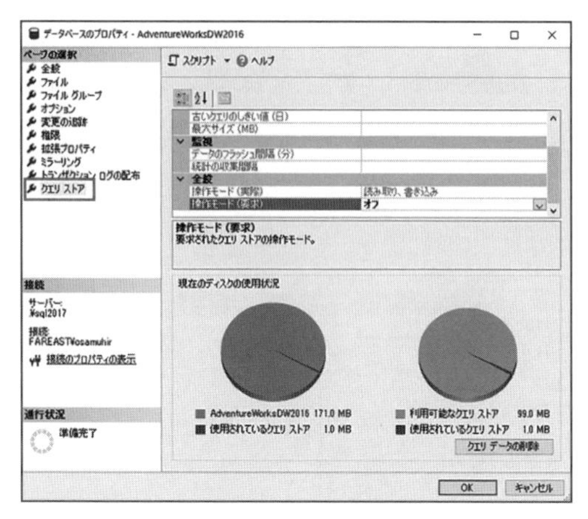

図11.12　データベースの［プロパティ］ボックス

②［操作モード（要求）］ボックスで［読み取り、書き込み］を選択する（図11.13）

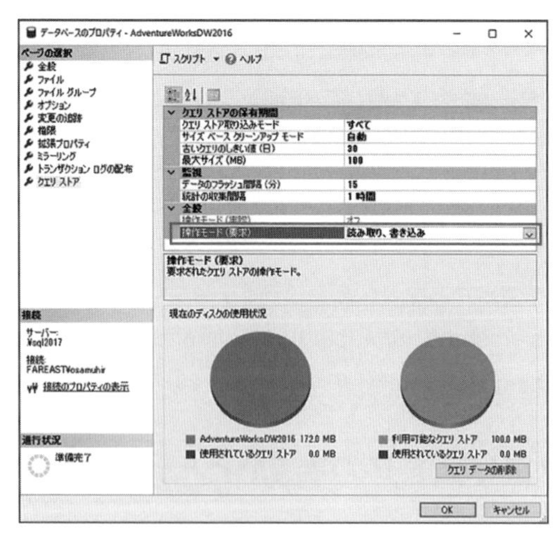

図11.13　［クエリストア］ページ

クエリストアを使用する際には、次の点に注意してください。

注意点

クエリストアのサイズ

クエリストアが収集するデータは各ユーザーデータベースに保持されます。そのためユーザーデータ以外に、クエリストア用の領域をサイジングの際に含める必要があります。

クエリストアで収集した情報の保持期限や、クエリストアの情報を保存する領域の上限を設定することができます。デフォルトでは、次のように設定されており、どちらかのしきい値に達した時点で保持された情報が削除されます。

・保持期限　　　　　　　　：30（日）
・クエリストア領域の上限　：100（MB）

それぞれの設定値は、［クエリストア］ページで変更可能です（図11.14）。データベースの用途必要に応じて適切な値を設定してください。

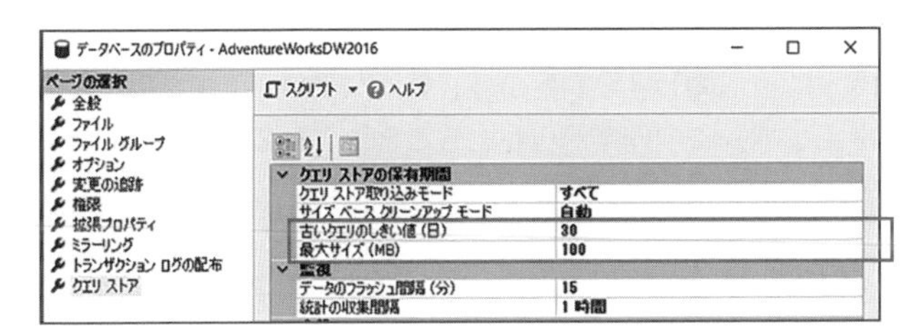

図11.14 ［クエリストアの保有期間］の［古いクエリのしきい値（日）］（保持期限）と［最大サイズ（MB）］（クエリストア領域の上限）

強制されたプラン

いったんクエリ実行プランが強制されると、新たなクエリ実行プランが生成されることはありません。一方で、データサイズや値の分布状況が変化すると、最適なクエリ実行プランが変化する可能性があります。

そのため、一定期間ごとにプランの強制を解除して、クエリオプティマイザに新たにクエリ実行プランを生成させて、その内容を吟味してみてください。あるいは、強制していたクエリ実行プランよりも良好なパフォーマンスを発揮するクエリ実行プランが生成されるかもしれません。

以降では、よくあるトラブルとその対処方法について見ていきます。

11.3 トラブル1 SQL Serverへの接続が成功しない

SQL Serverが稼働しているサーバー内からは問題なく接続できるのに、なぜかリモートのクライアントからSQL Serverに接続できないことがよくあります。ここでは、そのようなトラブルの際に陥りがちな典型的なパターンと、各パターンへの対処方法を紹介します。

11.3.1 SQL Serverがlistenしているプロトコルの確認

SQL Serverがlisten（待ち受け）していないプロトコルを使用して、クライアントが接続を要求すると、当然のことながら両者の接続は成功しません。また、SQL Serverのエディションによってはセキュリティの観点から、セットアップ直後のデフォルト設定では外部からの接続が行えない共有メモリプロトコルのみlistenしている場合があります。

まず、SQL Server構成マネージャを起動して、SQL Serverがlistenしているプロトコルを確認しましょう（図11.15）。もしも、必要なプロトコルが無効に設定されている場合は有効化します。この作業が行われることによって、SQL Server自体のプロトコル設定に起因する問題は解消されます。

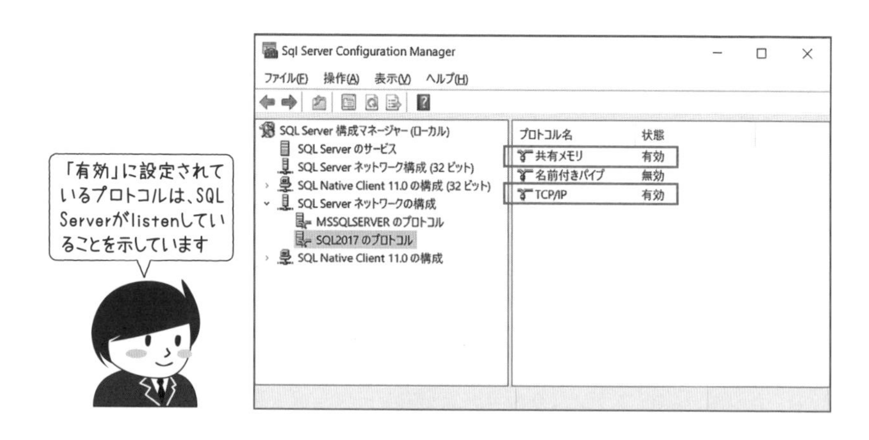

図11.15 SQL Server構成マネージャ：SQL Serverのプロトコル

なお、listenするプロトコルの変更を反映するためには、SQL Serverの再起動が必要です。また、SQL Serverが正常に各プロトコルをlistenしていることを確認するには、SQL Serverログを参照するとよいでしょう。SQL Serverログが存在する場所は、次の手順で確認できます。

SQL Serverログの参照

①SQL Server Management Studioを起動する
②SQL Serverデータベースエンジンに接続する
③［管理］フォルダのSQL Serverログフォルダに移動する
④［現在］をダブルクリックする

正しくlistenしている場合は、次のようなメッセージが出力されています。

```
2020-07-03 00:29:17.30 spid32s Server is listening on [ 'any' <ipv6>
1433].
```

→IPv6のTCP/IPプロトコルがlistenされていることを示している

```
2020-07-03 00:29:17.30 spid32s Server is listening on [ 'any' <ipv4>
1433].
```

→IPv4のTCP/IPプロトコルがlistenされていることを示している

```
2020-07-03 00:29:17.30 spid32s Server local connection provider is
ready to accept connection on [ \\.\pipe\SQLLocal\MSSQLSERVER ].
```

→共有メモリプロトコルがlistenされていることを示している

```
2020-07-03 00:29:17.30 spid32s Server local connection provider is
ready to accept connection on [ \\.\pipe\sql\query ].
```

→名前付きパイププロトコルがlistenされていることを示している

11.3.2 クライアントコンピュータのプロトコル設定確認

クライアント側のコンピュータで、プロトコルが正しく設定されていない場合は、SQL Serverへの接続が失敗する原因となることがあります。クライアントコンピュータでSQL Server構成マネージャを起動して、各プロトコルの状態を確認しましょう。必要なプロトコルがあれば有効化してください（図11.16）。

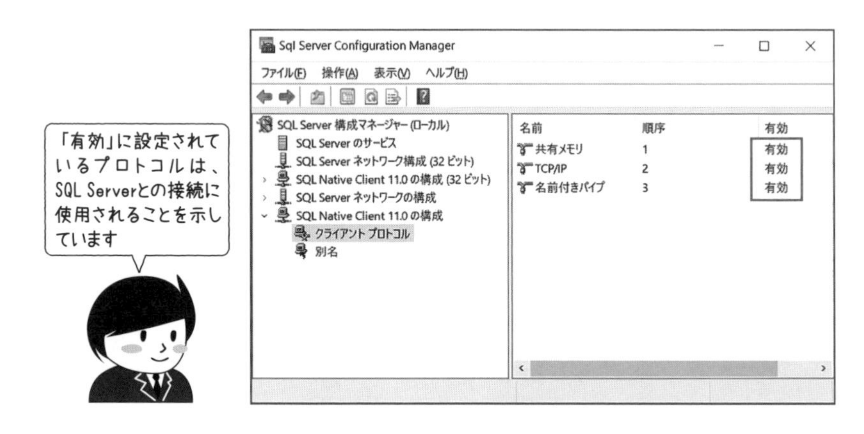

図11.16 SQL Server構成マネージャ：クライアントプロトコル

11.3.3 SQL Server Browserの状態確認

もしも、SQL Serverの名前付きインスタンスだけでリモートクライアントからの接続が失敗する場合は、SQL Server Browserが正しく動作しているかを確認してください。外部クライアントは、名前付きインスタンスが使用しているポート番号をSQL Server Browserサービスを介してのみ知ることができます。

SQL Server Browserサービスは、セキュリティの観点からデフォルトでは無効に設定されています。SQL Server構成マネージャを使用して、SQL Server Browserサービスを有効化および開始してから、再度外部クライアントから接続させると、問題が解消する場合があります（図11.17）。

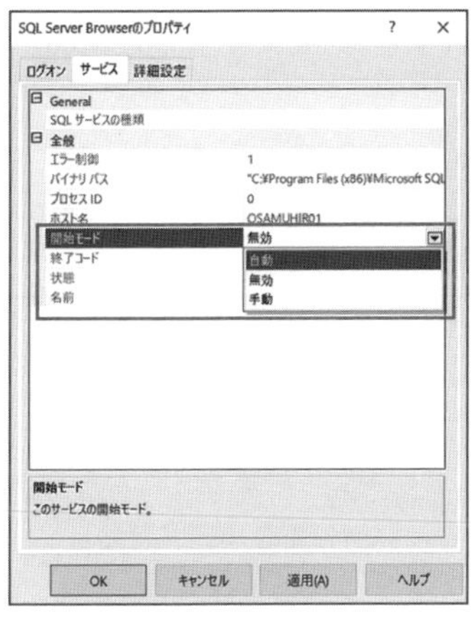

図11.17　SQL Server Browserの状態確認と開始

11.3.4 Windowsのセキュリティ設定

SQL Serverが稼働しているコンピュータで、WindowsのファイアウォールがSQL ServerとSQL Server Browserへのアクセスをブロックしている場合、外部からの接続はできません。そのため、次のMicrosoft Docsサイトに掲載されている手順でファイアウォールの例外を作成してください。

▼Configure the Windows Firewall to Allow SQL Server Access
https://docs.microsoft.com/ja-jp/sql/sql-server/install/configure-the-windows-firewall-to-allow-sql-server-access?view=sql-server-ver15

11.4 トラブル2 ブロッキングの問題

複数のクエリが実行された際に、同じオブジェクトに対して競合するロック獲得要求が行われると、後から獲得要求を行ったほうの処理が、先行する処理がロックを解放するまで待ち状態になり、処理を継続できなくなります。これが**ブロッキング**と呼ばれる状況です。

ブロッキングを完全に発生させないようにすることはとても困難です。しかし、システムの状況を詳細に把握し、適切な対処を行えば、ほとんどの場合は実運用環境でも問題のない発生頻度に抑えることができます。あるいは、運用上問題のない長さのブロッキングへと、その発生時間を短縮できます。

ここでは、ブロッキングの状況を把握するためのTipsと、状況を改善するためのヒントを紹介します。

11.4.1 ブロッキング状況の解析

あらかじめ、ブロックしている処理とブロックされている処理が明確であれば、その対処は非常に簡単です。しかし残念ながら、そのようなことはとてもまれです。

SQL Server Management Studioなどで監視していると、次から次へと新しいブロッキングが発生して一定期間が経過すると解消してしまい、どのブロッキングが問題なのか判然としないようなことがほとんどです。つまり一般的には、問題がある1つのトランザクションだけが長期間にわたってほかのトランザクションを待たせ続けているのではなく、小さなブロッキングが多数発生していることが多いと言えます。

そのような状況では、個々のブロッキングを解析して、優先順位の高いもの（多くの場合はブロッキング時間の長いもの）から手を打つ必要があります。ブロッキングの解析には様々なアプローチがありますが、ここでは拡張イベントを使用した手順を紹介します。

拡張イベントによるブロッキング解析

①SQL Server Management Studioのクエリツールを使用して、解析対象のSQL Serverへ接続する

②次のコマンドを実行する。「ロック時間」には、ロックを検出するしきい値を秒数で設定する。10秒以上のロックを検出したい場合は「10」と指定する

```
EXEC sp_configure 'Blocked Process Threshold', ロック時間
GO
RECONFIGURE
GO
```

③SQL Server Management Studioから拡張イベントの新規セッションを起動して、トレースイベントの［blocked_process_report］を選択する（図11.18）

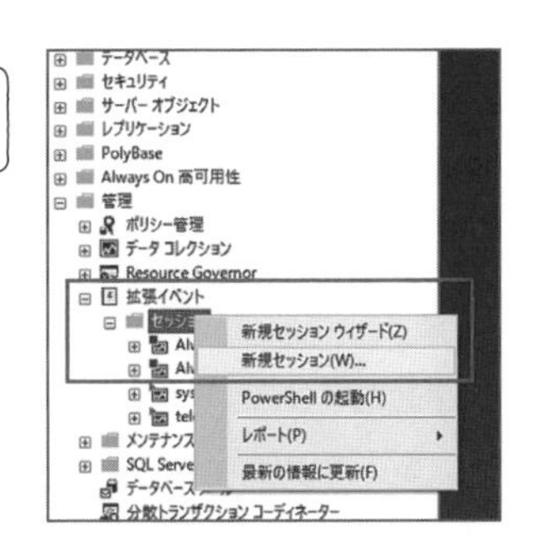

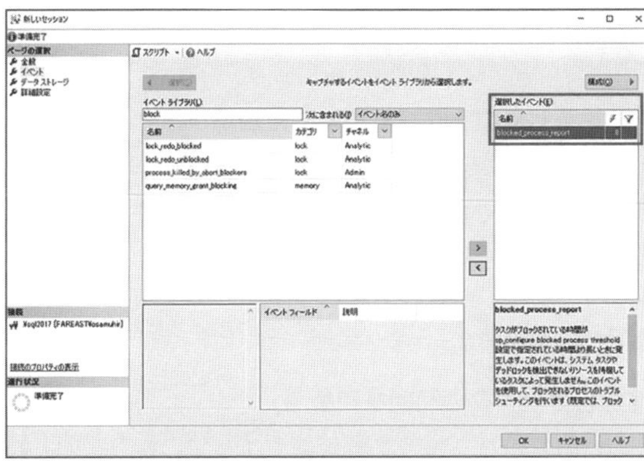

図11.18　拡張イベントの新規セッションを作成し、トレースイベントを選択

④ロックを解析したい処理を実行する

⑤拡張イベントの出力結果を確認する。図11.19のようなイベントが、10秒以上の期間発生していたすべてのブロッキングに関して出力される

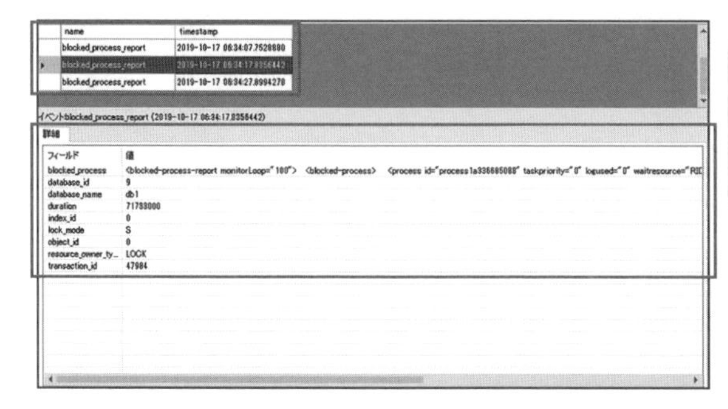

図11.19　拡張イベントの出力結果

11.4.2 ブロッキングの軽減手段

ブロッキング状況の解析が完了したら、ブロッキングに関与していた処理に対して対処を実施する必要があります。SQL Serverを使用した場合の一般的な対処方法としては、次のものが挙げられます。

対処1

個々のトランザクションを短くしてロックされる時間を短縮する

BEGIN TRANとCOMMIT TRANの間に実行する処理を可能な限り少なくすることによって、個々のトランザクション内でロックを保持する期間を短縮できます。これによって、長期間のロック獲得待ちを回避できる可能性が高くなります。

対処2

効果的なWHERE句の指定などでロックの範囲を狭める

適切なインデックスが定義されたテーブルであれば、クエリでの検索範囲を絞り込むことによって、獲得されるロックを最小限に抑えることが可能です。これにより、ロックの競合が発生する機会を減少できます。

対処3

トランザクション分離レベルの変更

トランザクション分離レベル[※2]をREAD UNCOMMITTEDあるいはSNAPSHOTに変更することで、ブロッキングを軽減できる可能性があります。ただし次のような注意点があります。

※2　**トランザクション分離レベル**とは、トランザクション内で行われる処理の保護の度合いを表す指標です。READ UNCOMMITTED/SNAPSHOT以外のトランザクション分離レベルについては、コラム（p.279）を参照してください。

READ UNCOMMITTED分離レベルの使用

コミットされていないデータの読み取りを行うことがあり、先行する更新系のトランザクションがロールバックした場合にデータが不正確になってしまう危険性があります。

SNAPSHOT分離レベルの使用

データのスナップショットの管理のためにtempdbにデータの履歴（**行バージョン**と呼ばれます）を格納するため、多数の更新処理が同時実行されるような負荷の高い環境では、格納される行バージョンの量が増加し、その結果としてtempdbのサイズが肥大化する可能性があります。

対処1と対処2の方法では、比較的広い範囲のアプリケーションの修正が必要になる可能性があります。

また、対処3の方法では、アプリケーション側の修正は少なくて済む場合が多いのですが、使用時の注意点があります。それぞれのメリットとデメリットを考慮して、対処が必要な処理にとって最も適切な手段を選択することが重要です。

Column

トランザクション分離レベルを理解する

トランザクション分離レベルは、トランザクション内でのデータ整合性および一貫性を維持するレベルを定義したものです。厳密性の高いトランザクション分離レベルを使用すると、トランザクション内のデータの一貫性は強固になりますが、データが保護される期間が長くなり、トランザクションの同時実行性が低下することになります。厳密性の低いトランザクション分離レベルでは、同時実行性は高くなりますが、トランザクション内のデータの一貫性が保ちにくくなります。そのため、アプリケーションが必要とするデータの一貫性や、同時実行性を慎重に見極めて、使用するトランザクション分離レベルを選択する必要があります。

SQL Serverでは、次のトランザクション分離レベルが使用できます。

READ UNCOMMITTED

先行しているトランザクションによるデータ保護の影響を受けることなく、データを読み取ることができます。ただしREAD UNCOMMITTED分離レベルは、一般的に**ダーティリード**とも呼ばれ、コミットされていないデータの読み取りを行うことがあります。そのため、先行する更新系のトランザクションがロールバックした場合などは、読み取ったデータが存在しない状況になる可能性があります。

READ COMMITTED

SQL Serverのデフォルトのトランザクション分離レベルです。トランザクション内で読み取りが完了した時点でロックを解放するため、いったん読み取ったデータが並行して実行される処理によって更新される可能性があります。そのため、同じトランザクション内で同一条件の読み取りを複数回実行すると、そのたびに値が変わる可能性があります（**REPEATABLE READ**と呼ばれる事象です）。

また、**ファントムリード**（**Phantom Read**）が発生する可能性もあります。ファントムリードとは、並行して実行されたほかの処理によってデータが追加あるいは削除されることにより、トランザクション内において同一条件で複数回読み取りを行った際の結果が増減する事象です。

REPEATABLE READ

トランザクションが継続する間は、読み取り対象のデータにロックを保持し続けます。これによって、トランザクション継続中にほかの処理によって変更されることはありません。そのため、同じトランザクション中では、同じデータは何度読み取っても毎回同じ値を取得することができます（**REPEATABLE READ**を防止することができます）。

しかしながら、**ファントムリード**が発生する可能性があります。

SERIALIZABLE

トランザクション継続期間中、広範囲にロックを獲得する、最も厳密なトランザクション分離レベルです。これにより、トランザクション内で実行される読み取り処理は常に同じ結果を返します（**ファントムリード**を防止することができます）。一方で、ほかの処理はロックの解放を待機することが多くなり、一般的に処理の同時実行性は低下します。

SNAPSHOT

先行するトランザクションの影響を受けることなく、コミット済みのデータを読み取ることができます。データのスナップショットの管理のためにtempdbにデータの履歴（**行バージョン**）を格納します。そのため、多数の更新処理が同時実行されるような負荷の高い環境では、格納される行バージョンの量が増加し、その結果としてtempdbのサイズが肥大化する可能性があります。

11.5 トラブル3 デッドロックの問題

SQL Serverでクエリが実行される際、アクセス対象のオブジェクトのロックを獲得します。ほとんどの場合、SQL Server内では複数のプロセスまたはスレッドが処理されていて、それぞれが必要とするロックを獲得したり、あるいは獲得できるまで待機したりしています。複数の処理が同じリソースへのロック獲得を必要とした際に、**デッドロック**が発生することがあります。多くの場合、ロックの獲得や解放のタイミング、トランザクション範囲の考慮などによってデッドロックは回避できます。

しかしながら、同時に実行される処理のタイミングなどによっては、デッドロックを避けきれない場合もあります。ここでは、典型的なデッドロックのパターンと、デッドロック情報の解析方法、一般的なデッドロックへの対処方法を紹介します。

11.5.1 典型的なデッドロックのパターン

サイクルデッドロック

サイクルデッドロックは、最も一般的なタイプのデッドロックです。2つ以上のクライアントがそれぞれのトランザクションで、互換性のないロックの獲得要求を行った場合に発生します。

わかりやすい例で動作を確認してみましょう。

①Tran1内でTable1に対して排他テーブルロックを獲得する（図11.20①）
②Tran2内でTable2に対して排他テーブルロックを獲得する（図11.20②）
③Tran1内でTable2に対して共有テーブルロックの獲得を要求するが、すでにTran2によって排他テーブルロックが獲得されているため、待ち状態になる（図11.20③）
④Tran2内でTable1に対して共有テーブルロックの獲得を要求するが、すでにTran1によって排他テーブルロックが獲得されているので待ち状態になる（図11.20④）
⑤SQL Server内のロックモニターがデッドロックを検出して、一方のトランザクションをロールバックさせる（図11.20⑤）

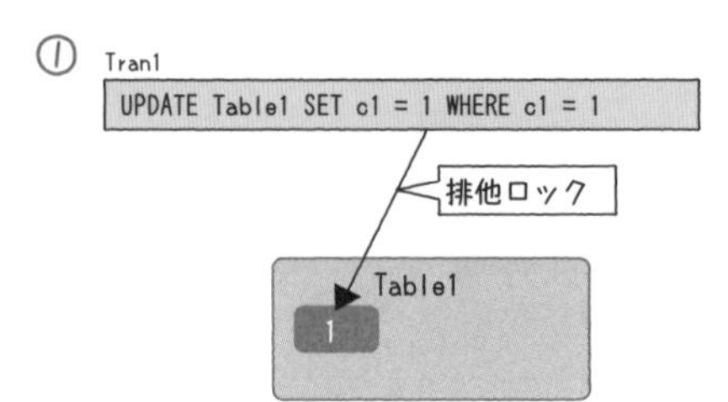

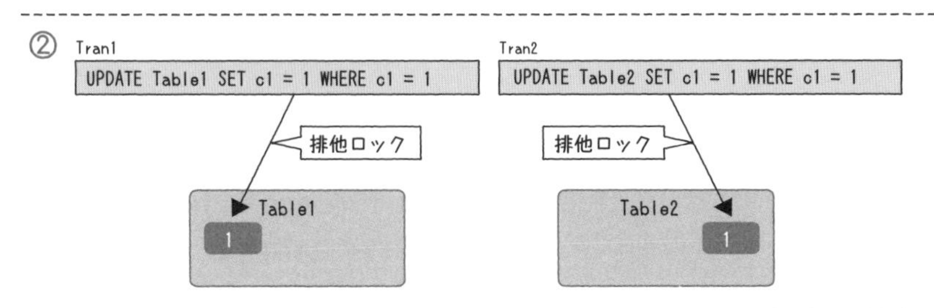

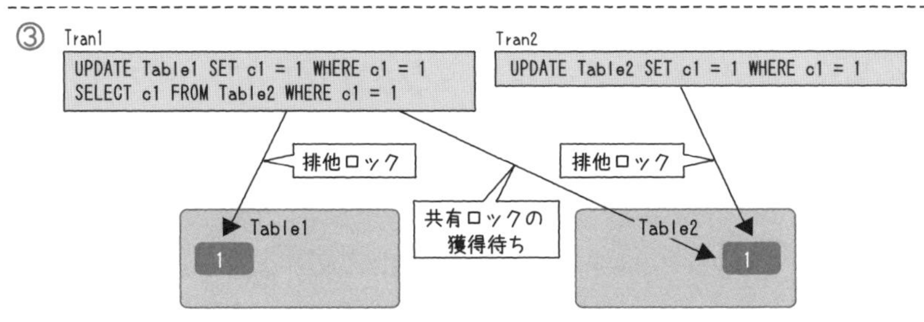

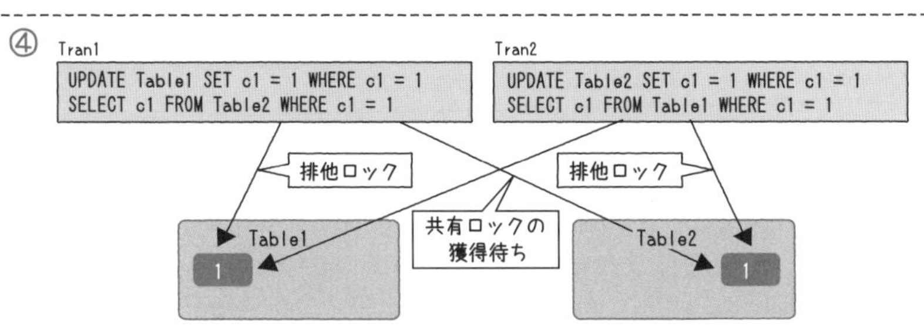

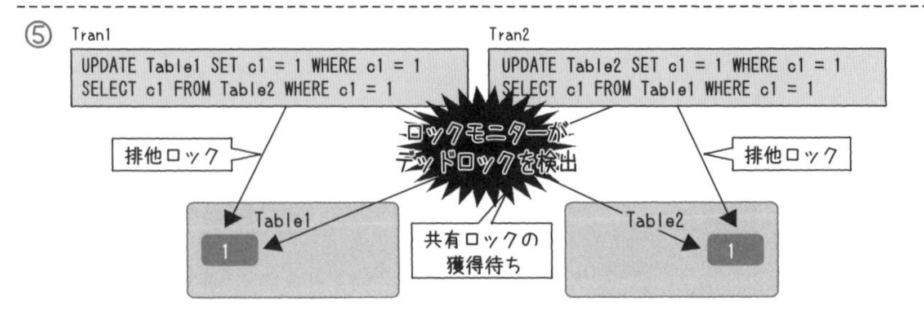

図11.20 サイクルデッドロック

変換デッドロック

変換デッドロックは、トランザクション分離レベルをSERIALIZABLEに設定した場合に発生する、ややなじみの薄いタイプのデッドロックです。変換デッドロックの典型的な発生パターンを確認しましょう。

①SERIALIZABLE分離レベルが設定されたTran1で、Table1に**共有レンジロック**[※3]が獲得される（図11.21①）
②SERIALIZABLE分離レベルが設定されたTran2で、Table1に共有レンジロックが獲得される（図11.21②）
③Tran1で、共有レンジロックが獲得されている範囲内にINSERTを実行するが、Tran2でも共有レンジロックを獲得しているため、排他ロックを獲得できずに待ち状態になる（図11.21③）
④Tran2で、共有レンジロックが獲得されている範囲内にINSERTを実行するが、Tran1でも共有レンジロックを獲得しているため、排他ロックを獲得できずに待ち状態になる（図11.21④）
⑤SQL Server内のロックモニターがデッドロックを検出して、一方のトランザクションをロールバックさせる（図11.21⑤）

※3　SERIALIZABLE分離レベルの際に、ファントムリードを防ぐために獲得されるロックです。

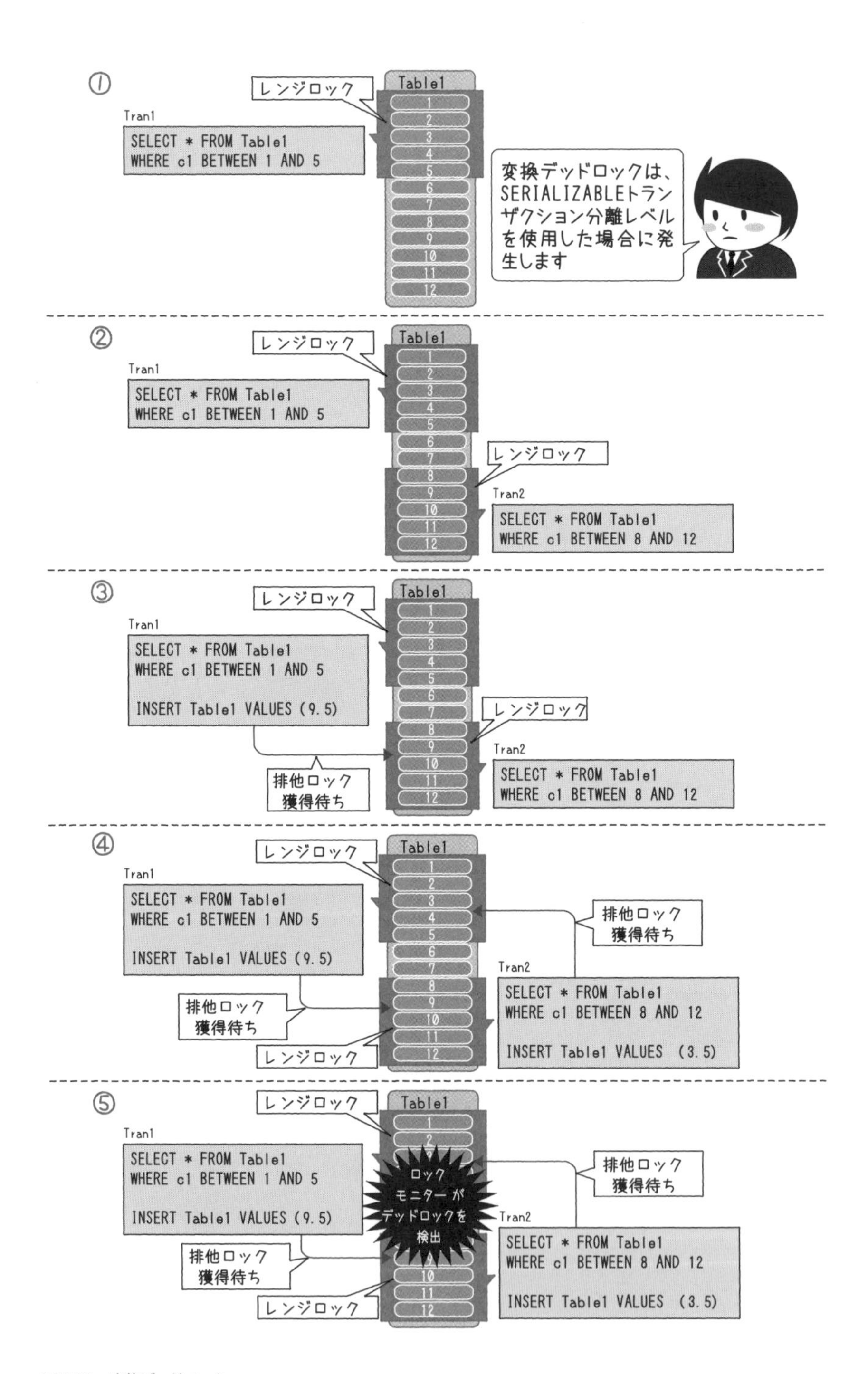

図11.21　変換デッドロック

11.5.2 デッドロック情報の解析方法

次の方法を使用することによって、デッドロックの発生状況を詳細に解析できます。

トレースフラグ1204の使用

トレースフラグ1204を有効化することで、デッドロックに関係した処理の詳細な情報がSQL Serverのログに出力されます。その情報をもとに、それぞれの処理への対処を検討する必要があります（リスト11.1）。

リスト11.1　デッドロック出力サンプル

```
2020-07-03 00:49:19.87 spid10s     Deadlock encountered .... Printing deadlock information
2020-07-03 00:49:19.87 spid10s     Wait-for graph
2020-07-03 00:49:19.87 spid10s
2020-07-03 00:49:19.87 spid10s     Node:1
2020-07-03 00:49:19.87 spid10s     KEY: 1:72057594043564032 (8194443284a0) CleanCnt:2
Mode:X Flags: 0x1
2020-07-03 00:49:19.87 spid10s     Grant List 0:
2020-07-03 00:49:19.87 spid10s     Owner:0x0000029E26A34A80 Mode: X Flg:0x40 Ref:0
Life:02000000 SPID:65 ECID:0       XactLockInfo: 0x0000029E3618C460
2020-07-03 00:49:19.87 spid10s     SPID: 65 ECID: 0 Statement Type: SELECT Line #: 1
2020-07-03 00:49:19.87 spid10s     Input Buf: Language Event: select * from t1 where c1=1
2020-07-03 00:49:19.87 spid10s     Requested by:
2020-07-03 00:49:19.87 spid10s     ResType:LockOwner Stype:'OR'Xdes:0x0000029E2E9BC428
Mode: S SPID:70 BatchID:0 ECID:0 TaskProxy:(0x0000029E1F65AA28) Value:0x26a327c0
Cost:(0/284)
2020-07-03 00:49:19.87 spid10s
2020-07-03 00:49:19.87 spid10s     Node:2
2020-07-03 00:49:19.87 spid10s     KEY: 1:72057594043498496 (8194443284a0) CleanCnt:2
Mode:X Flags: 0x1
2020-07-03 00:49:19.87 spid10s     Grant List 1:
2020-07-03 00:49:19.87 spid10s     Owner:0x0000029E30555700 Mode: X Flg:0x40 Ref:0
Life:02000000 SPID:70 ECID:0       XactLockInfo: 0x0000029E2E9BC460
2020-07-03 00:49:19.87 spid10s     SPID: 70 ECID: 0 Statement Type: SELECT Line #: 1
2020-07-03 00:49:19.87 spid10s     Input Buf: Language Event: select * from t2 where c1=1
```

デッドロックに関与した1つ目のクエリに関する情報

デッドロックに関与した2つ目のクエリに関する情報

```
2020-07-03 00:49:19.87 spid10s      Requested by:
2020-07-03 00:49:19.87 spid10s      ResType:LockOwner Stype:'OR'Xdes:0x0000029E3618C428
Mode: S SPID:65 BatchID:0 ECID:0 TaskProxy:(0x0000029E243D0A28) Value:0x26a345c0
Cost:(0/284)
2020-07-03 00:49:19.87 spid10s
2020-07-03 00:49:19.87 spid10s      Victim Resource Owner:
2020-07-03 00:49:19.87 spid10s      ResType:LockOwner Stype:'OR'Xdes:0x0000029E2E9BC428
Mode: S SPID:70 BatchID:0 ECID:0 TaskProxy:(0x0000029E1F65AA28) Value:0x26a327c0
Cost:(0/284)
```

トレースフラグ1204の有効化方法

SQL Serverインスタンスにクエリツールを使用して接続し、次のコマンドを実行するとトレースフラグ1204が有効化されます。

```
DBCC TRACEON(1204, -1)
```

このコマンドはSQL Serverインスタンスが再起動されると効力を失うため、再度実行する必要があります。また、再起動せずに無効化したい場合は、次のコマンドを実行してください。

```
DBCC TRACEOFF(1204, -1)
```

11.5.3 デッドロックの対処方法

デッドロックへの対処の第一歩はブロッキング対策であり、前節で紹介したブロッキングへの対処方法はデッドロックを減少させるために有効です。それはブロッキングが、デッドロックを発生させる重要な要因の1つであるためです。個々のブロッキングへの対処は結果的にデッドロックへの対処にもなり得るので、まずは、前節の対処方法の導入を検討してみてください。

さらなる防止手段を講じる場合には、トレースフラグ1204の出力結果や、プロファイラをもとに個別の処理に対する手だてを考える必要があります。ここでは、ブロッキングへの対処と重複するものは割愛して、デッドロックに関与した個別の処理への対処方法の例を紹介します。

オブジェクトへのアクセス順序の考慮

トランザクション内でテーブルなどのオブジェクトへアクセスする順序は、デッドロックの発生と大きな関連性があります。SQL Server内で実行されるすべての処理に対処するのは困難な場合もありますが、検証環境などで複数回デッドロックを発生させた処理に対してのみであっても、オブジェクトへのアクセス順を考慮すれば、デッドロックの発生数を低減できる可能性は高まります。

次に、実際の例で動作を確認してみましょう。

悪い例

オブジェクトへのアクセス順序が一定ではない場合、各アプリケーション内（もしくはトランザクション内）でテーブルなどへのロックの獲得状況が一定になりません。あるテーブルへのロックは獲得済みなのに、ほかのテーブルへのロック獲得が待ち状態になる場合があり、デッドロックが発生する可能性が高まってしまいます（図11.22）。

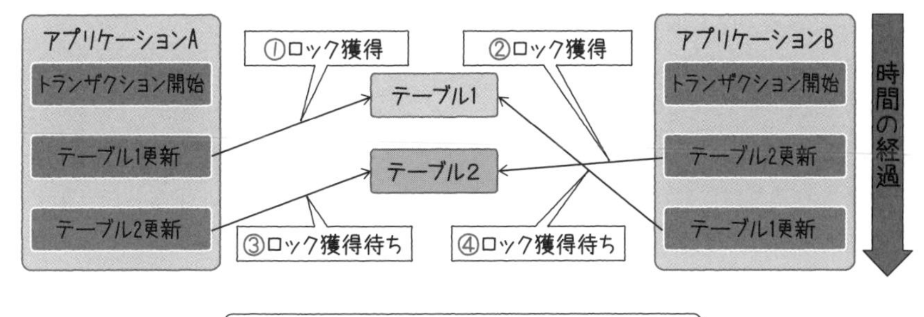

図11.22　一定しないオブジェクトアクセス順序

良い例

オブジェクトへのアクセス順序が一定である場合は、各アプリケーション内（もしくはトランザクション内）でのロック獲得状況が一定になっています。そのような場合は、ロック獲得待ちになることはあっても、デッドロックが発生する可能性は低くなります（図11.23）。

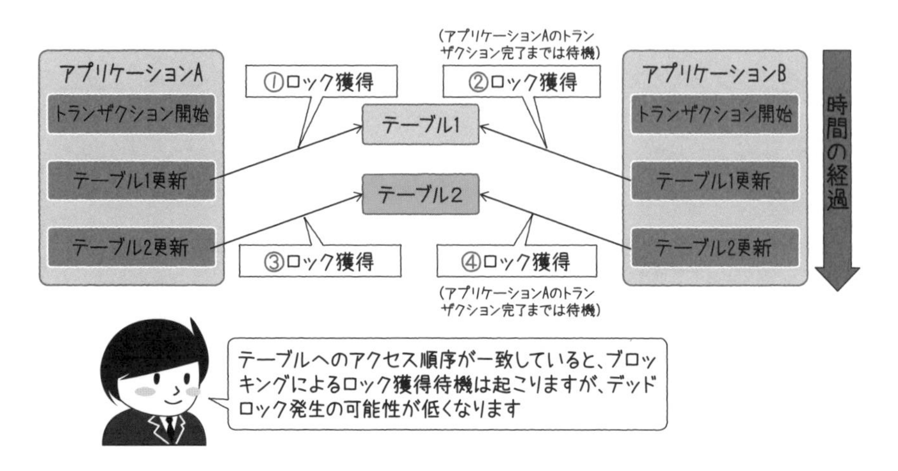

図11.23　一定したオブジェクトアクセス順序

トランザクション内でのユーザー入力待ちの回避

OLTP（オンライントランザクション処理）システムなどにおいて、一連の処理の流れの中でユーザーからのデータ入力が必要な場合もあるでしょう。

そのような場合は、必ずトランザクションの範囲外でデータ入力を待つようにロジックを組む必要があります。もしも、トランザクション内で入力待ちを行うと、ユーザーからの入力が完了するまでトランザクションはオープンされたままとなります。その結果として、トランザクション内で獲得されたロックは保持され続けてしまい、長期間のブロッキングを発生させる可能性があります。長期間のブロッキングは、結果的にデッドロックの発生率を上昇させることにつながります。

11.6 第11章のまとめ

本章では、SQL Serverで発生しがちなトラブルと、その対処方法を紹介しました。どのようなトラブルも基本的には適切な情報収集を行い、それらをもとに適切な対処を実施することで解消（あるいは軽減）することができます。ここに記した内容が、皆さんの安定したSQL Serverの運用の一助になればうれしく思います。

Column

様々な状態のデータを保護するセキュリティ機能群

SQL Serverには、取り扱うデータを保護するための機能が数多く実装されています。それらセキュリティ機能の主なものを目的ごとに紹介します。ぜひ、システムに求められるセキュリティ基準に応じた機能の利用を検討してください。

ディスク上に配置されたデータベースの保護

・透過的なデータ暗号化

データベース暗号化キーを使用して、データベースファイルとトランザクションログファイルの暗号化が行われます。データベースファイルの暗号化は、ページレベルで行われます。ディスクに書き込まれる前に暗号化され、メモリに読み込まれるときに暗号化解除されます。万一、データベースファイルが持ち出されたとしても、データベース暗号化キーを保護する証明書がなければ、ほかのSQL Serverインスタンスでデータベースを使用することはできません。

▼Transparent Data Encryption（TDE）
https://docs.microsoft.com/ja-jp/sql/relational-databases/security/encryption/transparent-data-encryption

クライアントとSQL Serverの通信の保護

・**トランスポート層セキュリティ**

SQL Serverとクライアント間で送受信するデータをトランスポート層で暗号化することによって、セキュリティを強化する機能です。

▼**データベース エンジンへの暗号化接続の有効化**

https://docs.microsoft.com/ja-jp/sql/database-engine/configure-windows/enable-encrypted-connections-to-the-database-engine

データ所有者とデータベース管理者の分離

・**Always Encrypted**

データベース管理者が「常にデータベースに格納されているすべてのデータへのアクセス権を保持するべき」とは限りません。データベース管理者は様々な管理業務を実施するために必要な特権を保持しています。その一方で、顧客のクレジットカード情報などへのアクセスは、必要最小限のユーザーにのみ許可されるべきものです。Always Encryptedを使用することで、そのような権限分離が可能になります。

▼**Always Encrypted**

https://docs.microsoft.com/ja-jp/sql/relational-databases/security/encryption/always-encrypted-database-engine

第 12 章

新たなプラットフォームへの展開

企業が自前のハードウェアを用意してシステム構築を行うのが当たり前だった時代から、プラットフォームの仮想化を経て、クラウドの活用へと、情報システムをとりまく環境は変化を続けています。そのような中でSQL Serverに対しても、従来とはまったく異なる機能拡張が行われています。

本章では、その大きな流れとなっているLinux OSへの対応とクラウドへの展開について紹介します。

12.1 Linuxへの対応

12.1.1 Linux版SQL Server 誕生の経緯

およそ30年にわたりSQL ServerはWindowsプラットフォームのみをサポート対象とし、Windowsを情報システムの基盤とするユーザーから大きな支持を獲得してきました。その一方で、単一のプラットフォームと単一のデータベースだけで企業の情報システムを構築することが主流であった時代は、とうに終わりを告げていることも事実です。ユーザーは様々なプラットフォーム上で、用途に応じた複数のデータストアを組み合わせて、必要なデータの蓄積/収集および分析を行っています。

そのような背景の中で、今後より多くのユーザーの選択肢として検討の対象となるためには、大胆な戦略転換が必要な時期となっていました。その一端を担うのがLinuxのサポートです。大量データの処理効率に優れたHadoopやオープンソースのリレーショナルデータベースは、基本的にLinuxを基盤とすることがほとんどです。そのようなデータストアの既存ユーザーが、新たなデータベースを選定する際の選択肢としてSQL Serverを加えてもらうことによって、これまでよりも広い領域に浸透することを目的としています。

SQL Serverのサポート対象OSとしてLinuxを加えることのさらなるメリットは、KubernetesやDockerといった、主としてLinuxで発展を遂げているデプロイや可用性、管理運用性が向上するプラットフォームと組み合わせて使用できることです。これらを有効活用して、従来とは異なる方法論でSQL Serverの可能性を広げることができます。

12.1.2 最適な移植の方法

あるプラットフォームで利用するために開発したソフトウェアを別のプラットフォームで動作させるためには、通常の場合**移植**（または**ポーティング**）と呼ばれるソースコードの書き換えが発生します。それは「移植前のプラットフォームでは使用できた機能が移植後にサポートされない」などの理由によって発生する作業です（図12.1）。

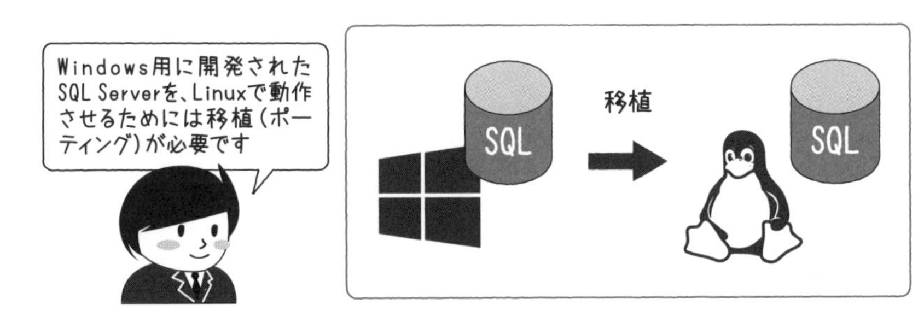

図12.1　WindowsからLinuxへの移植が必要

SQL Serverの場合、C++のソースコードのサイズは関連コンポーネントも含めると4000万行を超えます。さらに、Windowsに特化した形で30年にわたり開発が行われ続けたため、SQL Server以外のWindowsコンポーネントとの依存関係（Win32 API、NT Kernel、Windows Application Librariesなど）も存在します。そのため従来の方法で移植を行うと、膨大な箇所のソースコードの修正が発生することは明らかであり、その作業には年単位での期間が必要となります。さらに、コードの修正もWindows版とLinux版双方に適用する必要があり保守のコストも倍増します。

めまぐるしく変化するデータベース市場において、製品リリースにそのような長い期間を必要とすることはとても受け入れられませんでした。そこで、より早く対応するために、より効率的な手段の検討が始まりました。移行検討の際に、最も重要な役割を担ったのが**Microsoft Research**［※1］が検証を行った**Drawbridgeプロジェクト**［※2］でした。その成果物の1つに**Library OS**と呼ばれるものがあります。

Library OSは、アプリケーションのポータビリティを高めるために、仮想化されたコンテナ内にOSの機能の一部を包含する機能です。これによってOSカーネルとのやり取りを最小限に抑えることが可能になります。

※1　コンピュータサイエンスおよびソフトウェア工学の基礎研究および応用研究を専門とするマイクロソフトの基礎研究機関。
https://www.microsoft.com/ja-jp/mscorp/msrao/default.aspx

※2　Microsoft Researchが実施した、アプリケーションの仮想化の新たな形態を模索するためのプロジェクト。
https://www.microsoft.com/en-us/research/project/drawbridge/

さらに、OS固有のシステムコールの差異を吸収するための階層として、WindowsおよびLinuxそれぞれのHost Extensionを用意します。これによって、同じソースコードを異なるプラットフォームで動作させることができるようになり、移植の作業やコードのメンテナンスを大幅に削減することができます。

このような形でSQL Serverを Linuxで動作させる方針が決定されました。これによって、移植期間を大幅に短縮して2017年10月にLinux 版SQL Serverが完成しました（図12.2）。

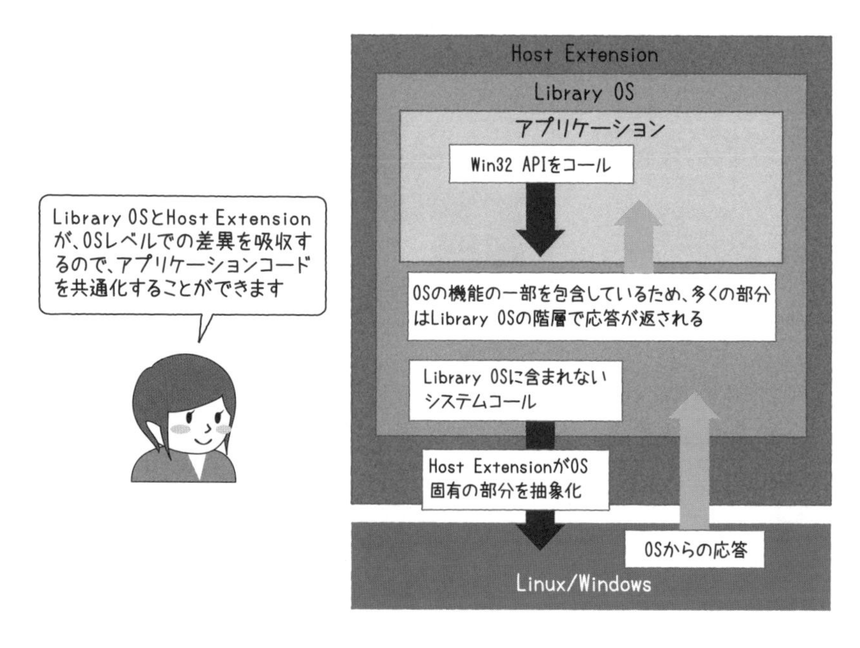

図12.2　Library OSとHost ExtensionによるLinuxへの移植

一方で、汎用的な仮想化を目的としたLibrary OSには、SQL Serverが必要としない機能領域も含まれていました。そこで、SQL Serverの抽象化層として不要な機能を取り除き、さらにSQLOSスケジューラと組み合わせることによって**SQLPAL**（SQL Platform Abstraction Layer）と呼ばれるコンポーネントを作成しました。SQLPALでは、Library OSを内包することによってWin32 APIの呼び出しによるリソース管理（メモリの割り当てなど）が可能であるとともに、従来のSQLOSスケジューラと同等の機能（スレッドのスケジューリングなど）が実装されています。

つまり、SQLPALを中核のコンポーネントとして、WindowsおよびLinuxという複数のプラットフォームで、同じソースコードを効率的に使用してSQL Serverを動作させていると言えます（図12.3）。

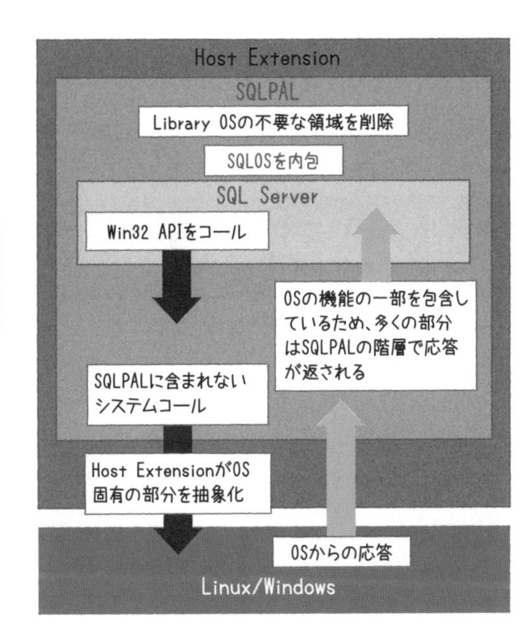

図12.3　Linux 版SQL Serverの仕組み

12.1.3 Linux版SQL Serverを使用する際の考慮点

基本的には、すべてのデータベースエンジンの中核となる機能群はLinux版への移植が完了しています。パフォーマンスに関しては、まったくそん色なく[※3]、AlwaysOn可用性グループといった高可用性機能もサポートされています。ただし、2020年6月時点では、Windows版SQL Serverで提供されているすべての機能がLinux版で実装されているわけではありません。新たなバージョンがリリースされるたびに双方の差異は少なくなっていますが、採用の検討を行う際にはLinux版SQL Serverのサポートする機能を確認してください。

https://docs.microsoft.com/ja-jp/sql/linux/sql-server-linux-editions-and-components-2019?view=sql-server-ver15

また、SSAS（SQL Server Analysis Service）、SSRS（SQL Server Reporting Services）、

※3　むしろ**TCP-H**では、Linux版のほうが上位に位置づけられることもあります。TCP-Hとは、トランザクション処理性能評議会（Transaction Processing Performance Council）によって定義されたパフォーマンス指標の1つ。主に意思決定サポートシステム（Decision Support）などの大規模データ参照処理用の指標です。

PBIRS（Power BI Report Server）はLinux版がリリースされる可能性が低いため、代替案を考慮する必要があります。たとえば、SSASであれば、クラウド上の**PaaS**[※4]として提供されているAzure Analysis Serviceに置き換えることができます。SSRSやPBIRSであれば、クラウド上の**SaaS**[※5]として提供されているPower BI Serviceを使用することで、より洗練された管理運用が可能になります。

12.2 クラウドへの展開

現在、すでに数多くのサービスがクラウド上で利用できるようになっており、提供されるサービスの中にはデータベース管理システムも含まれています。SQL Serverは、比較的早い段階（2008年）から、PaaSサービスも提供されています。PaaSとしてデータベース管理システムで提供される機能に対して様々な試行錯誤、機能拡張が行われ、機能名称も何度も変更されています[※6]。そして、現在も機能拡張は日々継続されています。

クラウド上のPaaSサービスの利点の1つとして、機能のアップグレードの展開が容易である点が挙げられます。従来のオンプレミスで使用するパッケージ版ソフトウェアであれば、不具合の修正や機能の拡張は更新モジュールがリリースされるタイミングを待たなければいけませんでした。一方、PaaSサービスであれば、随時モジュールの置き換えが可能であるため、その必要が生じた際に修正版あるいは機能拡張版のモジュールをリリースすることができます。

そのため、SQL Serverの機能拡張は、まずはPaaS版で実施されます。つまり、PaaS版ユーザーが最初に先進的な機能に触れることができます。PaaS版での使用実績を積み上げてから、更新モジュールや新バージョンのリリースされるタイミングで、パッケージ版SQL Serverに機能が実装される、という流れになっています（図12.4）。

※4 Platform as a Serviceの短縮された呼称。アプリケーション（データベース管理システムなども含む）を実行するためのプラットフォームを、インターネットを介して提供するサービスのことです。

※5 Software as a Serviceの短縮された呼称。必要な機能を、必要な分だけサービスとして利用できるようにしたソフトウェアをインターネット経由で提供する仕組みを意味します。

※6 PaaS版のSQL Serverの名称は、Windows Azure SQL Service → SQL Azure → Azure SQL Databaseというように変わっていきました。実装された機能の変遷もめまぐるしく、初期のWindows Azure SQL Serviceでは、なんとSQLステートメントが使用できませんでした！

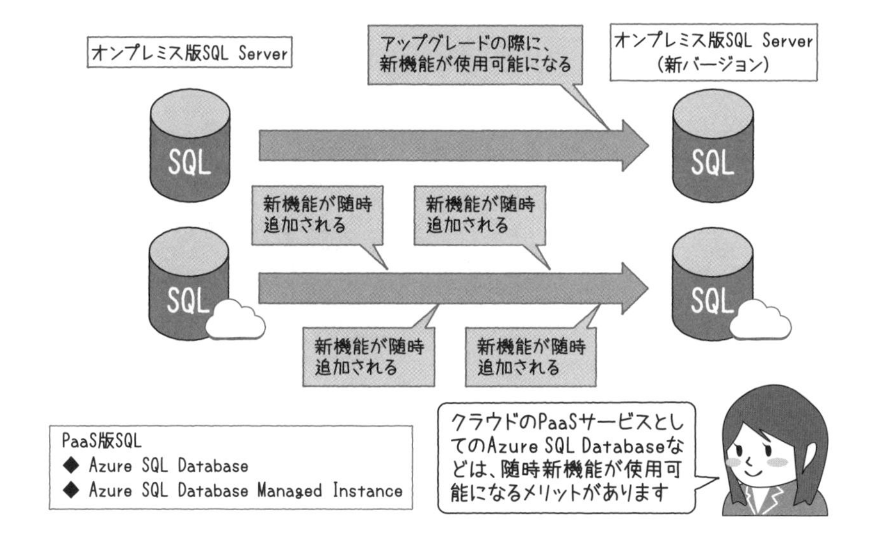

図12.4　SQL Serverの機能実装の流れ

　また、クラウド上でのSQL Serverの別の利用形態として、**IaaS** [※7] の仮想マシンにSQL Serverをインストールして使用する方法もあります。この方法をとれば、基本的にパッケージ版と同じ機能をSQL Serverで使用することができ、アプリケーションの改修も必要最小限に抑えながらクラウドへの移行が可能になります。次項では、それぞれの利用形態ごとの利点や考慮が必要な特徴などを紹介します。

12.2.1 IaaSとしてのSQL Server

　Microsoft Azureの仮想マシン、Google Cloud PlatformのCompute Engine、Amazon Web ServicesのEC2といった各クラウドベンダーのコンピュートリソースに、SQL Serverをインストールして利用することができます。これにより、日々のハードウェアの運用管理業務、および関連するドライバやファームウェアのアップデート、あるいはリース期限切れによる数年ごとの機器更改から解放されます（一方で、OSのパッチ管理や各ソフトウェアの更新管理は依然として必要です）。

　また、クラウドベンダーごとに、それぞれが保有する固有のサービスと関連付けて、運用管理作業の効率化やセキュリティの堅牢性を高めるためのサービスが用意されています（図12.5）[※8]。

※7　Infrastructure as a Serviceの短縮された呼称。情報システムの稼働に必要なコンピュータや通信回線などの基盤（Infrastructure）を、インターネット上のサービスとして利用できるようにしたものです。
※8　Microsoft Azureの場合は、次のようなサービスを利用することができます。
・Azure Monitor（アプリケーションや基盤を監視するためのサービス群）
・セキュリティセンター（アプリケーションや基盤をセキュリティで保護するためのサービス群）

図12.5　SQL Serverと組み合わせ可能なMicrosoft Azureのサービス

12.2.2 PaaSとして提供されるSQL Server

PaaS版のSQL Serverを使用することで、IaaSを利用する際の利点に加えて、OSおよびSQL Serverへの更新モジュールの適用から解放されます（図12.6）。これにより、ユーザーは効率的なデータベースの設計やデータの利用により多くの時間を割くことができるようになります（インデックスの再構築などの、データベース内のメンテナンスは実施する必要があります）。

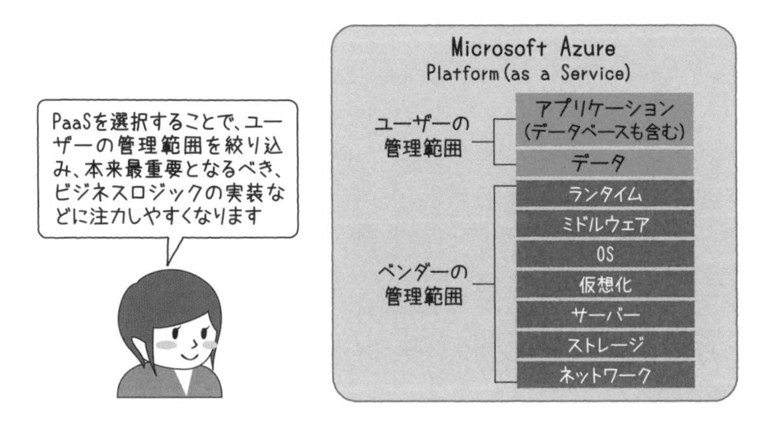

図12.6　ユーザーの管理範囲とベンダーの管理範囲

クラウド上で利用可能なPaaS版のSQL Serverには、**Azure SQL Database**と**Azure SQL Database Managed Instance**の2つがあります。

Azure SQL Database

多くの部分でSQL Serverと互換性があり、リレーショナルデータベースの機能を活用することができます。オンプレミスに先駆けて意欲的な機能が先行投入され、意図的にアップグレードすることなく、それらを使用することができます。さらに先進的な専用サービスが追加され、より効率的なデータベースの利用が可能です。

その一方で、いくつかの部分でSQL Serverと大きく異なるため（データベースを1つしか保持できない、タイムゾーンとしてUTCだけがサポートされているなど）、移行する際には周辺アプリケーションに与える影響などについて慎重に検討する必要があります。

Azure SQL Database Managed Instance

Azure SQL Databaseよりも、さらに多くの機能でSQL Serverとの互換性を高めたPaaSサービスです。その利用にあたりアプリケーションなどの修正は最小限にとどめることができることから、従来環境からの移行が、より容易です。また、Azure SQL Databaseよりもシステム構成に関して設定可能な項目が多くあり、必要に応じて細かな調整が行えます。

利用時の留意点としては、Azure SQL Databaseと比較すると利用料金が高めであることや、パフォーマンス監視関連機能の一部が用意されていない点などが挙げられます。

12.3 第12章のまとめ

本章では、これまでとは異なる領域に対して行われているSQL Serverの機能拡張を紹介しました。10年前であればSQL ServerがLinux OS上で稼働するということは、ただの冗談でしかありませんでしたが（実際にそんなジョークをエープリルフールに掲載したサイトがありました！）、すでに現実のものとなっています。

これからもSQL Serverをはじめとするマイクロソフトのデータプラットフォームは、時代の要請に応じて様々に形を変えながら、バリエーションを増やし続けるに違いありません。そのような新たな展開は、きっと皆さんの有益なデータ活用につながるはずです。

APPENDIX

付録

用語集

A

AWE（Address Windowing Extensions）

X86版のWindowsオペレーティングシステムにおいて、ユーザーアプリケーションが4GBより大きなサイズのメモリを使用できるようにするための技術。AWEが有効化された環境では、アクセス可能なメモリサイズが64GBまで拡張されます。ただし、AWEを使用するためにはアプリケーション側でも専用APIを使用するなどの対応が必要となります。

Azure SQL Database/Azure SQL Database Managed Instance

Microsoft社のクラウドサービスで稼働するデータベースのPaaS（Platform as a Service）サービス。

B

BPA

SQL Server Best Practice Analyzer（BPA）（p.305）を参照。

C

CreateFile関数

主にファイルの作成やファイルへのアクセスを行う際に使用するWin32 API。

D

DBCC CHECKDBコマンド

データベース構造の論理的な整合性を確認することができるコマンド。このコマンドで何らかのエラーが報告された場合は、データベースが破損していることを示します。また、修復オプションとともに実行することによって、データベースの破損を修復できる場合があります。しかし、指定する修復オプションによってはデータが消失する可能性があるため注意が必要です。

DBCC MEMORYSTATUSコマンド

SQL Serverのメモリの使用状況を詳細に確認することができるコマンド。

DBCC PAGEコマンド

DBCC PAGEコマンドを使用することによって、データベースを構成する各ページの内容をダンプ出力することが可能です。

DBCC SHOW_STATISTICSコマンド

統計情報の内容を確認するために使用するコマンド。ヒストグラムや密度に関する情報を出力することができます。

dll（動的リンクライブラリ）

実行プログラム（SQL Serverの場合は「sqlservr.exe」）によって、実行時にロードされるモジュール。

G

GAM（Global Allocation Map）

未使用のエクステントを効率的に発見するための仕組みで使用されます。GAMのページ内の各ビットがエクステントの状況を示しています。もしもビットの値が1を示す場合は、対応するデータベース内のエクステントが割り当てられていないことを表します。単一エクステントに割り当てられると、ビットの値は0に設定されます。1個のGAMページで64000エクステント分（4GB）の状態を管理できます。

I

IAM（Index Allocation Map）

IAMを参照することによって、データベース内の各エクステントが、どのオブジェクト（クラスタ化インデックス、非クラスタ化インデックス、ヒープ）として使用されているかを確認することができます。

I/O完了ポートスレッド

SQLOSスケジューラがネットワークI/OやディスクI/Oの状況を適切に判断できるように、様々な動作を行うコンポーネント。

I/Oリクエストリスト

I/Oリクエストを行ったワーカーは、I/Oが完了するまでの間、CPUを使用する必要がありません。そのため自らをI/O完了待ちのリスト（I/Oリクエストリスト）に登録して待機状態に入ります。

L

Library OS

アプリケーションのポータビリティを高めるために、仮想化されたコンテナ内にOSの機能の一部を包含する機能。これによりOSカーネルとのやり取りを最小限に抑えることが可能になります。

Lost write

SQL Serverは、WriteFile関数やWriteFile Gather関数を使用して物理ディスクへデータを書き込みます。Lost writeとは、書き込み操作が、エラーなしで正常終了したにもかかわらず、そのデータが物理ディスク上に存在しない状況を示します。

M

MemToLeave領域

SQL Serverが8KBのメモリブロックでは処理できないオブジェクトを処理する際に使用するメモリ領域。

N

NUMA（Non-Uniform Memory Architecture）

比較的大規模なコンピュータに搭載されるメモリを、より効率的に使用するための技術。NUMAを大別すると、ハードウェアがNUMAをサポートしている場合の**ハードNUMA**と、サポートしていない場合の**ソフトNUMA**に分かれます。ハードNUMAでは、ハードウェアのサポートのもとに、少数のCPUがグループとなり、それぞれのグループが独自のバスとメモリを保持することができます。各グループが保持するメモリは、**ローカルメモリ**と呼ばれます。

各CPUがそれぞれのローカルメモリを使用することによって、まずバス当たりのCPU数が抑制され、バス解放待ち時間が減少します。さらに物理的なバスの長さも抑制できます。ソフトNUMAでは、ハードウェアがまったくNUMAに対応していない場合であっても、SQL Serverの設定によって、疑似的にNUMAに似た動作を実現することができます。

各ソフトNUMAノードには**レイジーライタスレッド**と**I/O完了ポートスレッド**が用意されています。これによって、それぞれのコンポーネントの負荷が非常に高い環境で、パフォーマンスの改善が得られる場合があります。

O

OLTP（オンライントランザクション処理）

小規模なデータ登録やデータ参照の実現が要求される処理。多くの場合、それらのデータ操作は同時かつ大量に発生します。

P

PFS（Page Free Space）

データベース内のページの使用状況を効率的に確認するための仕組みとして使用されます。PFS内の各1バイトがそれぞれ対応するページの状況を示し、8000ページ分の情報を格納します。ページの使用済み／未使用といった情報に加えて、ページ使用率（0、1～50、51～80、81～95、96～100%）も確認できます。

R

ReadFile関数

ファイルからデータを読み込む際に使用するWin32 API。

ReadFileScatter関数

ファイルから読み込んだデータを、連続していない複数のメモリブロックへ割り当てることができるWin32 API。このAPIを使用すれば、ファイルから転送されたデータに関してSQL Server自身が並べ替えや分配などの処理を行う必要がなく、負荷を軽減することができます。

RID Lookup

非クラスタ化インデックスに含まれないデータを取得するために、データページへのランダムI/Oを行うデータ検索処理。大規模なテーブルに対して実行される場合、パフォーマンスの劣化要因となります。

RML（Replay Markup Language）ユーティリティ

SQL Serverのトラブルシューティングなどを効率的に行うためのツール群。プロファイラで収集したトレースファイルを解析するツールや、トレースファイルをもとにしたストレスツールなどが含まれています。

S

SGAM（Shared Global Allocation Map）

混合エクステントの使用状況を効率的に確認するための仕組みで使用されます。SGAMページの各ビットがエクステントの使用状況を表していて、ビットの値が1を示す場合は、混合エクステントとして割り当てられていて、かつ空きページが存在することを示しています。0の場合は、空きページが存在しないか、混合エクステントとして割り当てられていないことを表します。

SNI（SQL Server Network Interface）

SQL Serverとクライアントの通信で使用するプロトコル間の差異（TCP/IPや名前付きパイプなど）を、より上位のネットワーク階層で意識する必要をなくすために、各プロトコルを抽象化する機能を持ちます。

SQL CLR

SQL Server内でMicrosoft .NET共通言語ランタイム（CLR）をホストするためのテクノロジー。SQL CLRを使用すると、マネージコードで記述した処理をMicrosoft SQL Server内で実行することが可能です。

SQLIOSim

SQL Serverを使用せずにSQL ServerのI/O操作を再現させることができるツール。データベースの破損が発生する環境などで、問題の切り分けを行う際に使用します。

SQLOSスケジューラ

旧バージョンのUMSスケジューラの機能をより洗練させ、さらにメモリ管理の機能なども統合したものです。

SQLPAL（SQL Platform Abstraction Layer）

SQL Serverをマルチプラットフォームで動作させるために、OSの一部機能と従来のSQLOSスケジューラを組み合わせて実装された抽象化層。

SQL Server Best Practice Analyzer（BPA）

SQL Serverの設定状況を診断し問題点をレポートするツール。診断の結果として指摘された各問題点に対して対処を行うことによって、より安定した運用が可能となります。

SQL Server Browserサービス

クライアントからの接続要求に対して、SQL Serverインスタンスのポート番号などの情報を提供し、適切なインスタンスへの接続をサポートします。

Stale Read

SQL Serverは、ReadFile関数やReadFileScatter関数を使用して物理ディスクからデータを読み込みます。Stale Readとは、その読み込み動作の際に、直近に正常に書き込まれたものではないデータを物理ディスクから受け取ってしまう現象を指します。

T

TDS（Tubular Data Stream）

元々はサイベース社によって考案されたアプリケーションレベルのプロトコルです。Microsoft SQL Server 7.0同梱のバージョンからマイクロソフト独自の実装が取り入れられています。SQL Serverとクライアントがデータをやり取りする際の規則や、通信を効率的に実施するために付加すべき情報などが取り決められています。

Torn page検出機能

データベースの破損をいち早く検出するための機能。8KBのページを512バイトごとに分割し、チェック用の領域を配置します。チェック用の値を使用して、データが破損している可能性の有無を確認します。

V

VirtualAlloc関数

仮想アドレス空間内の領域を操作する際に使用する関数。将来の使用に備えて仮想アドレス空間内の領域を予約（Reserved）し、あるいは実際に使用するためにコミット（Committed）することができます。

W

WaitForSingleObjectEx関数

Win32 APIとして提供されている関数の1つで、関数の呼び出し時に指定された条件に合致するまでスレッドを待機状態にします。たとえば、タイムアウト値として30秒を指定すると、スレッドは30秒間の待機後に復帰します。

WriteFile関数

ファイルにデータを書き込む際に使用するWin32 API。

WriteFileGather関数

連続していない複数のメモリブロックを、一度の命令実行でディスクへ書き込むことが可能なWin32 API。このAPIを使用することにより、ディスクI/O用APIの呼び出し回数を抑制し、散在しているメモリブロックを連続した領域にコピーするといったオーバーヘッドを回避することができます。

い

インデックスページ

インデックスキーとして定義された列の実際の値と管理情報が格納されています。管理情報には行の構造を表す情報や、インデックスキーなどの所在情報が格納されています。インデックスのルートノード、中間ノード、リーフノード（非クラスタ化インデックスのみ）がインデックスページに該当します。

インメモリOLTP

インメモリデータベースの機能を提供するSQL Serverのコンポーネント。

インメモリ非クラスタ化インデックス

メモリ最適化テーブルに作成できる非クラスタ化インデックス。メモリ最適化テーブルの範囲スキャンなどを効率的に行うために使用されます。インデックスのページ間の関連性を示すポインタ情報の保持方法などが、通常の非クラスタ化インデックスとは異なります。

う

ウェイターリスト

処理の継続のために必要なリソースが獲得できない場合に、ワーカーが追加される待ち行列のリスト。SQL Server内には処理の実行に必要となる様々なリソースが存在し、それらの獲得時に競合が発生すると、それぞれのリソースのウェイターリストにワーカーがリストされます。

え

エクステント

データベースを構成する基本単位であるページを、より効率的に管理するために使用される論理単位。データベースの構造上、エクステントはページよりも上位レベルに位置していて、物理的に連続した8ページで構成されています。

また、1つのオブジェクトによってすべてのページが占有される**単一エクステント**と、複数のオブジェクトによってページが共有される**混合エクステント**があります。

お

オブジェクトID

データベース内に存在するすべてのオブジェクト（テーブル、ビュー、インデックスなど）に対して一意に割り当てられたIDです。

か

仮想アドレス空間

メモリ管理技法の一種として**仮想記憶**と呼ばれる技術があります。仮想記憶の提供するメリットの1つとして、「コンピュータに搭載された物理メモリよりも大きな領域を提供する」という点が挙げられます。その機能の実現のために、コンピュータで動作するプロセスは仮想的なアドレスが割り振られたメモリ領域を使用し、そのメモリ領域は**仮想アドレス空間**と呼ばれます。

仮想ログファイル

トランザクションログファイルを効率的に管理するための仕組み。SQL Serverはトランザクションファイル内を複数のログファイルに分割して使用していて、分割された各ファイルが**仮想ログファイル**と呼ばれます。この仕組みによって、ログファイルの圧縮などが容易に行えるようになります。

カバードクエリ

カバリングインデックスと同義。

カバリングインデックス（カバードクエリ）

検索の際に使用される非クラスタ化インデックスに、クエリの結果セットに必要な列がすべて含まれている状況を表します。必要な列がインデックスのリーフノードに含まれるため、データページへのアクセスが不要となり、クエリ実行時のI/O数が削減されパフォーマンスが向上します。

ガベージコレクション（インメモリOLTP）

メモリ最適化テーブルの不要なデータをメモリから削除し、メモリ領域を解放する内部コンポーネント。

完全バックアップ

データベースに割り当てられたすべてのエクステントとトランザクションログの一部をバックアップする操作。トランザクションログの一部（バックアップ開始からバックアップ終了までの期間）のバックアップも一緒に取得されるのは、バックアップが実行されている期間に行われたデータベースへの更新処理の変更分もバックアップに含めるためです。

き

行グループ

列ごとのまとまりでデータを保持する列ストア型のデータ構造で、行としての関連性を保持するための概念および物理構造。

く

クエリオプティマイザ

論理的クエリツリーをもとに、データの物理的な配置状況のカタログ情報などを加味して、実行可能なクエリ実行プランおよび物理的クエリツリーを作成します。

クエリ実行プラン

クライアントから実行されたクエリを効率的に実行するために生成された内部的なデータ処理方法。テーブルの結合方式やデータへのアクセス方法などが含まれます。

クエリストア

パフォーマンス関連のトラブルシュートをサポートするためにSQL Server 2016から実装された機能。

クエリツリー（リレーショナルオペレータツリー）

クライアントから受け取ったクエリを解析し、クエリの構成要素（入力データ、WHERE句など）をツリー構造に再構成したもので、最適化の際に使用されます。

クエリプロセッサ

リレーショナルエンジン（p.314）と同義。

クエリワークスペース

クエリを実行する際に、結果セットの並べ替えなどの作業領域として使用されるメモリ領域。

クラスタ化インデックス

テーブルに作成するインデックスの一種。インデックスのリーフノードに、キー順に並んだ実データを保持しているため、キー順に一定範囲を検索するような用途で効果を発揮します。一方、リーフノードにキー値と実データへのポインタのみを格納している**非クラスタ化インデックス**は、検索条件に与えられたキーをもとに実行される小規模な検索に向いています。

こ

コンテキストスイッチ

1つのCPUが複数のプロセスを処理するため

に、CPUの状態を保存したり復元したりする過程を示します。あるプロセスがCPUの使用権をゆずり渡す際には、その時点でCPUにロードされていた情報が保存され、その後CPU使用権を獲得した際に、再度それらがCPUにロードされます。

さ

サイクルデッドロック

2つ以上のトランザクションが関与して発生します。それぞれのトランザクションが何らかのロックをすでに獲得していて、かつ互いのトランザクションが他者に獲得されているオブジェクトへのロックを必要とする場合に発生します。

削除ビットマップ

列ストアインデックスのデータが論理的に削除されている状態を保持します。

差分バックアップ

完全バックアップを取得した後に変更が行われたエクステント分のみのバックアップを行う操作。

し

集中書き込み

新たなデータを格納するために必要なページを物理ディスク上のデータファイルに作成する動作と、バッファキャッシュ上のダーティページを物理書き込みする動作を並列に実行します。

シングルスレッドプログラミング

プログラムが単一の処理の流れで構成されています。プログラム内で処理される必要がある手続きは、次のように順序どおりにこなされます。

手続きA➡手続きB➡手続きC➡ 手続きD➡手続きE

Microsoft Docs（http://msdn.microsoft.com/ja-jp/library/cc464175.aspx）の言葉を借りれば「レジ係が1人しかいないスーパーのようなものです」。

す

ストアドプロシージャ

データベースに対する一連の処理をひとまとまりにして、データベース内に保存したもの。

せ

ゼロ埋め

データベースファイルとして使用する領域を初期化するための動作。新たに使用する領域を、すべて「0（ゼロ）」で埋めるため、該当する領域が大きい場合は、長い時間を必要とする場合があります。

先行書き込みログ

SQL Serverが変更操作を行う際に、データ変更に先駆けて行うログの書き込み操作を意味します。これはトランザクションがアトミック（分割不可能な作業単位）であることを保証するとともに、トランザクションの一貫性も確保するために必要な操作です。

先行読み取り

実際にデータが必要とされる前に、SQL Serverがディスクからデータを読み込み、バッファキャッシュ上へ展開する操作。これにより、クエリ実行時のI/Oボトルネックの発生を抑制することができます。

た

ダーティページ

バッファキャッシュ上のページが変更済みであるにもかかわらず、対応する物理ディスク上のページが変更されていない状態を意味します。

対称型マルチプロセシング

物理メモリを複数のプロセッサで共有し、すべてのプロセッサに対称的に処理を割り当てる並列処理方式。

タプルムーバー

デルタストア内に蓄積されたデータ量を定期的に確認し、列ストアセグメントへの変換が必要なデータ量が蓄積されている場合、データのエンコードおよび圧縮を行い、デルタストア内のデータを列セグメントへ変換する機能。

ち

チェックサム

バッファキャッシュ上のページやログブロックをディスクへ書き込む前にそれぞれの内容をもとにハッシュ値を計算し、その値をページやログブロックのヘッダー部分に保持します。その後、ページやログブロックが読み込まれた際に、再度それぞれの内容をもとにハッシュ値を計算して、ヘッダー部分に格納された値と比較し、双方の値が一致しない場合は、ディスクへの書き込み時に何らかのエラーが発生したものと判断します。

また、メモリ上に存在するデータに対して同様の検査を行うための機能として**メモリ上のチェックサム**も実装されています。

チェックポイントファイルペア（インメモリOLTP）

データファイルとデルタファイルは必ず一対のペアとして取り扱われ、両者をあわせて**チェックポイントファイルペア**と呼びます。

チェックポイントプロセス

バッファキャッシュ上のダーティページを、すべて物理ディスク上のデータベースファイルに対して書き込む操作。

て

ディスクI/O

データなどの保存先であるディスクに対する入力（Input）および出力（Output）操作を意味します。

データウェアハウス（DWH）

蓄積された膨大なデータを、経営戦略のための意思決定などの用途で様々な観点から分析に使用するためのプラットフォーム。

データキャッシュ

SQL Serverが物理ディスクに格納されたデータをメモリ上に展開する際に使用する領域の名称。

データファイル（インメモリOLTP）

メモリ最適化テーブルのデータを格納するためのファイル。データは常に最後尾に追加され、ディスクに対して順次アクセスを行います。

データページ

テーブルに挿入された実データが、行イメージのまま格納されています。ヒープとクラスタ化インデックスのリーフページがデータページに該当します。

デルタストア（列ストアインデックス）

列ストアインデックスに挿入されたデータが列セグメントに変換するまでの期間保持される領域。

デルタファイル（インメモリOLTP）

メモリ最適化テーブルの削除されたデータに関する情報を格納するためのファイル。

と

統計情報

実際のデータを参照せずに、データの分布状況を把握するための仕組み。ヒストグラムと密度によって、データの分布状況を表現しています。

トークン

より詳細に、TDSを介して受け渡されるバッファデータ内に含まれているデータを識別する必要がある際に付加される情報。1バイトで構成され、各ビットの配列でバッファデータに格納されている内容を示します。

トランザクションログ

データベースに対して実行された更新操作が記録されたログ。SQL Serverは、トランザクションログを使用することによって、データの論理的な整合性を保つことができます。

トランザクションログバックアップ

データベースのトランザクションログをバックアップするための操作。物理ログファイル内の仮想ログファイルを、順次バックアップします。もしもデータベースの復旧モデルとして一括ログモデルが選択された場合、一括操作が行われたエクステントもバックアップに含まれます。

トレースフラグ818

データベース破損の原因の切り分けのために使用する機能。このトレースフラグを有効化すると、SQL Serverは、ディスクへの書き込み命令が成功した際には、書き込んだデータの管理情報を一定回数分（2048回）保持しておきます。もしも、データベースの破損が検出された際には、保持していた管理情報と破損箇所の管理情報を比較します。両者の値が一致しない場合は、Stale ReadもしくはLost writeが発生していると推測できます。

トレースフラグ1204

デッドロックに関与したクエリの詳細情報を出力させるためのトレースフラグ。実行されたクエリの内容や、デッドロックの原因となったリソース、デッドロックの結果としてロールバックされたクエリなどを確認できます。

ね

ネイティブコンパイルストアドプロシージャ

作成時にマシン語までコンパイルが完了し、さらにメモリへのロードも行われるストアドプロシージャ。メモリ最適化テーブルへのアクセスで高速なパフォーマンスを発揮します。通常のストアドプロシージャで使用可能ないくつかの機能がサポートされていないため、注意が必要です。

の

ノンプリエンプティブ

プリエンプティブ／ノンプリエンプティブ（p.312）を参照。

は

ハッシュインデックス

メモリ最適化テーブルにのみ作成できるインデックス。テーブルのデータはハッシュ関数によってハッシュバケットに関連付けられます。従来のインデックスとは異なりB-Tree形式ではなく、ハッシュバケットをもとにしたデータの関連付けが行われます。

ハッシュバケット（インメモリOLTP）

ハッシュインデックスの実体。ハッシュインデックスのキー値と関連するメモリ最適化テーブルのデータの位置を指し示すポインタを保持します。

ハッシュバケット（バッファキャッシュ）

データキャッシュ内の各データページのハッシュ値と位置を保持しています。

バッチモード

通常の場合クエリの対象となるデータは1行ずつ内部的に処理されるが、一度に最大1000行をひとまとまりとしての処理が可能となる処理モード。大量データの処理を行う際に、様々なオーバーヘッドを抑制してCPU使用率を抑制する効果があります。

バッファ

一般的には、ソフトウェアやハードウェア間でデータをやり取りする際に、一時的にデータを保存しておく記憶装置や記憶領域のことを意味します。TDS用語としてのバッファは、クライアントとSQL Serverがデータの受け渡しを行う際に使用する領域を指します。バッファは**バッファヘッダー**と**バッファデータ**で構成され、バッファヘッダーには管理情報が保持され、バッファデータには実際に受け渡されるデータが格納されています。

バッファキャッシュ領域

SQL Serverが使用するメモリ領域を指す名称。物理ディスクから読み込んだデータを配置したり、コンパイル済みのクエリ実行プランなどを格納したりするために使用されます。

パラメータ化クエリ

条件文などが変数化され、より汎用的に使用できる形態となっているクエリ。

パリティ

RAID 5においてディスク障害が発生した際、エラーの修復を行うために必要となる情報。

ひ

ヒープ

クラスタ化インデックスが作成されていないテーブルのデータページ。

ヒストグラム

テーブルに格納している列のデータの状況を、度数分布によって表現します。データを一定の基準に基づいて分割し、それぞれの分割単位ごとに属するデータの数を保持します。

ふ

ファイル差分バックアップ

ファイル完全バックアップを取得した後にファイル内で変更が行われたエクステント分のみのバックアップを取得するための操作。つまり、ファイルバックアップデータベースの任意のファイルのみのバックアップを取得するための操作です。完全バックアップと同様に、トランザクションログの一部（バックアップ開始からバックアップ終了までの期間）をバックアップします。

ファントムリード

並行して実行されたほかの処理によってデータが追加あるいは削除されることにより、トランザクション内において同一条件で複数回読み取りを行った際の結果が増減する事象。

フォースユニットアクセス

ファイルへの書き込み動作の際に、物理ディスクまでの間に存在するキャッシュを使用せずに書き込みを完了させる操作。

付加列インデックス

従来の非クラスタ化インデックスのリーフページに、インデックスキーに加えて任意の列を保持することができるため、インデックスの肥大化を防ぎつつカバリングインデックスの適用範囲を広げることができます。

物理書き込み

バッファキャッシュ上のページに対して行われた変更操作を、物理ディスク上の対応するページへ反映させるための書き込み操作。

プランキャッシュ

SQL Server が使用するメモリの一部で、使用済みのクエリ実行プランを一定期間保持しておくために使用されます。保持されたクエリ実行プランは、条件が合致する場合に再利用され、その結果としてクエリのパフォーマンス向上につながります。

フリーリスト

データが新たに物理ディスクから読み込まれた際に、格納するための空きページをバッファキャッシュ上から効率的に探し当てるための仕組み。物理ディスクからデータの読み込みが行われるたびに、データの格納先となる空きページを探して毎回バッファキャッシュをスキャンするのではなく、あらかじめ使用可能な空きページを**フリーリスト**と呼ばれるリンクリストに登録しておきます。これによって、データの格納先をフリーリストに登録されている空きページから見つけることができます。

プリエンプティブ／ノンプリエンプティブ

どちらもCPU管理手法の名称。プリエンプティブではOSがCPU管理を行いますが、ノンプリエンプティブではOSがCPU管理を行いません。プリエンプティブのメリットはアプリケーションに安定したCPUリソースの割り当てが可能であること、ノンプリエンプティブのメリットはOSがCPU管理を行わないため、CPUの負荷が軽いことです。

プロシージャキャッシュ

ストアドプロシージャやクエリのコンパイル済み実行プランを格納するためのメモリ領域です。

ブロッキング

あるクライアントが自らの処理のために必要なリソースにアクセスした際に、すでにほかのクライアントが使用中である場合、リソースの解放を待つ必要があります。このように、必要なリソースを他者がすでに使用しているために、即座に使用できない状況を**ブロッキング**と呼びます。

へ

ページ

SQL Serverがデータベースへアクセスする際の基本単位。ページのサイズは8KBであり、変更はできない。8KBに区切られたデータベース内の各ページの1〜96バイトは**ページヘッダー**と呼ばれます。ページヘッダーは、実データの格納ではなく、ページの管理情報を保持するために使用されます。

ページング

仮想記憶を実現するための機能の1つ。物理メモリが不足している場合、オペレーティングシステムによって、その時点で不要と判断されたメモリ上のデータが、ページ単位でハードディスク上のページファイルに書き込まれます。ページファイルに書き込み済みのページは、別のデータを物理メモリ上に読み込むための空き領域として使用されます。また、再度必要になった時点で、ページファイルから物理メモリに読み込まれます。

※1　それぞれのトランザクションは、値に対して共有ロックを競合せず取得できます。

変換デッドロック

REPEATABLE READよりも厳密なトランザクション分離レベルが指定された複数のトランザクションが関与して発生します。典型的な例として、複数のトランザクションが同じキーを指定して値を参照し[※1]、それぞれのトランザクション期間中に共有ロックを保持したまま[※2]、当該データを更新しようとすると変換デッドロックが引き起こされます。

ま

マイクロプロセッサ

コンピュータにおける演算や制御などの機能を集積した半導体チップ。

マルチスレッドプログラミング

プログラムが複数の処理の流れで構成されています。プログラム内で処理される必要がある手続きは、必要に応じて次のように並列にこなされます。

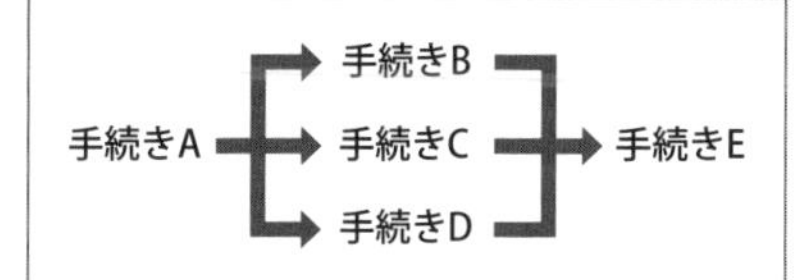

み

密度

列が保持するユニークな値の逆数。たとえば、「喫煙歴」という列があり、格納される値の種類は「有」もしくは「無」とした場合、密度は1/2（0.5）です。

め

メモリクラーク

SQL Server内で管理するメモリ領域を、用途ごとにまとめて判別しやすく名称を付けたもの。

メモリ最適化テーブル

通常のテーブルとは違いすべてのデータがメモリ上にロードされているテーブル。データの格納形式は8KBのページ構造ではなく独自のものを使用します。また、アクセスする際にロックやラッチを必要とせず、大量なトランザクションを高速に処理することができます。

メモリリーク

プログラムが確保したメモリを、不要になった後も解放をせずに放置することを示します。プログラムの不具合であり、システムのメモリ枯渇の原因になります。

ゆ

ユニークインデックス

インデックスに含まれる列が格納するデータがユニーク（一意）であることを保証するインデックス。

ら

ライトスルー

フォースユニットアクセス（p.311）と同義。

ラッチ

ロックがトランザクション内のデータ整合性を保つために使用されるのに対して、主としてデータの物理的整合性を保持するために、短時間用いられる制御機構。

ランナブルキュー

処理の実行に必要なすべてのリソースの確保が完了したワーカーが、スケジューラの使用権を獲得するための待ち行列。

※2　REPEATABLE READあるいはSERIALIZABLEトランザクション分離レベルの動作です。

り

リレーショナルエンジン（クエリプロセッサ）

SQL Serverを構成する主要コンポーネントの1つ。主として、クライアントから受け取ったクエリの構文解析、最適化などを行います。**リレーショナルオペレータツリー**、**クエリツリー**と同義。

れ

レイジーライタ

バッファキャッシュに一定量の空きページを用意しておくために、ダーティページの物理書き込みを行う機能です。物理書き込みの完了したページは、フリーリストに登録されて、別の処理が再利用することが可能になります。レイジーライタが実施するこの操作は**レイジー書き込み**と呼ばれます。

列ストアインデックス

従来のテーブルが定義されたテーブルの行単位でデータを保持しているのに対して、テーブル内の列単位でデータを保持するデータ格納方式です。高い圧縮率による効率的なリソース使用と、大量データの処理に特化した機能の実装による高速なパフォーマンスが特徴です。

クラスタ化列ストアインデックスと**非クラスタ化列ストアインデックス**が存在し、クラスタ化列ストアインデックスはテーブル内の全データを列ストア型として保持し、非クラスタ化列ストアインデックスは既存のテーブルに対して列ストア型のデータ構造を追加します。

列セグメント

行グループのデータを列ごとに分割したデータ構造。データはいくつかの例外を除き100万行を1つのまとまりとして、I/O操作やデータ圧縮の際の最小単位として扱われます。

ろ

論理書き込み

データに対して行われた変更操作を反映させるために、バッファキャッシュ上の対応するページに対して行われる書き込み操作。

わ

ワーカー

SQL Server内で何らかの処理（クエリの実行など）が実行される際に、実際の作業（データの読み込みなど）を担当するコンポーネント。

ワーカースレッドプール

スケジューラごとの使用可能なワーカーの数を管理するために使用されています。各スケジューラは、ワーカースレッドプールの上限値以上のワーカーを使用して処理を行うことはできません。

ワークリクエストキュー

ごくまれに負荷の高い環境では、タスクを実行するためのワーカーが確保できない場合があります。そのような場合に、タスクが追加される、使用可能なワーカーの獲得待ち行列です。

INDEX

索引

■ ろ

■ わ

著者紹介

平山 理（ひらやま おさむ）

新卒で就職した会社の初めての配属先にて、汎用機で稼働するDb2のデータベース管理者を担当したのがデータベースとの縁の始まり。その後、サイベース社でSQL Server（現SAP社Adaptive Server Enterprise）のテクニカルサポートを経て日本マイクロソフトへ入社。

SQL Serverサポートチームでは（少しオーバーですが）ありとあらゆる障害対応を担当し、その後SQL Server開発チームに移動してSQL Serverの品質を向上させるための様々な取り組みを経験。現在はマイクロソフトが提供する、クラウド上の多様なデータプラットフォームサービスのサポートに日々奮闘中。

装丁＆本文デザイン　NONdesign 小島トシノブ
装丁イラスト　山下以登
DTP　株式会社アズワン

絵で見てわかるSQL Serverの仕組み

2020年9月14日 初版第1刷発行
2023年8月10日 初版第2刷発行

著者　平山 理（ひらやま おさむ）
発行人　佐々木 幹夫
発行所　株式会社 翔泳社（https://www.shoeisha.co.jp）
印刷・製本　日経印刷株式会社

ISBN978-4-7981-5872-3　Printed in Japan

本書内容に関するお問い合わせについて

本書に関するご質問、正誤表については下記のWebサイトをご参照ください。
お電話によるお問い合わせについては、お受けしておりません。

正誤表　● https://www.shoeisha.co.jp/book/errata/
刊行物Q&A　● https://www.shoeisha.co.jp/book/qa/

インターネットをご利用でない場合は、FAXまたは郵便にて、下記にお問い合わせください。

送付先住所 〒160-0006　東京都新宿区舟町5
（株）翔泳社 愛読者サービスセンター　FAX番号：03-5362-3818

ご質問に際してのご注意

本書の対象を越えるもの、記述個所を特定されないもの、また読者固有の環境に起因するご質問等にはお答えできませんので、あらかじめご了承ください。
※本書に記載されたURL等は予告なく変更される場合があります。
※本書の出版にあたっては正確な記述につとめましたが、著者や出版社などのいずれも、本書の内容に対してなんらかの保証をするものではなく、内容やサンプルに基づくいかなる運用結果に関してもいっさいの責任を負いません。
※本書に掲載されているサンプルプログラムやスクリプト、および実行結果を記した画面イメージなどは、特定の設定に基づいた環境にて再現される一例です。
※本書に記載されている会社名、製品名はそれぞれ各社の商標および登録商標です。